高等教育土木类专业系列教材

建筑结构试验设计与分析

JIANZHU JIEGOU SHIYAN SHEJI YU FENXI

主编 杨 溥 刘立平

参编 邓 飞 龙 彬 周 旭 闫渤文 王卫永

主审 李英民

重庆大学出版社

内容提要

建筑结构试验设计与分析是土木工程专业的一门重要课程。本书是根据国家教育部大学本科新专业目录规定的土木工程专业要求和研究生培养大纲编写的。全书共 9 章,分别为:绪论、结构试验设计原理、结构试验模型、结构静力试验、结构抗震试验、结构风洞试验、结构抗火试验、其他结构试验、试验数据分析与处理。

本书可作为土木工程专业本科生及研究生的专业课教材,也可以作为工程结构设计与施工技术人员的学习参考书。

图书在版编目(CIP)数据

建筑结构试验设计与分析 / 杨溥,刘立平主编. --

重庆:重庆大学出版社,2022.10

高等教育土木类专业系列教材

ISBN 978-7-5689-3217-2

Ⅰ. ①建… Ⅱ. ①杨… ②刘… Ⅲ. ①建筑结构—结构试验—高等学校—教材 Ⅳ. ①TU317

中国版本图书馆 CIP 数据核字(2022)第 087361 号

高等教育土木类专业系列教材

建筑结构试验设计与分析

主 编 杨 溥 刘立平

主 审 李英民

策划编辑:王 婷

责任编辑:王 婷 版式设计:王 婷

责任校对:邹 忌 责任印制:赵 晟

*

重庆大学出版社出版发行

出版人:饶帮华

社址:重庆市沙坪坝区大学城西路 21 号

邮编:401331

电话:(023)88617190 88617185(中小学)

传真:(023)88617186 88617166

网址:http://www.cqup.com.cn

邮箱:fxk@cqup.com.cn(营销中心)

全国新华书店经销

重庆华林天美印务有限公司印刷

*

开本:787mm×1092mm 印张:15.25 字数:402千

2022 年 10 月第 1 版 2022年10月第1次印刷

ISBN 978-7-5689-3217-2 定价:39.00 元

前言

  建筑结构试验是结构工程科学的一个重要组成部分,也是推动建筑工程结构设计与分析理论发展的主要手段之一。本书作者在多年的教学和科研工作中深切地体会到,建筑结构试验教材既要注重内容的系统性和逻辑连贯性,还要体现理论知识和试验实用技术结合的有机性,更要考虑土木工程专业在本科和研究生教学中面临的课程内容涉及面广、学习难度大、课时少的客观事实。本书即是作者基于上述出发点写成的。

  本书对建筑结构试验的内容进行了精心组织,首先介绍了结构试验的任务、目的和分类等(第1章)、结构试验设计原理(第2章)和结构试验模型(第3章),然后分别讲述了结构静力试验(第4章)、结构抗震试验(第5章)、结构风洞试验(第6章)、结构抗火试验(第7章)以及其他结构试验(第8章),最后介绍了试验数据分析与处理(第9章)。其中,结构抗震试验(第5章)重点介绍了低周往复荷载试验、地震模拟振动台试验以及拟动力试验,其他结构试验(第8章)主要介绍了结构振动测试和结构疲劳试验。为便于理解与学习,每类试验都有试验案例说明,各章都配有思考题。

  本书由杨溥、刘立平担任主编,李英民担任主审。本书第1、2、4、8和9章由杨溥执笔,第3、5章由刘立平、邓飞、龙彬执笔,第6章由周旭、闫渤文执笔,第7章由王卫永执笔。全书由杨溥统稿。

  本书得到了重庆大学研究生重点课程建设项目的资助和重庆大学出版社的大力支持,在此表示诚挚的感谢。研究生朱福青、叶连松、孙树涛、韩树旺、张成、李孟、刘磊、袁养金、任泓宇、王凌俊、李娅楠等帮助整理了部分文稿及插图,一并致谢。

  因经验和水平有限,书中难免有不少缺点或错误,请批评指正,以便及时改进。

杨　溥　刘立平

2021 年 10 月

目录

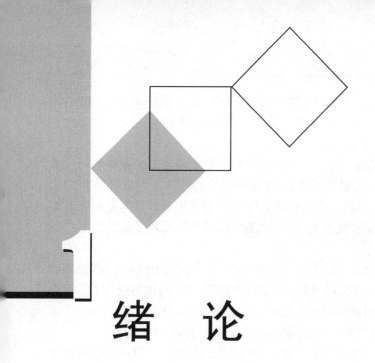

1 绪 论

1.1 结构试验的任务

结构试验是结构工程科学的一个重要组成部分,也一直是推动结构理论发展的主要手段。传统的结构工程科学由建筑材料、结构力学和结构试验组成。现代结构工程科学中结构设计理论和结构计算技术的发展,使结构工程科学成为一门相对完整的工程科学。

最早的结构试验,是意大利科学家伽利略在 17 世纪完成的悬臂梁试验(图 1.1)。人们对材料力学进行系统的研究也是从伽利略的时代开始的。

图 1.1　伽利略的悬臂梁试验　　　　图 1.2　穆申布罗克的压杆稳定试验

18 世纪,荷兰穆申布罗克完成了一个非常有意义的试验——压杆稳定试验,如图 1.2 所示。这是世界上最早的压杆试验,试验发现,受压木杆的破坏表现为侧向弯曲破坏。在这一时期,欧洲物理学家进行了很多试验,奠定了材料力学计算理论的基础。从 19 世纪到 20 世纪初期,近代的大型工程结构的建造,大多都直接或间接地依赖于结构试验的结果。

虽然现代计算机技术和计算力学的发展,以及长期以来结构试验所积累的成果,使结构试验不再是研究和发展结构理论的唯一途径,结构工程师也有能力利用计算机处理大型复杂结构的设计问题,但结构试验仍是结构工程科学的主要支柱之一。例如,钢筋混凝土结构、砌体结构的设计理论就主要建立在试验研究的基础之上。

结构试验是结构工程科学发展的基础,反过来,结构工程科学发展的要求又推动结构试验技术不断进步。高层建筑、大跨径桥梁、大型海洋平台、核反应堆安全壳等大型复杂结构的出现,对结构整体工作性能、结构动力反应以及结构在极端灾害性环境下的力学行为提出更高要求。与此同时,计算机技术和其他现代工业技术的发展,也为结构试验技术的发展提供了广阔的空间。

结构试验的任务是:基于结构基本原理、在结构或构件上应用科学的试验组织程序,以试验设备和测试仪器为工具,利用各种实验手段,在荷载或其他因素的作用下,通过量测与结构工作性能有关的各种参数,从强度、刚度和抗裂性以及结构实际破坏形态来判明结构的实际工作性能,估计结构的承载能力,确定结构对使用要求的符合程度,并用以检验和发展结构的计算理论。

结构试验以实证的方式反映结构的实际性能,它为工程试验和结构理论提供的依据是其他方法所不能代替的。

1.2　结构试验的目的

根据不同的试验目的,结构试验一般分为科学研究性试验和生产鉴定性试验。

1)科学研究性试验

科学研究性试验通常用来解决以下两方面的问题。

(1)通过结构试验验证结构计算理论或通过结构试验创立新的结构理论

随着科学技术的进步,新方法、新材料、新结构、新工艺不断涌现,例如高性能混凝土结构的工程应用,高温高压工作环境下的核反应堆安全壳,新的结构抗震设计方法,全焊接钢结构节点的热应力影响区等。每一种新的结构体系、新的设计方法,都必须经过试验的检验。结构计算中的基本假设需要试验来进行验证,结构试验也是新设计方法的发现源泉。结构工程科学的进步离不开结构试验。我们称结构工程为一门实验科学,就是强调结构试验在推动结构工程技术发展中所起的作用。如图 1.3 所示,试验研究得到框架结构和剪力墙结构的性能曲线,根据这些性能曲线,就可以制订不同的设计目标。由图可见,框架结构的变形能力优于剪力墙结构。抗震设计时,容许框架产生较大的变形。

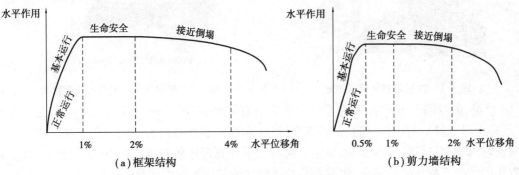

图 1.3　框架结构和剪力墙结构的抗震性能曲线

（2）通过结构试验,制定工程技术标准

由于工程结构关系到公共安全和国家经济发展,建筑结构的设计、施工、维护必须有章可循。这些规章就是结构设计规范和标准、施工验收规范和标准以及其他技术规程。我国在制定现行的各种结构设计和施工规范时,除了总结已有的工程经验和结构理论外,还进行了大量的混凝土结构、砌体结构、钢结构的梁、柱、板、框架、墙体、节点等构件和结构的试验。系统的结构试验和研究为结构的安全性、使用性和耐久性提供了可靠的保证。

2）生产鉴定性试验

生产鉴定性试验通常有直接的生产性目的和具体的工程对象,这类试验主要用于解决以下三方面的问题。

（1）通过结构试验检验结构、构件或结构部件的质量

建筑工程由很多结构构件和部件组成。例如,在钢筋混凝土结构和砖混结构房屋中,大量采用了预制混凝土构件,这些预制构件的产品质量必须通过结构试验来进行检验。后张预应力混凝土结构的锚具等部件是结构的组成部分,其质量也必须通过试验进行检验。大型工程结构建成后（如大跨桥梁结构）,要求进行荷载试验,这种试验可以全面综合地鉴定结构的设计和施工质量,并为结构长期运行和维护积累基本数据。结构试验也是处理工程结构质量事故的常用方法之一。

（2）通过结构试验确定已建结构的承载能力

结构设计规范规定,已建结构不得随意改变结构用途。当结构用途需要改变,而单凭结构计算又不足以完全确定结构的承载能力时,就必须通过结构试验来确定结构的承载能力。已建结构随着使用年限的增加,其安全度逐渐降低,结构可靠性鉴定的主要任务就是确定结构的剩余承载能力。结构遭遇极端灾害性作用后,如在火灾、地震灾害后,结构发生破损,在对结构进行维护加固前,也要求通过试验对结构的剩余承载能力做出鉴定。

（3）通过结构试验验证结构设计的安全度

这类试验大多在实际结构开始施工前进行,设计规范称之为"结构试验分析方法"。结构试验的主要目的是由试验确定实际结构的设计参数,验证结构施工方案的可行性和结构的安全度。试验对象多为实际结构的缩小比例模型。例如,在地震区建造体形复杂的高层建筑,通常要进行地震模拟振动台试验,将试验结果与计算结果相互验证,以确保结构安全;又如,大跨度体育场馆屋盖结构和高耸结构的风洞试验,前者通过试验确定结构的风压设计参数,后者通过试验确定结构的风振特性。

1.3 结构试验的分类

结构试验本质上是通过试验了解结构的性能。其中,最重要的因素就是在结构试验中模拟实际结构所处的环境。这里所说的环境,包括温度、湿度、地基、荷载、地震、火灾等各种因素。因此,除了按试验目的分类外,还可以对结构试验做出以下不同的分类。

1.3.1 根据试验规模分类

根据试验规模大小分类,结构试验可以分为原型试验、模型结构试验和构件试验等。

1）原型试验

在这类结构试验中,试验对象的尺寸与实际结构尺寸相同或接近,故可以不考虑结构尺寸效应的影响。完全足尺的原型结构试验一般用于生产鉴定性试验,大多在工程结构现场进行。我国最早进行的大型结构原型试验项目之一是1957年武汉长江大桥的静动载试验。原型结构的现场试验大多为非破坏性试验,而在实验室内进行的结构构件试验,则以破坏性试验为主。由于结构构件的性能有可能与结构尺寸的大小有关(如钢筋混凝土受弯构件的裂缝宽度与钢筋直径、混凝土保护层厚度等因素有关),在研究采用粗钢筋配筋的混凝土受弯构件的裂缝性能时,构件的尺寸就应接近实际结构构件的尺寸。

虽然结构可以分解为梁、柱、板、墙体、节点等基本构件,但是近年来,结构工程师和研究人员越来越重视结构的整体作用。因此,也有不少用于研究目的的足尺结构试验。我国自20世纪70年代以来,先后进行了装配整体式框架结构、钢筋混凝土框架轻板结构、配筋砌体混合房屋结构的足尺结构试验。这类大型结构试验不受尺寸效应影响,能够更全面地反映结构构造和结构各部分之间的相互作用,有着构件试验或模型试验不可取代的研究意义。进入21世纪,国内不少高等院校和研究机构开始着手大型结构实验室的建设。大型足尺试验在实验室内进行,能够将试验进行到破坏阶段,利于掌握足尺结构的全过程性能,同时能减少环境因素的影响,得到更精确的试验数据。

2）模型结构试验

原型结构试验投资大、周期长、加载设备复杂,不论是生产鉴定性试验还是科学研究性试验,都受到许多限制。有些大型结构不可能进行足尺结构的破坏性试验,而在实际结构上进行试验,只能得到结构使用阶段的性能。因此,在实验室进行的大量结构试验均为模型试验。所谓模型结构试验,是指被试验的结构或构件与原型结构在几何形状上基本相似,各部分结构或构件的尺寸按比例缩小,模型结构有原型结构的主要特征。例如,为研究风对结构的作用而进行的结构风洞试验,模型结构尺寸与原型结构尺寸之比可以达到1:10左右。结构的地震模拟振动台试验也常采用大比例缩尺模型。

与原型结构试验相比,模型结构试验能否取得成功的关键之一是模型结构的设计与制作。模型必须根据相似理论设计,模型所受的荷载也应符合相似关系,使得模型的力学性能和材料性能与原型相似,这样就可以从模型试验的结果推断原型结构的性能。模型试验常用于验证原型结构设计的设计参数或结构设计的安全度,也广泛应用于结构工程科学研究。对于混凝土结构和砌体结构,模型试验能否取得成功的另一关键是缩小尺寸模型存在的尺寸效应,对这类模型试验的结果必须经过校正以消除尺寸效应的影响。

3）构件试验

构件试验是结构试验常用的研究形式之一,它有别于模型试验。采用小构件进行试验,不依靠相似理论,无须考虑相似比例对试验结果的影响,即试验不要求满足严格的相似条件,只是用试验结果与理论计算进行对比校核的方式来研究结构的性能,验证设计假定与计算方法的正确性,并认为这些结果所证实的一般规律与计算理论可以推广到实际结构中去。

1.3.2 根据荷载特征分类

根据被试验的结构或构件所承受的荷载对结构试验做出分类,可以分为静载试验和结构动载试验两大类。

1) 静载试验

静载试验是建筑结构最常见的试验。所谓"静力",一般是指试验过程中结构本身运动的加速度效应,即惯性力效应可以忽略不计。根据试验性质的不同,静载试验又可分为单调静力荷载试验、低周反复荷载试验和结构拟动力试验。

在单调静力荷载试验中,试验加载过程从零开始,在几分钟到几小时的时间内,试验荷载逐渐单调增加到结构破坏或预定的目标状态。钢筋混凝土结构、砌体结构、钢结构的设计理论和方法就是通过这类试验建立起来的。

低周反复荷载试验属于结构抗震试验方法中的一种。结构在遭遇地震灾害时,强烈的地面运动使结构承受反复作用的惯性力。在低周反复荷载试验中,利用加载系统使结构受到逐渐增大的反复作用荷载或交替变化的位移,直至结构破坏。在这种试验中,结构或构件受力的历程具有结构在地震作用下的受力历程的基本特点,但加载速度远低于实际结构在地震作用下所经历的变形速度。为区别于单调静力荷载试验,有时又称这种试验为伪静力试验。

结构拟动力试验也是一种结构抗震试验方法。结构拟动力试验的目的是模拟结构在地震作用下的行为。在结构拟动力试验中,将试验过程中量测的力、位移等数据输入计算机,计算机根据结构的当前状态信息和输入的地震波,控制加载系统使结构产生计算确定的位移,由此形成一个递推过程。这样,计算机和试验机联机试验,得到结构在地震作用下的时程响应曲线。

静载试验所需的加载设备较为简单,有些试验可以直接采用重物加载。由于试验进行的速度很低,可以在试验过程中仔细记录各种试验数据,对试验对象的行为进行仔细观察,得到直观的破坏形态。例如,在钢筋混凝土梁的受弯试验中,需要观测并记录截面的应变分布、沿梁长度方向的挠度分布、荷载-挠度曲线、裂缝间距和裂缝宽度、破坏形态等,这些数据和信息都通过静载试验获取。

按荷载作用的时间长短,结构静载试验又可分为短期荷载试验和长期荷载试验。由于建筑材料具有一定的黏弹性特性(如混凝土的徐变和预应力钢筋的松弛),此外,影响建筑结构耐久性的因素往往是长期的(如混凝土的碳化和钢筋的锈蚀),所以在短期静力荷载试验中,忽略了这些因素的影响。而当这些因素成为试验研究的主要对象时,就必须进行长期静力荷载试验。长期荷载试验的持续时间为几个月到几年不等,在试验过程中,观测结构的变形和刚度变化,从而掌握时间因素对结构构件性能的影响。在实验室条件下进行的长期荷载试验,通常对试验环境有较严格的控制(如需要恒温、恒湿、隔振等),突出荷载作用这个因素,消除其他因素的影响。除在实验室进行长期荷载试验外,在实际工程中对结构的内力和变形进行的长期观测,也属于长期荷载试验。此时,结构所承受的荷载为结构的自重和使用荷载。近年来,工程师和研究人员较为关心的"结构健康监控",就是基于长期荷载试验所获取的观测数据,对结构的运行状态和可能出现的损伤进行监控。

2) 动载试验

实际工程结构大多受到动力荷载作用,如铁路或公路桥梁、工业厂房中的吊车梁,风对大跨结构和高耸结构的作用,另外,地震对结构的作用也是一种强烈的动力作用。结构动载试验利用各类动载试验设备使结构受到动力作用,并观测结构的动力响应,进而了解、掌握结构的动力性能。结构动载试验主要包括疲劳试验、动力特性试验、地震模拟振动台试验和风洞试验等。

（1）疲劳试验

当结构处于动态环境、其材料承受波动的应力作用时,结构内某一点或某一部分发生局部的、永久性的组织变化(即损伤)的一种递增过程称为疲劳。经过足够多次应力或应变循环后,材料损伤累积导致裂纹生成并扩展,最后发生结构的疲劳破坏。结构或构件的疲劳试验就是利用疲劳试验机,使构件受到重复作用的荷载,通过试验确定重复作用荷载的大小和次数对结构承载力的影响。对于混凝土结构,常规的疲劳试验按每分钟 400～500 次、总次数为 200 万次进行。疲劳试验多在单个构件上进行,有为鉴定构件性能而进行的疲劳试验,也有以科学研究为目的的疲劳试验。

（2）动力特性试验

结构动力特性是指结构物在振动过程中所表现的固有性质,包括固有频率(自振频率)、振型和阻尼系数等。结构的抗震设计、抗风设计与结构动力特性参数密切相关。在结构分析中,采用振型分解法求得结构的自振频率和振型,称为模态分析。用实验的手段获得这些模态参数的方法称为实验模态分析方法。测定结构动力特性参数时,要使结构处在动力环境下(振动状态)。通常,采用人工激励法或环境随机激励法使结构产生振动,同时量测并记录结构的速度响应或加速度响应,再通过信号分析得到结构的动力特性参数。动力特性试验的对象以整体结构为主,可以在现场测试原型结构的动力特性,也可以在实验室对模型结构进行动力特性试验。

（3）地震模拟振动台试验

地震时,强烈的地面运动使结构受到惯性力作用,结构因此倒塌破坏。地震模拟振动台是一种专用的结构动载试验设备,它能真实地模拟地震时的地面运动。试验时,在振动台上安装结构模型,然后控制振动台台面按选定的地震波运动,从而量测记录结构的动位移、动应变等数据,观察结构的破坏过程和破坏形态,研究结构的抗震性能。地震模拟振动台试验的时间很短,通常在几秒到十几秒内完成一次试验,对振动台控制系统和动态数据采集系统都有很高的要求。地震模拟振动台是结构进行抗震试验的关键设备之一,大型复杂结构在地震作用下表现出非线性、非弹性性质,目前的模拟分析方法还不能完全解决结构非线性地震响应的计算,振动台试验常常成为必要的"结构试验分析方法"。

（4）风洞试验

工程结构风洞实验装置是一种能够产生和控制气流以模拟建筑或桥梁等结构物周围的空气流动,并可量测气流对结构的作用,以及观察有关物理现象的一种管状空气动力学试验设备。在多层房屋和工业厂房的结构设计中,房屋的风载体型系数就是风洞试验的结果。结构风洞试验模型可分为钝体模型和气弹模型两种。其中,钝体模型主要用于研究风荷载作用下结构表面各个位置的风压,气弹模型则主要用于研究风致振动以及相关的空气动力学现象。超大跨径桥梁、大跨径屋盖结构和超高层建筑等新型结构体系常用风洞试验来确定与风荷载有关的设计参数。

除上述几种典型的结构动载试验外,在工程实践和科学研究中,根据结构所处的动力学环境,还有强迫振动试验、周期抗震试验、冲击碰撞试验等结构动载试验方法。

1.3.3　结构非破损检测

结构非破损检测是以不损伤结构和不影响结构功能为前提,在建筑结构现场,根据结构材料的物理性能和结构体系的受力性能对结构材料和结构受力状态进行检测的方法。

现场检测混凝土强度的方法有回弹法、超声-回弹综合法、拔出法,还有使结构受到轻微破损的钻芯法等方法。检测混凝土内部缺陷的有超声法、脉冲回波法、X 射线法和雷达法等方法,还可以用非破损的方法检测混凝土中钢筋的直径和保护层厚度。

检测砂浆和块体强度可用回弹法、贯入法等方法。检测砌体抗压强度的有冲击法、推出法、液压扁顶法等方法。

检测钢结构焊缝缺陷的有超声法、磁粉探伤法、X 射线法等方法。

对原型结构进行使用荷载试验,检验结构的内力分布、变形性能和刚度特征,试验荷载不会导致结构出现损伤,这类荷载试验属于非破损检测方法。

采用动力特性试验方法进行结构损伤诊断和健康监控,也是非破损检测中的一种重要方法。

1.4　结构试验技术的发展

现代科学技术的不断发展,为结构试验技术水平的提高创造了物质条件。同样,高水平的结构试验技术又促进了结构工程学科的不断发展和创新。现代结构试验技术和相关的理论及方法在以下几个方面发展迅速。

(1)先进的大型和超大型试验装备

在现代制造技术的支持下,大型结构试验设备不断投入使用,使加载设备模拟结构实际受力条件的能力越来越强。例如,电液伺服压力试验机的最大加载能力达到 50 000 kN,能完成实际结构尺寸的高强度混凝土柱或钢柱的破坏性试验。地震模拟振动台阵列则由多个独立振动台组成,当振动台排成一列时,可用来模拟遭遇地震作用的桥梁结构,若排列成一个方阵,可用来模拟遭遇地震作用的建筑结构。复杂多向加载系统可以使结构同时受到轴向压力、两个方向的水平推力和不同方向的扭矩,而且这类系统可以在动力条件下对试验结构反复加载。以再现极端灾害条件为目的,大型风洞、大型离心机、大型火灾模拟结构试验系统等试验装备相继投入运行,使研究人员和工程师能够通过结构试验更准确地掌握结构性能,提高结构防灾抗灾能力,不断完善结构设计理论。

(2)基于网络的远程协同结构试验技术

互联网的飞速发展,为我们展现了一个崭新的世界,基于网络的远程结构试验体系也正在形成。20 世纪末,美国国家科学基金会投入巨资建设"远程地震模拟网络(NEES)",通过远程网络将各个结构实验室联系起来,利用网络传输试验数据和试验控制信息,网络上各站点(结构实验室)在统一协调下进行联机结构试验,共享设备资源和信息资源,实现所谓的"无墙实验室"。我国也在积极开展这一领域的研究工作,并开始进行网络联机结构抗震试验。基于网络的远程协同结构试验,集合结构工程、地震工程、计算机科学、信息技术和网络技术于一体,充分体现了现代科学技术相互渗透、交叉、融合的特点。

（3）现代测试技术

现代测试技术的发展以新型高性能传感器和数据采集技术为主要方向。

传感器是信号检测的工具，理想的传感器具有精度高、灵敏度高、抗干扰能力强、测量范围大、体积小、性能可靠等特点。新材料特别是新型半导体材料的研究与开发，促进了很多对于力、应变、位移、速度、加速度、温度等物理量敏感的器件的发展。利用微电子技术，使传感器具有一定的信号处理能力，形成所谓的"智能传感器"。新型光纤传感器可以在上千米范围内以毫米级的精度来确定混凝土结构裂缝的位置。大量程、高精度的位移传感器可以在 1 000 mm测量范围内，达到 ±0.01 mm 的精度，即 0.001% 的精度。基于无线通信的智能传感器网络已开始应用于大型工程结构健康监控。另外，测试仪器的性能也得到极大的改进，特别是与计算机技术相结合，数据采集技术发展迅速。高速数据采集器的采样速度达到 500 M/s，可以清楚地记录结构经受爆炸或高速冲击时响应信号前沿的瞬态特征。利用计算机存储技术，长时间大容量数据采集已不存在困难。

（4）计算机与结构试验

毫无疑问，计算机已渗透到我们日常生活中，甚至成为我们生活的一部分。计算机同样成为结构试验必不可少的一部分。安装在传感器中的微处理器、数字信号处理器（DSP）、数据存储和输出、数字信号分析和处理、试验数据的转换和表达等，都与计算机密切相关。离开了计算机，现代结构试验技术便不复存在。特别值得一提的是大型试验设备的计算机控制技术和结构性能的计算机仿真技术。多功能高精度的大型试验设备（以电液伺服系统为代表）的控制系统于 20 世纪末告别了传统的模拟控制技术，普遍采用计算机控制技术，使试验设备能够完成复杂、快速的试验任务。以大型有限元分析软件为标志的结构分析技术也极大地促进了结构试验的发展，在结构试验前，通过计算分析预测结构性能，制订试验方案。完成结构试验后，通过计算机仿真，结合试验数据，对结构性能做出完整的描述。在结构抗震、抗风、抗火等研究方向和工程领域，计算机仿真技术和结构试验的结合越来越紧密。

思考题

1.1 请简述结构试验的目的。

1.2 结构试验有哪些分类方式？请根据这些分类方式对结构试验进行归纳总结。

1.3 请从试验规模、方式等方面对未来的结构试验进行描述。

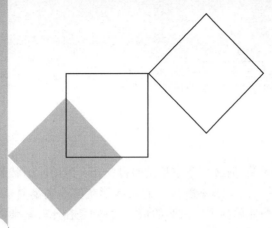

2 结构试验设计原理

工程结构是以工程材料为主体构成的不同类型的承重构件(梁、板、柱等)相互连接的组合体,在一定经济条件的制约下,要求结构在规定的使用期内安全有效地承受外部及内部形成的各种作用,以满足结构在功能及使用上的要求。为了达到这个目的,要求设计者必须综合考虑结构在它的整个生命周期中如何适应可能产生的各种风险。如在建造阶段可能产生的设计施工中的失误和疏忽,正常使用阶段来自各种非正常的外界活动,特别是自然和人为的灾害,以及老化阶段出现的各种损伤的积累和正常抗力的丧失等。为此,工程技术人员为了进行合理的设计,必须掌握在各种作用下结构的实际应力分布和工作状态,了解结构构件的刚度、抗裂性能以及实际所具有的强度及安全储备。

在应力分析工作中,一方面可以利用传统的理论计算方法;另一方面也可以利用实验方法,即通过结构试验,采用实验应力分析方法来解决。特别是电子计算机技术的发展,它不仅为用数学模型方法进行计算分析创造了条件,同样利用计算机控制的结构试验,为实现荷载模拟、数据采集和数据处理,以及整个试验实现自动化提供了有利条件,使结构试验技术的发展产生了根本性的变化。人们利用计算机控制的多维地震模拟振动台可以实现地震波的人工再现,模拟地面运动对结构作用的全部过程;用计算机联机的拟动力伺服加载系统帮助人们在静力状态下量测结构的动力反应;由计算机完成的各种数据采集和自动处理系统可以准确、及时、完整地收集并表达荷载与结构行为的各种信息。计算机也加强了人们进行结构试验的能力。因此,结构试验仍然是发展结构理论和解决工程设计方法的主要手段之一。在结构工程学科的发展演变过程中形成的由结构试验、结构理论与结构计算构成的新学科结构中,结构试验本身也成为一门真正的试验科学。

2.1 结构试验的试件设计

结构试验中的试件通常是截取实际结构中有代表性的一部分,重点研究其中的强度、刚度及变形等问题。一般情况下,视实验室条件来确定采用足尺的真型结构试验或缩尺模型试件。因此,需要对试件形状、尺寸和数量等进行设计,还要对试件的构造措施、结构边界条件等进行仔细分析与模拟,以求研究结果能够真实反映结构的受力反应。

2.1.1 试件形状

结构试件的形状虽然和试件缩尺比例无关,但必须考虑与试验目的相一致的应力状态。这个问题对于静定系统中的单一构件,如梁、柱、桁架等一般构件的实际形状都能满足要求,问题比较简单。但对于从整体结构中取出部分构件单独进行试验的情况,特别是在比较复杂的超静定体系中,必须要注意其边界条件的模拟。边界条件的模拟直接影响后期试验结果的真实性,必须进行仔细分析研究,使其能如实反映该部分结构构件的实际工作。

当进行如图 2.1(a)所示的受水平荷载作用的框架结构应力分析时,若分析 A—A 部位的柱脚、柱头部分,试件要设计成如图 2.1(b)所示的形式;若进行 B—B 部位的试验,试件要设计成如图2.1(c)所示的形式;对于梁,如果设计成如图 2.1(d)、(e)所示的形式,则其应力状态可与设计目的相一致。

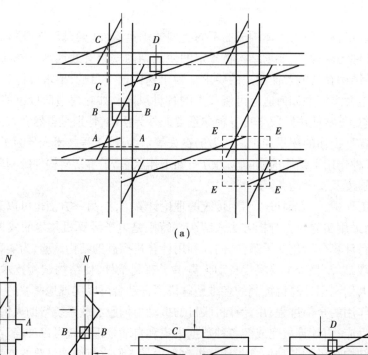

(a)

(b)　　(c)　　(d)　　(e)

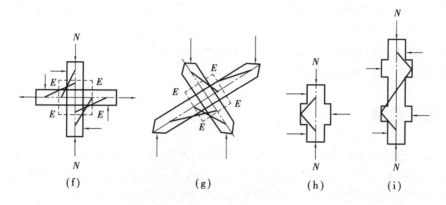

(f)   (g)   (h)   (i)

图2.1 框架结构中的梁柱和节点试件

进行钢筋混凝土柱的试验研究时,若要探讨其挠曲破坏性能,可使用如图2.1(h)所示的试件;但若进行剪切性能的探讨,则如图2.1(h)所示的试件在反弯点附近的应力状态与实际应力情况有所不同。为此,有必要采用如图2.1(i)所示的适用于反对称加载的试件。

在做梁柱连接的节点试验时,试件受轴向力、弯矩和剪力的作用,这样的复合应力使节点部分发生复杂的变形,但其中主要是剪切变形,以致节点部分由于较大剪力作用而发生剪切破坏。为了明确节点的强度和刚度,使其应力状态能被充分反映,应避免在试验过程中梁柱部分先于节点破坏,故在试件设计时必须事先对梁柱部分进行加固,以满足整个试验能达到预期效果。此时十字形试件如图2.1(f)所示,节点两侧梁柱的长度一般取1/2梁跨和1/2柱高,即按框架承受水平荷载时产生弯矩的反弯点($M=0$)的位置来决定。边柱节点可采用T字形试件。当试验目的是了解初始设计应力状态下的性能并与理论作对比时,可以采用如图2.1(g)所示的X形试件。为了在X形试件中再现实际的应力状态,必须根据设计条件给定的各个力的大小来确定试件的尺寸。

以上所介绍的任一种试件的设计,其边界条件的实现与试件的安装、加载装置、约束条件等有密切关系,必须在试验总体设计时进行周密考虑,才能付诸实施。

2.1.2 试件尺寸

根据结构试验所用试件的尺寸大小,试件从总体上分为真型(实物或足尺结构)、模型和小试件三类。

从国内外已发表的试验研究文献来看,钢筋混凝土试件中的小尺寸试件可以小到构件截面边长只有几厘米,大尺寸可以大到结构物的真型。

一般来说,静力试验试件的尺寸应该控制在合理的范围内,而过于追求真型试验,必然要对试验环境和试验设备的要求较高。对于缩尺试件,需要考虑尺寸不能太小,以防产生尺寸效应,影响试验结果对研究对象的真实评价。大比例缩尺的构件截面,一般建议不小于以下尺寸:微型混凝土截面40 mm×60 mm、普通混凝土截面100 mm×100 mm,否则容易产生尺寸效应,影响试验结果。因此,建议普通混凝土试件截面边长大于120 mm,砌筑墙体尺寸大于真实墙体尺寸的1/4。

国内外大量试验研究结果表明,虽然足尺真型试件能真实反映结构受力特征,但足尺真型试件和适量缩尺模型试件的试验结果并无显著差异,且前者对试验条件要求高,耗费的人力、财力也相当巨大,故建议除特殊研究要求外,通常采用适量缩尺试件进行试验研究,这样既可增加试验数量和品种,又可以降低试验经费。对于局部性的试件尺寸,可取为真型尺寸的1/4~1;而整体性的结构试件尺寸,可取为真型尺寸的1/5 ~ 1/30。

2.1.3 试件数量

在进行试件设计时,除了对试件的形状尺寸要进行仔细研究外,试件数目即试验量的设计也是一个不可忽视的重要问题,因为试验量的大小直接关系到能否满足试验的目的和任务以及整个试验的工作量问题,同时也受到试验研究、经费预算和时间期限的限制。

对于生产性试验,一般按照试验任务的要求有明确的试验对象。例如,对于预制厂生产的一般工业与民用建筑钢筋混凝土和预应力混凝土预制构件的质量检验和评定,可以按照《预制混凝土构件质量检验评定标准》(GBJ 321—90)中结构性能检验的规定,确定试件数量。

按该标准规定成批生产的构件,应按同一工艺,正常生产的 1 000 件,但不超过 3 个月的同类型产品为一批(不足 1 000 件者也为一批),在每批中随机抽取一个构件作为试件进行检验。这里所谓"同类型产品"是指采用同一钢种、同一混凝土强度等级、同一工艺、同一结构形式的构件。对同类型产品进行抽样检验时,试件宜从设计荷载最大、受力最不利或生产数量最多的构件中抽取。

对于科研性试验,其试验对象是按照研究要求而专门设计制造的,这类结构的试验往往是属于某一研究专题工作的一部分,特别是对于结构构件基本性能的研究,由于影响构件基本性能的参数较多,所以根据各参数构成的因子数(对试验指标可能有影响的原因或要素,用 A、B、C 等来表示)和水平数(各因素所处的状态和条件,用 1、2、3 等来表示)来决定试件数目,参数多则试件的数目也自然会增加。

表 2.1 为按因子数和水平数进行全组合需要的试验数量,由表可见:随着主要因子和水平数的增加,试件的个数就急速增多。例如,在进行钢筋混凝土柱剪切强度的基本性能试验研究中,我们取不同混凝土强度和不同配筋率、配箍率的钢筋混凝土柱在不同轴向应力和剪跨比的情况下进行试验,这里要求考虑的主要因子有受拉钢筋配筋率 ρ、配箍率 ρ_s、轴向应力 σ_c、剪跨比 λ 和混凝土强度等级 C 等,如果每个因子各自有 3 个水平数时,则需要的试件数为 243 个。如果每个因子有 5 个水平数,则试件的数量将猛增为 3 125 个,而这样多的试件在实际中是不可能做到的。

表 2.1 分析主要因子与试件数

主要因子	水平数			
	2	3	4	5
1	2	3	4	5
2	4	9	16	25
3	8	27	64	125
4	16	81	256	625
5	32	243	1 024	3 215

为此,试验工作者在试验设计中经常采用一种解决多因素问题的试验设计方法——正交试验设计法。正交表主要用于整体设计、综合比较,使用它可以妥善解决各因子和水平数相互组合的影响,以及所需要的试件数与实际可行的试验试件数之间的矛盾,解决实际所做少量试件试验与要求全面掌握内在规律之间的矛盾。

现就钢筋混凝土柱剪切强度基本性能研究问题为例,用正交试验法作试件数目设计。如果如同前面所述,主要分析因子数为5,而混凝土只用一种强度等级C20,这样实际因子数只有4,每个因子各有3个差别,即水平数为3,详见表2.2所列。

表2.2 钢筋混凝土柱剪切强度试验分析因子与水平数

主要分析因子		因子差别(水平数)		
		1	2	3
A	受拉钢筋配筋率 ρ	0.4	0.8	1.2
B	配箍率 ρ_s	0.2	0.33	0.5
C	轴向应力 σ_c	20	60	100
D	剪跨比 λ	2	3	4
E	混凝土强度等级 C	13.5 N/mm²		

根据正交表 $L_9(3^4)$,试件主要因子组合如表2.3所示。全组合方法需要243个试件,而采用正交设计法仅需9个试件。

此例的特点是:各个因子的水平数均相等,试验数恰好等于水平数的平方,即

$$试验数 = (水平数)^2 \tag{2.1}$$

表2.3 试件主要因子组合

试件 NO	A ρ(%)	B ρ_s(%)	C σ_c(N/mm²)	D λ
1	A₁ 0.4	B₁ 0.200	C₁ 20	D₁ 2
2	A₁ 0.4	B₂ 0.330	C₂ 60	D₂ 3
3	A₁ 0.4	B₃ 0.500	C₃ 100	D₃ 4
4	A₂ 0.8	B₁ 0.200	C₂ 60	D₃ 4
5	A₂ 0.8	B₂ 0.330	C₃ 100	D₁ 2
6	A₂ 0.8	B₃ 0.500	C₁ 20	D₂ 3
7	A₃ 1.2	B₁ 0.200	C₃ 100	D₂ 3
8	A₃ 1.2	B₂ 0.330	C₁ 20	D₃ 4
9	A₃ 1.2	B₃ 0.500	C₂ 60	D₁ 2

当试验对象各个因子的水平数互不相等时,试验数与各个因子的水平数之间存在以下关系:

$$试验数 = (水平数1)^2 \times (水平数2)^2 \times \cdots \tag{2.2}$$

正交设计表中多数试验数能够符合这一规律。例如，正交表 $L_4(2^3)$ 的试验数就等于 $2^2=4$，$L_{16}(4\times2^{12})$ 的试验数就等于 $4^2=16$。

正交表除了 $L_9(3^4)$、$L_4(2^3)$、$L_{16}(4\times2^{12})$ 外，还有 $L_{16}(45)$、$L1s(4^2\times2^9)$、$L_{16}(4^3\times2^6)$ 等。L 表示等角设计，其他数字的含义见下式：

$$L_{试验数}（水平数1^{相应因子数}\times水平数2^{相应因子数}）\tag{2.3}$$

例如，$L_{16}(4^2\times2^9)$ 的含义是某试验对象有 11 个影响因素，其中 2 个因素有 4 个水平数，其余 9 个因素有 2 个水平数，其试验数为 16。

试件数量设计是一个多因素问题，在实践中我们应该使整个试验的试件数目少而精，以质取胜，切忌盲目追求数量；要使所设计的试件尽可能做到一件多用，以最少的试件、最少的人力经费，得到最多的数据；要使通过设计所决定的试件数量经试验得到的结果能反映试验研究的规律性，以达到研究目的和要求。

2.2　结构试验的荷载设计

2.2.1　加载图式的选择与设计

加载图式是指试验荷载在试件上的布置形式。加载图式要根据试验目的来决定。试验时的荷载应该使结构处于某一种实际可能存在的最不利的工作情况。

加载图式要与结构设计计算的荷载图式一样，此时，结构的工作和其实际情况最为接近。例如，在钢筋混凝土楼盖中，支承楼板的次梁的试验荷载应该是均布的；支承次梁的主梁，所受荷载应该是按次梁间距作用的几个集中荷载；而工业厂房的屋面大梁则承受间距为屋面板宽度或檩条间距的等距集中荷载，在天窗脚下则需另加较大的集中荷载；对于吊车梁，则按其抗弯或抗剪最不利时的实际轮压位置布置相应的集中荷载。

但在试验时也常常采用不同于设计计算所规定的荷载图式，一般是基于下列的原因：

①对设计计算时采用的荷载图式的合理性有所怀疑，因而在试验时采用某种更接近于结构实际受力情况的荷载布置方式。

例如，装配式钢筋混凝土的交梁楼面，设计时楼板和次梁均按简支进行计算，施工后由于浇捣混凝土整筑层使楼面的整体性加强，试验时必须考虑邻近构件对受载部分的影响，即要考虑荷载的横向分布，这时荷载图式就必须按实际受力情况作适当的变化。

②在不影响结构的工作和试验成果分析的前提下，由于受试验条件的限制和为了加载的方便，可以改变加载的图式。

例如，当试验承受均布荷载的梁或屋架时，为了试验的方便和减少加载用的荷载量，常用几个集中荷载来代替均布荷载，但是集中荷载的数量与位置应尽可能地符合均布荷载所产生的内力值。由于集中荷载可以很方便地用少数几个液压加载器或杠杆产生，这样不仅简化了试验装置，还可以大大减轻试验加载的劳动量。采用这样的方法时，试验荷载的大小要根据相应等效条件换算得到，因此称为等效荷载。

采用等效荷载时，必须全面验算由于荷载图式的改变对结构的各种影响。必要时，应对结构构件做局部加强,或对某些参数进行修正。当构件满足强度等效,而整体变形(如挠度)条件不等效时,尚需对所测变形进行修正。取弯矩等效时,尚需验算剪力对构件的影响。

2.2.2　加载装置的设计

为了保证试验工作的正常进行,对于试验加载用的设备装置也必须进行专门的设计。在使用试验室内现有的设备装置时,也要按每项试验的要求对装置的强度和刚度进行复核计算。

对于加载装置的强度,首先要满足试验最大荷载量的要求,保证有足够的安全储备,同时要考虑到结构受载后有可能使局部构件的强度有所提高。如图 2.2 所示的钢筋混凝土框架,在 B 点施加水平力 Q,柱上施加轴向力 N 时,则梁 BC 增加了轴向压力 Q_{c2}。特别是当梁的屈服荷载由最大试验荷载决定时,梁所受的轴力使其强度提高,有时竟能提高 50%。这样的强度提高,就会使原来按梁上无轴力情况的理论荷载所设计出来的加载装置不能将试件加载到破坏。对于 X 形节点试件,随着梁、柱节点处轴力 N、剪力 Q 的增大,其强度也按比例提高。根据使用材料的性质及其误差,即使考虑了上述的轴力的影响,试件的最大强度常比预计的大。这样,在做试验设计时,加载装置的承载能力总要求将提高 70% 左右。

试验加载装置在满足上述强度要求的同时,还必须考虑刚度要求。正如混凝土应力-应变曲线下降段测试一样,在结构试验时如果加载装置的刚度不足,将难以获得试件极限荷载后的性能。

试验加载装置的设计还要求使它能符合结构构件的受力条件,要求能模拟结构构件的边界条件和变形条件,否则就失去了受力的真实性。柱的弯剪试验可采用如图 2.3 所示的方法,试验中必须施加轴向和水平向的两个作用力,且在加力点形成约束,以致其应力状态与设想的有所不同,在轴向力的加力点处会有弯矩产生。为了消除这个约束,在加载点和反力点处均应加设滚轴。

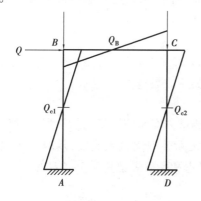

图 2.2　框架试验荷载图式

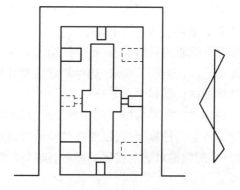

图 2.3　柱弯剪试验装置

在加载装置中还必须注意试件的支承方式,前述受轴力和水平力的柱的试验,两个方向加载设备的约束会引起较为复杂的应力状态。梁的弯剪试验中,处于加载点和支承点的摩擦力均会产生次应力,使梁所受的弯矩减小。在梁柱节点试验中,如采用 X 形试件,若加力点和支承点和摩擦力较大,就会接近于抗压试验的情况,支承点的滚轴可按接触承压应力进行计算。实际试验时多用细圆钢棒作滚轴,当支承反力增大时,滚轴可能产生变形,甚至接近塑形,会有非常大的摩擦力,使试验结果产生误差。

试验加载装置除了在设计时要满足上列要求外,还尽可能使它构造简单,组装时花费较少时间,特别是当要做若干同类型试件试验时还应考虑能方便安装试件,并缩短其安装调整的时间。如有可能,最好设计成多功能的以满足各种试件试验的要求。

2.2.3 加载制度

试验加载制度是指试验过程中荷载施加的程序或步骤,即施加的荷载和时间的关系,包括加载顺序、加载卸载程序和大小等。结构构件的承载能力和变形性质与其所受荷载作用的时间特征有关。不同性质的试验必须根据试验的要求制订不同的加载制度。

对于结构静力试验,一般采用包括预加载、标准加载和破坏荷载3个阶段的单调静力加载。结构抗震静力试验采用控制荷载或变形的低周反复加载,而结构拟动力试验则由计算机控制按结构受地震地面运动加速度作用后的位移反应时程曲线进行加载试验。一般结构动力试验采用正弦激振的加载试验,而结构抗震动力试验则采用模拟地震地面运动加速度地震波的随机激振试验。

对于预制混凝土构件,在进行质量检验评定时,可按《预制混凝土构件质量检验标准》(T/CECS 631—2019)的规定进行。一般混凝土结构静力试验的加载程序可按《混凝土结构试验方法标准》(GB 50152—2012)的规定。对于结构抗震试验则可按《建筑抗震试验规程》(JGJ/T 101—2015)的有关规定进行设计。

2.3 结构试验的观测设计

在进行结构试验时,为了对结构物或试件在荷载作用下的实际工作有全面的了解,为了真实而正确地反映结构的工作,就要求利用各种仪器设备量测出结构反应的某些参数,为分析结构工作提供科学依据。因此在正式试验前,应拟定测试方案。

测试方案通常包括有以下几个内容:

①按整个试验的目的要求,确定试验的观测项目。

②按确定的量测项目要求,选择测点位置并确定测点的数量。

③选择测试仪器和测定方法。

拟定的测试方案要与加载程序密切配合,在拟定测试方案时应该把结构在加载过程中可能出现的变形等数据计算出来,以便在试验时能随时与实际观测读数相比较,及时发现问题。同时,这些计算的数据对确定仪器的型号,选择仪器的量程和精度等也是完全必要的。

2.3.1 观测项目

结构在荷载作用下的各种变形可以分成两类:一类是反映结构的整体工作状况,如梁的挠度、转角、支座偏移等,称为整体变形;另一类是反映结构的局部工作状况,如应变、裂缝、钢筋滑移等,称为局部变形。

不同类型的试验往往其观测项目也相应地有一定区别,如静力试验中整体工作状况(挠度、变形等),局部工作状况(应变、裂缝、局部变形等);拟静力、拟动力试验中通过位移、转角、曲率、剪切变形、应变等得到的延性系数、滞回曲线、恢复力特性曲线;动力特性试验或振动台试验中对自振频率(周期)、振型、阻尼、位移、加速度、速度、动应变等的量测。

在确定试验的观测项目时,首先应该考虑整体变形,因为整体变形能够概括结构工作的全貌,可以基本上反映出结构的工作状况。因此,在所有测试项目中,各种整体变形往往是最基本的。例如,对于梁来说,首先就是挠度。通过挠度的测定,我们不仅能知道结构的刚度,而且可以知道结构的弹性和非弹性工作性质,挠度的不正常发展还能反映出结构中某些特殊的局部现象。因此,在缺乏必要的量测仪器的情况下,一般的试验就仅仅测定挠度这一项。转角的测定往往用来分析超静定连续结构。

对于某些构件,局部变形也是很重要的。例如,钢筋混凝土结构的裂缝出现,能直接说明其抗裂性能;再如,在作非破坏性试验进行应力分析时,控制截面上的最大应变往往是推断结构极限强度的最重要指标。因此,只要条件许可,根据试验目的也经常需要测定一些局部变形的项目。

2.3.2 测点数量与布置

利用结构试验仪器对结构物或试件进行变形和应变测量时,由于一个仪表一般只能测量一个试验数据,因此在测量一个结构物的强度、刚度和抗裂性等力学性能时,往往需要利用较多数量的测量仪表。一般来说,量测的点位越多,越能了解结构物的应力和变形情况。

但是,在满足试验目的的前提下,测点还是宜少不宜多,这样不仅可以节省仪器设备,避免人力浪费,而且能使试验工作重点突出,提高效率和保证质量。任何一个测点的布置都应该是有目的的,应服从于结构分析的需要,不应错误地为了追求数量而不切实际地盲目设置测点。因此,在测量工作之前,应该利用已知的力学和结构理论对结构进行初步估算,然后合理地布置测量点位,力求减少试验工作量而尽可能获得必要的数据资料。这样,测点的数量和布置必须是充分合理的,同时是足够的。

对于一个新型结构或科研的新课题,可采用逐步逼近由粗到细的办法,先测定较少点位的力学数据,经过初步分析后再补充适量的测点,然后不断分析补充,直到能足够了解结构物的性能为止。有时也可以做一些简单的试验进行定性后再决定测量点位。

测点的位置必须要有代表性,以便于分析和计算。结构的最大挠度和最大应力通常是设计和试验工作者最感兴趣的数据,因为利用它们可以比较直接地了解结构的工作性能和强度储备。因此,在这些最大值出现的部位上必须布置测量点位。例如,挠度的测点位置可以从比较直观的弹性曲线(或曲面)来估计,通常是布置在跨度中点的结构最大挠度处;应变的测点就应该布置在最不利截面的最大受力纤维上,最大应力的位置一般出现在最大弯矩截面上、最大剪力截面上或者弯矩剪力都不是最大但二者同时出现较大数值的截面上,以及产生应力集中的孔穴边缘上或者截面剧烈改变的区域上。如果目的不是要说明局部缺陷的影响,那么就不应该在有显著缺陷的截面上布置测点,这样才能便于计算分析。

在测量工作中,为了保证测量数据的可靠性,还应该布置一定数量的校核性测点。由于在试验量测过程中,部分测量仪器会有工作不正常、发生故障,以及很多偶然因素影响量测数据的可靠性,因此不仅在需要知道应力和变形的位置上布置测点,也要求在已知应力和变形的位置上布点。这样我们就可以获得两组测量数据,前者称为测量数据,后者称为控制数据或校核数据。如果控制数据在量测过程中是正常的,可以相信测量数据是比较可靠的;反之,测量数据的可靠性就差了。这些控制数据的校核测点可以布置在结构物的边缘凸角上,这种地方没有外力作用,其应变为零;当结构物上没有凸角可找时,校核测点可以放在理论计算比较有把握的区域。此外,我们还经常利用结构本身和荷载作用的对称性,在控制测点相对称的位置上布置一定数量的校核测点,在正常情况下,相互对应的测点数据应该相等。这样,校核性测点一方面能验证观测结果的可靠程度;另一方面,在必要时,也可以将对称测点的数据作为正式数据,供分析时采用。

测点的布置应有利于试验时操作和测读,不便于观测读数的测点往往不能提供可靠的结果。为了测读方便、减少观测人员数量,测点的布置宜适当集中,便于一人管理若干个仪器。

不便于测读和不便于安装仪器的部位,最好不设或少设测点,即使要设测点也要妥善考虑安全措施,或者选择特殊的仪器或测定方法来满足测量的要求。

2.3.3 仪器的选择与数据采集

①在选择仪器时,必须从试验实际需要出发,使所用仪器能很好地符合量测所需的精度与量程要求,但要防止盲目选用高准确度和高灵敏度的精密仪器。一般的试验,要求测定结果的相对误差不超过5%。

②仪器的量程应该满足最大应变或挠度的需要。如在试验中途进行调整,必然会增大测量误差,应当尽量避免。为此,仪器最大被测值宜在满量程的 1/5 ~ 2/3 范围内,一般最大被测值不宜大于选用仪表最大量程的80%。

③如果测点的数量很多而且测点又位于很高很远的部位,这时采用电阻应变仪多点测量或远距测量就很方便。对埋于结构内部的测点,只能用电测仪表。此外,机械式仪表一般附着于结构上,要求仪表的自重轻、体积小,不影响结构的工作。

④选择仪表时必须考虑测读方便省时,必要时需采用自动记录装置。

⑤为了简化工作、避免差错,量测仪器的型号规格应尽可能选用一样的,种类越少越好。有时为了控制观测结果的正确性,常在校核测点上使用另一种类型的仪器,以便于比较。

⑥动测试验使用的仪表,尤其应注意仪表的线性范围频响特性和相位特性要满足试验量测的要求。

仪器仪表的测读应按一定的程序进行,具体的测定方法与试验方案、加载程序有密切的关系。在拟定加载试验方案时,要充分考虑观测工作的方便与可能;反之,确定测点布置和考虑测读程序时,也要根据试验方案所提供的客观条件,密切结合加载程序再加以确定。

在进行测读时,原则上要求全部仪器的读数必须同时进行,至少也要基本上同时。结构的变形与时间有关,只有同时得到的读数联合起来才能说明结构在当时的实际状况。因此,如果仪器数量较多,应分区同时由几人测读,每个观测人员测读的仪器数量不能太多,如用静态电阻应变仪作多点测量时,当测点数量较多时,就应该考虑用多台预调平衡箱并分组用几台应变仪来控制测读。

观测时间一般是选在载荷过程中的加载间歇时间内,最好在每次加载完毕后的某一时间开始,按程序测读一次,到加下一级荷载前再观测一次读数。根据试验的需要,也可以在加载后立即记取个别重要测点仪器的数据。

有时荷载分级很细,某些仪器的读数变化非常小,或对于一些次要的测点,可以每隔二级或更多级的荷载才测读一次。当每级荷载作用下结构徐变变形不大时,或者为了缩短试验时间,往往只在每一级荷载下测读一次数据。

当荷载维持较长时间不变时(如在标准荷载下加恒载 12 小时或更多),应该按规定时间,如加载后的 5 分钟、10 分钟、30 分钟、1 小时,以后每隔 3～6 小时记录读数一次。同样,当结构卸载完毕空载时,也应按规定时间记录变形的恢复情况。

每次记录仪器读数时,应该同时记下周围的温度。重要的数据应边作记录,边作初步整理,同时算出每级荷载下的读数差,与预计的理论值进行比较。

2.4　结构试验设计的基本原则

如果将工程结构视为一个系统,所谓"试验",是指给定系统的输入,并让系统在规定的环境条件下运行,考察系统的输出,确定系统的模型和参数的全过程。从这一定义,可以归纳结构试验设计的基本原则如下:

(1)真实模拟结构所处的环境和结构所受到的荷载

建筑结构在其使用寿命的全过程中,受到各种作用,并以荷载作用为主。要根据不同的结构试验目的,设计试验环境和试验荷载。例如,地震模拟振动台试验再现地震时的地面强烈运动,而风洞则再现了结构所处的风环境。为了考察混凝土结构遭遇火灾时的性能,试验要在特殊的高温装置中进行。在鉴定性结构试验中,可按照有关技术标准或试验目的确定试验荷载的基本特征。而在研究性结构试验中,试验荷载则完全由研究目的所决定。

除实际原型结构的现场试验外,在实验室内进行结构或构件试验时,试验装置的设计要注意边界条件的模拟。如图 2.4 所示的梁,通常称为简支梁。根据弹性力学中的圣维南原理可知,只要梁的两端没有转动约束,按初等梁理论,这就是与我们计算简图相符的简支梁。但是,图 2.4 的梁不是铰接在梁端的中性轴,而是铰接在梁底部的,这种边界条件对梁的单调静力荷载试验的影响很小。但在梁的动力特性试验中,如果梁的跨高比不是很大,这种边界条件就在很大程度上改变了梁的动力特性。

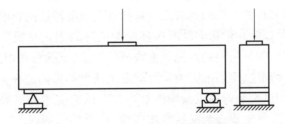

图 2.4　简支梁的支承条件及直接加载图

图 2.5 为四边简支板的边界支承条件,在进行静力荷载试验时,如果板角没有向上的位移约束,则在荷载作用下,板角发生向上的位移,靠近板角区域,板与支承脱离。如果约束板角向上的位移,则简支板的板角区域出现负弯矩。在结构试验设计时,需要根据试验的目的决定板角向上的位移是否受到约束。

建筑工程中有两类典型的柱,一类是工业厂房的排架柱,另一类是多层房屋的框架柱。通过低周反复荷载试验研究排架结构和框架结构的抗震性能时,可取两种计算简图进行结构试验设计,如图2.6所示,一种为悬臂柱,另一种为框架柱。悬臂柱端弯矩为零,框架柱中点弯矩也为零。但框架柱的有效高度只有悬臂柱的一半,这种试验方案常用来直接模拟框架柱的受力性能,特别是钢筋混凝土框架柱的剪切破坏。

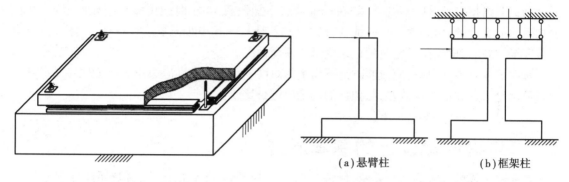

图2.5　四边简支板的边界支承条件

(a)悬臂柱　　　(b)框架柱

图2.6　悬臂柱和框架柱试验方案

研究梁的抗剪性能时,常用如图2.4所示简支梁的加载方式,称为直接加载。但实际上次梁与主梁侧面相交,主梁梁顶没有受到直接压力作用。由混凝土结构基本理论可知,这个直接压力作用将明显提高梁的抗剪承载能力。较为不利且更接近主梁受力实际情况的是间接加载方式,如图2.7所示。

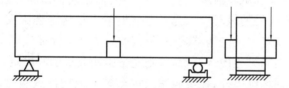

图2.7　主梁试验的间接加载方式

(2)消除次要因素影响

影响结构受力性能的因素有很多,一次试验很难同时确定各因素的影响程度。此外,各影响因素中,有的是主要因素,有的是次要因素。通常,试验的目的中明确包含了需要研究或需要验证的主要因素,试验设计时应进行仔细分析,消除次要因素的影响。

例如,试验目的是研究徐变对钢筋混凝土受弯构件的长期刚度的影响,为此,要进行钢筋混凝土受弯构件的长期荷载试验。但影响受弯构件长期挠度的因素有很多,除混凝土的徐变外,还有混凝土的收缩。因此,为尽可能消除混凝土收缩的影响,试验宜在恒温、恒湿条件下进行。

按照混凝土结构设计理论,钢筋混凝土梁可能发生两种类型的破坏,一种是弯曲破坏,另一种是剪切破坏。梁的剪切试验和弯曲试验均以对称加载的简支梁为试验对象。当以梁的受弯性能为主要试验目的时,观测的重点为梁的纯弯区段,在梁的剪弯区段应配置足够的箍筋以防剪切破坏影响试验结果。反过来,当以梁的剪切性能为主要试验目的时,则应加大纵向受拉钢筋的配筋率,避免梁在发生剪切破坏之前出现以受拉钢筋屈服为标志的弯曲破坏。应当指出,纵向受拉钢筋配筋率对梁的剪切破坏有一定的影响,但在试验研究中,以混凝土强度和配箍率为主要因素,而将配筋率视为次要因素。因此,大多数钢筋混凝土梁受剪性能的试验中,都采用高配筋率的梁试件。

在结构模型试验中,模型的材料、各部分尺寸以及细部构造,都可能和原型结构不尽相同,但主要因素要在模型中得到体现。例如,采用模型试验的方法研究钢筋混凝土梁的受弯性能,如果模型采用的钢筋直径按比例缩小,则钢筋面积就不会按同一比例缩小。又例如,在地震模拟振动台试验中,采用大比例缩尺模型进行混凝土结构的抗震试验。原型结构采用普通混凝土,最大骨料粒径可以达到20 mm或更大。如果采用1:40的比例制作结构模型,只能选用最大骨料粒径3~5 mm的微粒混凝土。从材料性能我们知道,微粒混凝土和普通混凝土尽管性能有相近之处,但这仍然是两种不同的材料。采用微粒混凝土制作结构模型进行地震模拟振动台试验,能够反映结构在遭遇地震时的主要性能,而其他次要影响因素不作为试验研究的重点。

在大型结构试验中,更要注意把握结构试验的重点。按系统工程学的观点,有所谓"大系统测不准"定理。意思是说,系统越大越复杂,影响因素越多,这些影响因素的累积可能会使测试数据的"信噪比"降低,影响试验结果的准确程度。无论是设计加载方案还是设计测试方案,都应力求简单。复杂的加载子系统和庞大的测试仪器子系统,都会增加整个系统出现故障的概率。只要能实现试验目的,最简单的方案往往就是最好的方案。

(3)将结构反应视为随机变量

从结构设计的可靠度理论可知,结构抗力和作用效应都是随机变量。但在进行结构试验时,我们希望所有影响因素都可控。对于建筑工程产品的鉴定性试验,有这种想法是正常的,因为大多数产品都是符合技术标准的合格产品。对于结构工程科学的研究性试验,常常也期望试验结果能证实我们的猜想和假设。但如果在试验完成以前,就已经知道试验结果,那试验也就没有什么意义了。因此,在设计和规划结构试验时,必须将结构的反应视为随机变量。特别要强调的是,结构试验不同于材料试验。在常规的材料强度试验中,用平均值和标准差表示试验结果的统计特征,这是众所周知的处理方法。而在试验之前,结构试验的结果不但具有随机性,而且具有模糊性。这就是说,结构的力学模型是不确定的。以梁的受力性能为例,根据材料力学,我们可以预测钢梁弹性阶段的性能,但是,对于一种采用新材料制作的梁,例如胶合木材制成的梁,其承载能力模型显然与试验结果有极大的关系。常规的试验研究方法是根据试验结果来建立结构的力学模型,再通过试验数据来分析确定模型的参数。

图2.8给出了钢筋混凝土梁受剪承载能力的试验结果,由图可知,试验结果十分离散。我们知道,影响梁的抗剪承载能力的因素有很多,梁的抗剪模型也有很多种。从20世纪初开始,国内外耗费人力、物力进行了大量的钢筋混凝土梁的抗剪性能试验,显然,合理的试验设计和规划对试验结果的分布规律有决定性的影响。

将结构反应视为随机变量,这一观点使得我们在结构试验设计时,必须运用统计学的方法设计试件的数量,排列影响因素(例如,基于数理统计的正交试验法),而在考虑加载设备、测试仪器时,必须留有充分的余地。有时,在进行新型结构体系或新材料结构的试验时,由于信息不充分,很难对试件制作、加载方案、观测方案等环节进行全面考虑,应先进行预备性试验,也就是为制订试验方案而进行的试验。通过预备性试验初步了解结构的性能,再制订详尽的试验方案。

(4)合理选择试验参数

在结构试验中,试验方案涉及很多参数,这些参数决定了试验结构的性能。一般而言,试验参数可以分为两类,一类与试验加载系统有关,另一类与试验结构的具体性能有关。例如,约束钢筋混凝土柱的抗震性能试验,试验加载系统的能力决定柱的基本尺寸,如试验参数中取柱的截面尺寸为300 mm×300 mm,最大轴压比为0.7,混凝土强度等级为C40,试验中施加的轴压荷载约为1 700 kN,这要求试验系统具有2 000 kN以上的轴向荷载能力。试件尺寸是一个非常重

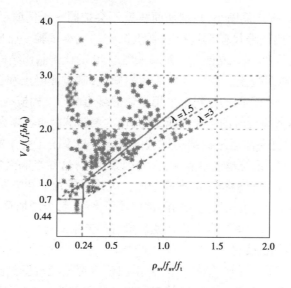

图 2.8　有腹筋梁受剪承载力试验结果

V_{cs}—仅配箍筋钢筋混凝土梁的抗剪承载力；b—截面宽度；h_0—截面有效高度；

f_t—混凝土抗拉强度；λ—剪跨比；f_{sv}—箍筋抗拉强度；ρ_{sv}—配箍率

要的试验参数，它涉及试验结构与原型结构的关系，即所谓尺寸效应和相似关系。对于混凝土结构，小尺寸试件得到的强度高于大尺寸试件的强度，钢筋直径、保护层厚度、箍筋间距等参数按比例缩小时可能导致试验的结构性能变化。对于钢结构，缩小比例的模型结构主要涉及连接构造与原型结构是否一致，如螺栓连接怎样按比例缩小，焊接钢结构的热应力影响等，都应在试验设计时仔细加以考虑。

试验结构的参数应在实际工程结构的可能的取值范围内。钢筋混凝土结构常见的试验参数包括混凝土强度等级、配筋率、配筋方式、截面形式、荷载形式及位置参数等，砌体结构常见的试验参数有块体和砂浆强度等级，钢结构试验常以构件长细比、截面形式、节点构造方式等为主要变量。有时，出于试验目的的需要，将某些参数取到极限值，以考察结构性能的变化。例如，由钢筋混凝土受弯构件的界限破坏给出其承载力计算公式的适用范围。在试验中，梁试件的配筋率必须达到发生超筋破坏的范围，才能通过试验确定超筋破坏和适筋破坏的分界点。

在设计、制作试件时，对试验参数应进行必要的控制。如上所述，我们可以将试验得到的测试数据视为随机变量，用数理统计的方法寻找其统计规律。但试验参数分布应具有代表性。例如，钢筋混凝土构件的试验，取混凝土强度等级为一个试验参数，若按 C20、C25、C30 三个水平考虑进行试件设计，可能发生的情况是：由于混凝土强度的变异以及时间等因素，试验时试件的混凝土强度等级偏离设计值，三个水平无法区分，导致混凝土强度这一因素在试验结果中体现不充分。

（5）统一测试方法和评价标准

在鉴定性结构试验中，试验对象和试验方法大多已事先规定。例如，预应力混凝土空心板的试验，应符合《混凝土结构工程施工质量验收规范》（GB 50204—2015）的规定。采用回弹法、超声法等方法在原型结构现场进行混凝土非破损检测、钢结构的焊缝检验、预应力锚具的试验等，都必须符合有关技术标准的规定。

在研究性结构试验中，情况有所不同。结构试验是结构工程科学创新的源泉，很多新的发现来源于新的试验方法,我们不可能用技术标准的形式来规定科学创新的方法。但我们又需要对试验方法有所规定,这主要是为信息交换以及建立共同的评价标准。

例如,关于混凝土受拉开裂的定义。在800倍显微镜下,可以看到不受力的混凝土也存在裂缝。一般情况下,这种裂缝显然不构成我们对混凝土结构受力状态的评价。在100倍放大镜下,可以看到宽度小于0.005 mm的裂缝。但在常规的混凝土结构试验中,我们使用放大倍数20～40倍的裂缝观测镜,对裂缝的分辨率大约为0.01 mm。如果裂缝宽度小于观测的分辨率,我们就认为混凝土没有开裂。这就是研究人员在结构试验中认可的开裂定义,它不由技术标准来规定,而是历史沿革和一种约定。在设计观测方案时,可以根据这个定义来考虑裂缝观测方案。

(6)降低试验成本和提高试验效率

在结构试验中,试验成本由试件加工制作、预埋传感器、试验装置加工、试验用消耗材料、设备仪器折旧、试验人工费用和有关管理费等组成。在试验方案设计时,应根据试验目的选择有关试验参数和试验用仪器仪表,以达到降低试验成本的目的。一般而言,在试验装置和测试消耗材料方面,应尽可能重复利用以降低试验成本,如配有标准接头的应变计或传感器的导线,由标准件组装的试验装置等。

测试的精度要求对试验成本和试验效率也有一定的影响,盲目追求高精度只会增加试验成本,降低试验效率。例如,钢筋混凝土梁的动载试验中,要求连续测量并记录挠度和荷载,挠度的测试精度为0.05～0.1 mm时即可满足一般要求。但如要求挠度测试精度达到0.01 mm,则传感器、放大器和记录仪都必须采用高精度高性能仪器仪表。这样,仪器设备费用将会增加,仪器的调试时间也会增加,对试验环境的要求也更加严格。

此外,结构试验方案设计时,还应仔细考虑安全因素。在实验室条件下进行的结构试验,要注意避免因试件破坏或变形过大,伤及实验人员,损坏仪器、仪表和设备。进行结构现场试验时,除上述因素外,还应特别注意因试验荷载过大而引起的结构破坏。

2.5 试验大纲和试验报告

结构试验规划设计阶段的主要任务,就是通过结构试验设计拟定试验大纲,并将所有相关文件进行汇总。试验大纲是进行整个试验的指导性文件。

试验大纲内容的详略程度视不同的试验而定,但一般应包括以下部分。

①试验目的要求,即通过试验最后应得出的数据,如破坏荷载值、设计荷载下的内力分布和挠度曲线及荷载变形曲线等。

②试件设计及制作要求,包括试件设计的依据及理论分析、试件数量及施工图、对试件原材料、制作工艺及制作精度等的要求。

③辅助试验内容,包括辅助试验的目的、试件的种类、数量尺寸、试件的制作要求及试验方法等。

④试件的安装与就位,包括试件的支座装置,保证侧向稳定的装置等。

⑤加载方法,包括荷载数量及种类、加载设备、加载装置、加载图式及加载程序。

⑥量测方法,包括测点布置、仪表型号选择、仪表标定方法、仪表的布置与编号、仪表安装方法及量测程序。

⑦试验过程的观察方案,包括试验过程中除仪表读数外在其他方面应做的记录。

⑧安全措施,包括安全装置、脚手架及技术安全规定等。

⑨试验进度计划。

⑩经费使用计划,即试验经费的预算计划。

⑪附件,如设备、器材及仪器仪表清单等。

结构试验的基本文件除上述结构试验大纲外,每个建筑结构试验从规划到最终完成,还应收集整理以下各种文件资料。

①试件施工图及制作要求说明书。

②试件制作过程及原始数据记录,包括各部分实际尺寸等情况。

③自制试验设备加工图纸及设计资料。

④加载装置及仪表编号布置图。

⑤仪表读数记录表(原始记录)。

⑥测量过程记录,包括照片、绘图及试验过程的录像等。

⑦试件材料及原材料性能的测定报告。

⑧试验数据的整理分析及试验结果总结,包括整理分析所依据的计算公式,整理后的数据图表等。

⑨试验工作日志。

以上文件都是原始材料,在试验结束后均应整理装订归档保存。

另外,试验报告是全部试验工作的集中反映,它概括了其他文件的主要内容。编写试验报告,应简明扼要。试验报告有时也不单独编写,而作为整个研究报告中的一部分。

试验报告内容,一般包括试验目的、试验对象的简介、试验方法及依据、试验情况及问题、试验结果处理与分析、试验技术结论、附录等。

建筑结构试验必须在一定的理论指导下才能有效地进行,试验结果又为理论计算提供了宝贵的资料和依据。绝不可只凭借一些观察到的表面现象,为结构的工作妄下断语,一定要经过周详的考察和理论分析,才可能对结构的工作状况做出正确且符合实际情况的结论。因此,不应该认为结构试验纯属经验式的试验分析,相反,它是根据丰富的试验资料对工程结构工作的内在规律进行更深层次的理论研究。

思考题

2.1　简述试件数量设计的原则和方法。

2.2　加载装置的设计应符合哪些要求?

2.3　在结构试验的测试方案设计中,主要应考虑哪些内容?

2.4　某简支梁承受均布荷载,试设计试验加载装置、模拟其受力并画出等效内力图。

2.5　简述结构试验大纲所包含的内容。

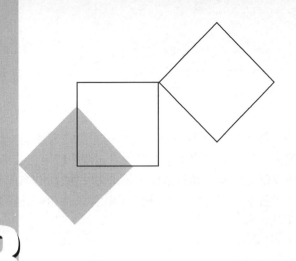

3 结构试验模型

结构试验的对象是原型结构或模型。原型结构是指实际结构物。模型是指原型结构的代表物,其具有原型结构的全部或部分重要特征,两者间满足一定的相似关系,且由模型的性态可以推演出原型结构的性态。模型试验的对象是模型,试验模型可以是足尺的,也可以是缩尺的。由于试验规模、试验场地、试验设备和试验经费等限定,大多的模型试验采用缩尺模型试验。

3.1 模型试验的分类

根据不同分类指标,模型试验可以分为以下类型:

(1)基于模型的相似性分类

可分为小尺寸试验和相似模型试验。小尺寸试验模型一般不与具体的原型结构相对应,常采用较小的尺寸,选用与原型结构相同的材料,按照设计规范或理论进行设计并制作。小尺寸试验常用于研究结构的性能,验证设计假定与计算方法的正确性。相似模型要求满足相似条件,包括几何相似、力学相似和材料相似,采用适当的缩尺比例和相似材料制成,在模型上施加相似力系,使模型受力后重演原型结构的实际工作状态,最后根据相似条件,由模型试验的结果推演原型结构的工作性能。

(2)基于试验所达到的受力阶段分类

可分为弹性模型试验、强度模型试验。弹性模型试验主要研究原型结构在弹性阶段的受力行为。弹性模型的材料可以与原型材料不同,例如,常用有机玻璃制作桥梁或建筑的弹性模型。强度模型研究原型结构受力全过程的性能,重点是破坏形态和极限承载能力。强度模型的材料与原型结构相同,钢筋混凝土结构的模型试验常采用强度模型试验。

(3)基于试验所模拟的结构范围分类

可分为局部结构模型试验和整体结构模型试验。局部结构模型是指从结构中选取关键部位或代表性部位所开展的试验。如框架结构中选取部分梁柱子结构试验,从桥梁中选取的箱梁梁段试验等。局部结构模型试验的难点在于子结构或节段的边界模拟。整体结构模型试验是指针对整体结构所开展的模型试验,通常为三维结构模型或空间结构模型。如悬索桥的风致响应模型试验。

(4)基于试验施加的荷载特性分类

可分为静力模型试验和动力模型试验。静力模型试验主要研究结构在静荷载作用下的强度、刚度和稳定性问题，验证理论分析方法的可靠性。静力模型试验设计过程中应考虑几何、物理和边界条件的相似。动力模型试验则主要研究结构在动态激励下的动力特性、动力响应及关键部位的受力特征等。动力模型试验设计过程中除应考虑几何、物理和边界条件相似外还要满足动力相似条件。

3.2 模型的相似

3.2.1 相似理论

模型与原型结构保持相似才能由模型试验的数据和结果推算出原结构的数据和结果，而相似理论是模型与原型相似的基础。

相似理论是研究自然界和工程领域中两种现象之间相似的原理、相似现象的性质以及将一个现象的研究结果推演到其相似现象中去的基本方法。1686 年牛顿在他的著作《Principia》第 1 册中提出了关于相似现象的学说，而以相似理论为基础的模型研究方法出现于 19 世纪中期。相似理论包括以下三个相似定理。

(1)相似第一定理

相似第一定理是牛顿于 1786 年首先发现的，1848 年法国科学院院士贝特朗(J. Bertrand)利用相似变换的方法建立了相似第一定理：彼此相似的物理现象，单值条件相同，其相似准数的数值也相同。单值条件是指决定于一个现象的特性并使它从一群现象中区分出来的那些条件(几何要素、物理参数、边界条件、初始条件)，确保在一定条件下试验结果是唯一的。相似准数(也称为相似判据)是联系相似系统中各物理量的一个无量纲组合，对于所有相似的物理现象其相似准数是相同的。

相似第一定理明确了两个相似现象在时间、空间上的相互关系，确定了相似现象的性质，下面以牛顿第二定律为例说明这些性质。

对于原型的质量运动系统，则有

$$F_P = m_p a_p \tag{3.1}$$

式中 F_p, m_p, a_p——原型系统的力、质量和加速度。

对于模型的质量运动系统，有：

$$F_m = m_m a_m \tag{3.2}$$

式中 F_m, m_m, a_m——模型系统的力、质量和加速度。

因为这两个运动系统相似，故它们各个对应的物理量成比例：

$$F_m = S_F F_p \quad m_m = S_m m_p \quad a_m = S_a a_p \tag{3.3}$$

式中 S_F, S_m, S_a——两个运动系统中对应的物理量(即力、质量、加速度)的相似常数。

将式(3.3)的关系式代入式(3.2)得：

$$\frac{S_F}{S_m S_a} F_p = m_p a_p \tag{3.4}$$

比较式(3.4)和式(3.1),显然仅当:

$$\frac{S_F}{S_m S_a} = 1 \qquad (3.5)$$

时,式(3.4)才能与式(3.1)一致,由此产生了相似现象的判别条件,$\frac{S_F}{S_m S_a}$被称为相似指标或相似条件。式(3.5)表明,两个现象若相似,则它们的相似指标(相似条件)等于1。可见各物理量的相似常数受相似指标约束,不能都任意选取。

将式(3.3)的关系式代入式(3.5),可得到:

$$\frac{F_p}{m_p a_p} = \frac{F_m}{m_m a_m} = \pi \qquad (3.6)$$

式(3.6)中,第一个等号左右均为无量纲比值,对于所有的力学相似现象,这个比值都是相同的,称为相似准数,通常用 π 表示,也称 π 数。

相似准数 π 这个无量纲的组合表达了相似系统中各物理量间的相互关系,又称为"模型律",利用它可将模型试验中的结果推演到原型结构中去。

相似准数与相似常数的概念是不同的。相似常数是指在两个相似现象中,两个相对应的物理量始终保持的比例关系,但对于与它们相似的第三个相似现象,它可能是不同的比例常数。而相似准数则在所有互相相似的现象中始终保持不变。

相似第一定理是采用方程分析法确定相似条件的理论基础。

(2)相似第二定理

1915 年美国学者白金汉(E. Buckingham)提出了相似第二定理:对于由 n 个物理量 $x_1, x_2, x_3, \cdots, x_n$ 的函数关系表示的某现象,当这些物理量中含有 k 个独立的基本物理量,则可得到 $n-k$ 个独立的相似准数 $\pi_i(i=1,2,\cdots,n-k)$,即描述现象的函数也可由 $n-k$ 独立的相似准数来表示。

$$f(x_1, x_2, x_3, \cdots, x_n) = g(\pi_1, \pi_2, \pi_3, \cdots, \pi_{n-k}) = 0 \qquad (3.7)$$

它描述了现象的物理方程可以转化为相似准数方程,由此相似第二定理也称为 π 定理。它是量纲分析的基础,可指导试验人员按相似准数间关系所给定的形式处理模型试验数据,并将试验结果应用到原型结构中去。

相似第二定理是采用量纲分析法确定相似条件的理论基础。

(3)相似第三定理

相似第三定理:凡具有同一特性的现象,当单值条件彼此相似,且由单值条件的物理量所组成的相似准数在数值上相等时,则这些现象必定相似。

相似第三定理明确了现象相似的充分和必要条件。

基于上述相似理论,模型结构与原型结构相似则必须满足:①物理量相似;②物理过程相似。下面分别叙述物理量相似和物理过程相似。

3.2.2 物理量相似

物理量相似是模型和原型的各物理量(如几何尺寸、材料参数、时间等)对应成比例。模型和原型各相应物理量的比值称为相似常数。

(1)几何相似

模型与原型满足几何相似,就是要求模型与原型之间所有方向或对应部分的线性尺寸都成比例,即应满足:

$$S_l = \frac{l_m}{l_p} = \frac{b_m}{b_p} = \frac{h_m}{h_p} \tag{3.8}$$

式中 S_l——几何相似常数;

l, b, h——结构长、宽、高三个方向的线性尺寸;

下标 m 和 p 表示模型、原型。

则模型与原型的面积比、截面抵抗矩比和惯性矩比分别为:

$$S_A = \frac{A_m}{A_p} = \frac{b_m h_m}{b_p h_p} = S_l^2 \tag{3.9}$$

$$S_W = \frac{W_m}{W_p} = \frac{b_m h_m^2/6}{b_p h_p^2/6} = S_l^3 \tag{3.10}$$

$$S_I = \frac{I_m}{I_p} = \frac{b_m h_m^3/12}{b_p h_p^3/12} = S_l^4 \tag{3.11}$$

(2)质量相似

在动力学问题中,结构的质量是影响结构动力性能的主要因素之一。结构动力模型要求模型的质量分布(包括集中质量)与原型的质量分布相似,即模型与原型对应部位的质量成比例:

$$S_m = \frac{m_m}{m_p} \tag{3.12}$$

对于具有分布质量的部分,模型与原型的质量密度相似常数为:

$$S_\rho = \frac{\rho_m}{\rho_p} = \frac{\dfrac{m_m}{V_m}}{\dfrac{m_p}{V_p}} = \frac{S_m}{S_l^3} \tag{3.13}$$

(3)荷载相似

荷载相似要求模型与原型在各对应部位所受的荷载大小成比例,荷载方向相同。

集中荷载相似常数可以表示为:

$$S_P = \frac{P_m}{P_p} = \frac{A_m \sigma_m}{A_p \sigma_p} = S_l^2 S_\sigma \tag{3.14}$$

线荷载相似常数:

$$S_w = S_l S_\sigma \tag{3.15}$$

面荷载相似常数:

$$S_q = S_\sigma \tag{3.16}$$

弯矩或扭矩相似常数:

$$S_M = S_l^3 S_\sigma \tag{3.17}$$

式中 S_σ——应力相似常数。

当需要考虑结构自重的影响时,需要模型和原型的重量分布相似,其相似常数为:

$$S_{mg} = \frac{m_m g_m}{m_p g_p} = S_m S_g = S_\rho S_l^2 S_g \tag{3.18}$$

通常重力加速度的相似常数 $S_g = 1$，故有：

$$S_{mg} = S_{\rho}S_l^2 \qquad (3.19)$$

（4）物理相似

物理相似要求模型与原型的各相应点的应力和应变、刚度和变形关系相似。

弹性模量相似常数：

$$S_E = \frac{E_m}{E_p} \qquad (3.20)$$

剪切模量相似常数：

$$S_G = \frac{G_m}{G_p} \qquad (3.21)$$

泊松比相似常数：

$$S_v = \frac{v_m}{v_p} \qquad (3.22)$$

正应力相似常数：

$$S_{\sigma} = \frac{\sigma_m}{\sigma_p} = \frac{E_m \varepsilon_m}{E_p \varepsilon_p} = S_E S_{\varepsilon} \qquad (3.23)$$

如果模型和原型采用相同的材料，弹性模量相似常数 $S_E = 1$，模型的应力相似常数和应变相似常数相等。

剪应力相似常数：

$$S_{\gamma} = \frac{\tau_m}{\tau_p} = \frac{G_m \gamma_m}{G_p \gamma_p} = S_G S_{\gamma} \qquad (3.24)$$

式中　S_E——正应变相似常数；

　　　S_{γ}——剪应变相似常数。

由刚度和变形关系可知刚度相似常数为：

$$S_K = \frac{K_m}{K_p} = \frac{\dfrac{P_m}{x_m}}{\dfrac{P_p}{x_p}} = \frac{S_P}{S_x} = \frac{S_l^2 S_{\sigma}}{S_l} = S_{\sigma} S_l \qquad (3.25)$$

式中　K_m——模型的刚度；

　　　K_p——原型的刚度；

　　　S_x——位移相似常数。

（5）时间相似

在动力问题中，要求模型和原型的速度、加速度在对应的时刻成比例，与其相对应的时间间隔也应成比例。时间相似常数表示为：

$$S_t = \frac{t_m}{t_p} \qquad (3.26)$$

（6）边界条件相似

结构试验的边界条件分为位移边界条件和力边界条件。边界条件相似要求模型和原型在与外界接触的区域内的各种条件保持相似，也即要求支承条件相似、约束情况相似以及边界上受力情况相似。模型的支承和约束条件可以由与原型结构构造相同的条件来满足与保证。

（7）初始条件相似

在材料力学和弹性力学中，常用微分方程描述结构的变形和内力，初始条件是求解微分方程的必要条件。对于结构动力问题，初始条件包括初始状态下结构的几何位置（初始位移），初始速度和初始加速度。一般情况下，模型动载试验的初始条件相似要求较容易满足，因为绝大多数的试验都采用初始位移和初始速度为零的初始条件。

3.2.3 物理过程相似

物理过程相似是指模型和原型在相同物理过程中的相似常数应满足一定的组合关系。一般将这种组合关系表示为等于 1 的形式，如式（3.5）所示，并将这种数值上等于 1 的相似常数组合关系称为相似条件。因此，物理过程相似要求模型与原型满足相似条件。确定相似条件是模型设计的关键。

确定相似条件的方法有方程分析法和量纲分析法。方程分析法用于物理现象的规律已知，并可以用明确的数学方程来表示的情况。量纲分析法则用于物理现象的规律未知，不能用明确的数学方程来表示的情况。

1）方程分析法确定相似条件

如果已知所研究的物理过程各物理量之间的函数关系且可以用明确的数学方程表达时，则模型与原型的该物理过程都应满足该数学方程表达式，且可应用方程分析法确定该物理过程的相似条件。

下面举例说明方程分析法确定相似条件的过程。

【例 3.1】 图 3.1 为简支梁抗弯试验示意图，假定只考虑弹性范围内的性能，且忽略收缩、徐变等因素的影响。请按方程分析法确定该试验的相似条件。

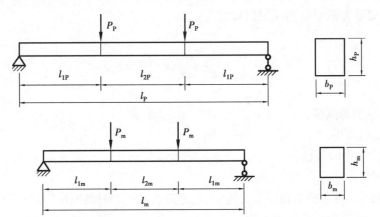

图 3.1 简支梁抗弯试验示意图

【解】 根据梁跨中截面下缘正应力和跨中挠度的方程来确定相似条件。

原型梁跨中截面下缘的正应力：

$$\sigma_{\mathrm{p}} = \frac{M_{\mathrm{p}}}{W_{\mathrm{p}}} = \frac{6 P_{\mathrm{p}} l_{1p}}{b_{\mathrm{p}} h_{\mathrm{p}}^2} \tag{3.27}$$

原型梁跨中挠度：

$$f_p = \frac{P_p l_{1p}}{24 E_p l_p}(3l_p^2 - 4l_{1p}^2) \tag{3.28}$$

若要求模型和原型相似，则首先应满足几何相似：

$$S_l = \frac{l_m}{l_p} = \frac{l_{1m}}{l_{1p}} = \frac{l_{2m}}{l_{2p}} = \frac{b_m}{b_p} \tag{3.29}$$

同时，还应满足材料的弹性模量相似：

$$S_E = \frac{E_m}{E_p} \tag{3.30}$$

且作用于结构的荷载也应相似：

$$S_P = \frac{P_m}{P_p} \tag{3.31}$$

当模型梁截面下缘正应力和跨中挠度与原型结构对应相似时，则应力和挠度的相似常数分别为：

$$S_\sigma = \frac{\sigma_m}{\sigma_p} \qquad S_f = \frac{f_m}{f_p} \tag{3.32}$$

将式(3.29)~式(3.32)代入式(3.27)和式(3.28)，则可得到：

$$\sigma_m = \frac{S_\sigma S_l^2}{S_P} \frac{6P_m l_{1m}}{b_m h_m^2} \tag{3.33}$$

$$f_m = \frac{S_f S_E S_l}{S_P} \frac{P_m l_{1m}}{24 E_m l_m}(3l_m^2 - 4l_{1m}^2) \tag{3.34}$$

对比式(3.33)与式(3.27)、式(3.34)与式(3.28)发现，模型与原型的应力表达式和挠度表达式各相差一个系数。若模型和原型要求有一致的应力和挠度表达式，则要求式(3.33)和式(3.34)的系数等于1，即：

$$\frac{S_\sigma S_l^2}{S_P} = 1 \tag{3.35}$$

$$\frac{S_f S_E S_l}{S_P} = 1 \tag{3.36}$$

式(3.35)和式(3.36)是试验梁模型和原型梁相似应满足的相似条件。按此相似条件，可以从模型梁试验所得的应力和挠度推算出原型梁的应力和挠度。即：

$$\sigma_P = \frac{\sigma_m}{S_\sigma} = \sigma_m \frac{S_l^2}{S_P} \tag{3.37}$$

$$f_P = \frac{f_m}{S_f} = f_m \frac{S_E S_l}{S_P} \tag{3.38}$$

【例3.2】 图3.2为由"弹簧-质量-阻尼"组成的单自由度振动体系，请按方程分析法确定该模型的相似条件。

【解】 根据单自由度体系振动微分方程来确定相似条件。

原型系统的振动微分方程为：

$$m_p \frac{d^2 y_p}{dt_p^2} + c_p \frac{dy_p}{dt_p} + k_p y_p - P_p(t_p) = 0 \tag{3.39}$$

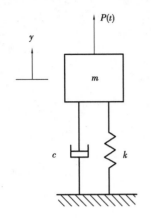

图 3.2 自由度振动系统

模型系统的振动微分方程为:

$$m_m \frac{d^2 y_m}{dt_m^2} + c_m \frac{dy_m}{dt_m} + k_m y_m - P_m(t_m) = 0 \qquad (3.40)$$

式中　m_p、m_m——原型和模型的质量;

c_p、c_m——原型和模型的阻尼系数;

k_p、k_m——原型和模型的弹簧系数;

$P_p(t_p)$、$P_m(t_m)$——原型和模型的作用力;

y_p、y_m——原型和模型的振动位移;

t_p、t_m——原型和模型的振动时间。

各物理量的相似常数分别为:

$$S_m = \frac{m_m}{m_p},\ S_c = \frac{c_m}{c_p},\ S_k = \frac{k_m}{k_p},\ S_p = \frac{p_m}{p_p},\ S_y = \frac{y_m}{y_p},\ S_t = \frac{t_m}{t_p} \qquad (3.41)$$

将式(3.41)代入式(3.40)有:

$$\frac{S_m S_y}{S_t^2 S_p} m_p \frac{d^2 y_p}{dt_p^2} + \frac{S_c S_y}{S_t S_p} c_p \frac{dy_p}{dt_p} + \frac{S_k S_y}{S_p} k_p y_p - P_p(t_p) = 0 \qquad (3.42)$$

比较式(3.42)和式(3.39),只有式(3.42)中各分量的系数等于1时,两式才相同。即:

$$\frac{S_m S_y}{S_t^2 S_p} = 1 \qquad (3.43)$$

$$\frac{S_c S_y}{S_t S_p} = 1 \qquad (3.44)$$

$$\frac{S_c S_y}{S_p} = 1 \qquad (3.45)$$

式(3.43)~式(3.45)是自由度振动系统模型和原型相似应满足的相似条件。

2)量纲分析法确定相似条件

当所研究的物理过程中各物理现象的规律未知,物理量之间的关系不能用明确的数学方程式来表达时,方程分析法则不能用来确定相似条件。但如果知道影响试验过程测试值的物理量以及这些物理量的量纲,则可采用量纲分析法来建立相似条件。

量纲分析法的理论基础是相似第二定理,根据量纲和谐原理,寻求物理过程中各物理量之间的关系而建立相似准数的方法。

(1)量纲系统

量纲是被测物理量的种类,同一类型的物理量具有相同的量纲,它实质上是广义的量度单位,代表了物理量的基本属性。例如,测量长度时用米、厘米、毫米或纳米等不同的单位,但它们都是属于长度这一性质,因此,将长度称为一种量纲,以[L]表示。时间用年、小时、秒等单位表示,也是一种量纲,以[T]表示。每一种物理量都对应一种量纲。有些相对物理量是无量纲的,用[1]表示。选择一组彼此独立的量纲为基本量纲,如长度、时间、力(质量)、温度、电流等。其他物理量的量纲可由基本量纲导出,称为导出量纲。

在一般的结构工程问题中,各物理量的量纲都可由长度[L]、力[F]和时间[T]这三个量纲导出,故可将长度[L]、力[F]和时间[T]三者取为基本量纲,称为力量系统(或绝对系统)。另一组常用的基本量纲为长度[L]、质量[M]和时间[T],称为质量系统。还可选用其他的量纲作为基本量纲,但基本量纲必须是相互独立和完整的,即在这组基本量纲中,任何一个量纲都不可能由其他量纲组成,且所研究的物理过程中的全部有关物理量的量纲都可由这组基本量纲组成。对于应变、角度等无量纲的量,其量纲用[1]表示。常用物理量及物理常数的量纲见表3.1。

表3.1　常用物理量及物理常数的量纲

物理量	质量系统	绝对系统	物理量	质量系统	绝对系统
长度	$[L]$	$[L]$	冲量	$[MLT^{-1}]$	$[FT]$
时间	$[T]$	$[T]$	功率	$[ML^2T^{-3}]$	$[FLT^{-1}]$
质量	$[M]$	$[FL^{-1}T^2]$	面积二次矩	$[L^4]$	$[L^4]$
力	$[MLT^{-2}]$	$[F]$	质量惯性矩	$[ML^2]$	$[FLT^2]$
温度	$[\theta]$	$[\theta]$	表面张力	$[MT^{-2}]$	$[FL^{-1}]$
速度	$[LT^{-1}]$	$[LT^{-1}]$	应变	$[1]$	$[1]$
加速度	$[LT^{-2}]$	$[LT^{-2}]$	比重	$[ML^{-2}T^{-2}]$	$[FL^{-3}]$
频率	$[T^{-1}]$	$[T^{-1}]$	密度	$[ML^{-3}]$	$[FL^{-4}T^2]$
角度	$[1]$	$[1]$	弹性模量	$[ML^{-1}T^{-2}]$	$[FL^{-2}]$
角速度	$[T^{-1}]$	$[T^{-1}]$	泊松比	$[1]$	$[1]$
角加速度	$[T^{-2}]$	$[T^{-2}]$	线膨胀系数	$[\theta^{-1}]$	$[\theta^{-1}]$
应力或压强	$[ML^{-1}T^{-2}]$	$[FL^{-2}]$	比热	$[L^2T^{-2}\theta^{-1}]$	$[L^2T^{-2}\theta^{-1}]$
力矩	$[ML^2T^{-2}]$	$[FL]$	导热率	$[MLT^{-3}\theta^{-1}]$	$[FT^{-1}\theta^{-1}]$
热或能量	$[ML^2T^{-2}]$	$[FL]$	热容量	$[ML^{-1}T^{-2}\theta^{-1}]$	$[FL^{-1}T^{-1}\theta^{-1}]$

略去严格证明,关于量纲的特点可归纳为:

①两个物理量相等,不仅要求它们的数值相同,而且要求它们的量纲相同。

②两个同量纲参数的比值是无量纲参数,其值不随所取单位的变化而变化;

③一个完整的物理方程式中,各项的量纲必定相同,常把这一性质称为"量纲和谐",其为量纲分析法的基础;

④导出量纲可以和基本量纲组成无量纲组合,但基本量纲之间不能组成无量纲组合;

⑤若在一个物理过程中共有 n 个物理参数、k 个基本量纲,则可组成 $(n-k)$ 个独立的无量纲参数组合,无量纲参数组合称为"π 数";

⑥一个物理方程式若含有 n 个物理参数、k 个基本量纲,则此物理方程式可改写为 $(n-k)$ 个独立的 π 数方程。

(2)量纲分析方法的流程

用量纲分析法建立相似条件的主要过程如下:

①确定研究问题的主要影响因素 $x_1,x_2,x_3,\cdots,x_n$ 及相应的量纲和基本量纲个数 k。将问题用这些物理量的函数形式表示:

$$f(x_1,x_2,\cdots,x_n)=0 \tag{3.46}$$

②根据 π 定理,将上式改写为 π 函数方程:

$$g(\pi_1, \pi_2, \cdots, \pi_{n-k}) = 0 \qquad (3.47)$$

式中,π 数(无量纲参数组合)与部分或全部主要影响因素相关,取一般形式为:

$$\pi = x_1^{a_1} x_2^{a_2} x_3^{a_3} \cdots x_n^{a_n} \qquad (3.48)$$

③引入各物理量的量纲,将式(3.46)变成无量纲组合的量纲表达式:

$$[1] = [x_1^{a_1} x_2^{a_2} x_3^{a_3} \cdots x_n^{a_n}] \qquad (3.49)$$

或将任意一个量的量纲表示为其余量的量纲组合:

$$[x_i] = [x_1^{a_1} x_2^{a_2} x_3^{a_3} \cdots x_n^{a_n}], (i = 1, 2, \cdots, n-k) \qquad (3.50)$$

④根据量纲和谐原理,即量纲表达式中各个物理量对应于每个基本量纲的幂数之和等于零。列出基本量纲指数关系的联立方程。

⑤求解所列出的联立方程,因未知数个数多于方程数,故该联立方程为不定方程组,可通过确定部分未知数,求得相似准数 π。

⑥根据相似定理,相似现象相应的 π 数应相等,将各物理量的相似常数代入,后得到各相似条件。

【例3.3】 用量纲分析法确定例3.1的相似条件。

【解】 ①确定影响因素及基本量纲个数。

根据材料力学知识,受横向荷载作用的梁的正应力 σ 和跨中挠度 f 是截面抗弯模量 W、荷载 P、梁跨度 l、弹性模量 E 和截面惯性矩 I 等影响因素的函数。用函数形式表示为:

$$f(\sigma, f, P, l, E, W, I) = 0 \qquad (3.51)$$

因所涉及的物理量个数 $n = 7$,基本量纲个数 $k = 2$(分别为长度、力),故独立的 π 数为 $(n-k) = 5$。

②根据 π 定理,将上式改写为 π 函数方程:

$$g(\pi_1, \pi_2, \pi_3, \pi_4, \pi_5) = 0 \qquad (3.52)$$

式中:

$$\pi = \sigma^{a_1} f^{a_2} P^{a_3} l^{a_4} E^{a_5} W^{a_6} I^{a_7} \qquad (3.53)$$

③引入各物理量的量纲,将式(3.51)变成量纲表达式。

$$[1] = [\sigma^{a_1} f^{a_2} P^{a_3} l^{a_4} E^{a_5} W^{a_6} I^{a_7}] \qquad (3.54)$$

上式中,基本量纲为长度$[L]$和力$[F]$,其余量纲表示为基本量纲的组合,则式(3.54)变换为基本量纲的组合表达式:

$$[1] = [(FL^{-2})^{a_1} L^{a_2} F^{a_3} L^{a_4} (FL^{-2})^{a_5} L^{3a_6} L^{4a_7}] \qquad (3.55)$$

则按照量纲之间的关系排列成"量纲矩阵"为:

	a_1	a_2	a_3	a_4	a_5	a_6	a_7
	σ	f	p	l	E	W	I
[L]	-	1	0	1	-	3	4
	2				2		
[F]	1	0	1	0	1	0	0

矩阵中的列是各个物理量具有的基本量纲的幂次,行是对应于某一基本量纲各个物理量具有的幂次。

④根据量纲和谐原理,上式中各个物理量对应于每个基本量纲的幂数之和应等于零。

关于长度$[L]$:

$$-2a_1 + a_2 + a_4 - 2a_5 + 3a_6 + 4a_7 = 0 \qquad (3.56)$$

关于力$[F]$:

$$a_1 + a_3 + a_5 = 0 \qquad (3.57)$$

⑤联立求解式(3.56)和式(3.57)组成的不定方程组。该方程组中有7个未知数,2个方程,可先假定5个未知量,计算另2个未知量。若先假定a_1,a_2,a_5,a_6,a_7,则:

$$a_3 = -a_1 - a_5 \qquad (3.58)$$

$$a_4 = 2a_1 - a_2 + 2a_5 - 3a_6 - 4a_7 \qquad (3.59)$$

将式(3.58)和式(3.59)代回式(3.53)有:

$$\pi = \sigma^{a_1} f^{a_2} P^{(-a_1-a_5)} l^{(2a_1-a_2+2a_5-3a_6-4a_7)} E^{a_5} W^{a_6} I^{a_7} \qquad (3.60)$$

按幂次合并,得到:

$$\pi = \left(\frac{\sigma l^2}{P}\right)^{a_1} \left(\frac{f}{l}\right)^{a_2} \left(\frac{El^2}{P}\right)^{a_5} \left(\frac{W}{l^3}\right)^{a_6} \left(\frac{I}{l^4}\right)^{a_7} \qquad (3.61)$$

通过分别确定5组未知量的取值可得到5个独立的π数。分别将1个未知量取为1,其余未知量取为0,则可得:

$$a_1 = 1, a_2 = a_5 = a_6 = a_7 = 0, \pi_1 = \sigma l^2/P \qquad (3.62)$$

$$a_2 = 1, a_1 = a_5 = a_6 = a_7 = 0, \pi_2 = f/l \qquad (3.63)$$

$$a_5 = 1, a_1 = a_2 = a_6 = a_7 = 0, \pi_3 = El^2/P \qquad (3.64)$$

$$a_6 = 1, a_1 = a_2 = a_5 = a_7 = 0, \pi_4 = W/l^3 \qquad (3.65)$$

$$a_7 = 1, a_1 = a_2 = a_5 = a_6 = 0, \pi_5 = I/l^4 \qquad (3.66)$$

⑥根据相似定理,相似现象相应的π数相等,有:

$$\frac{\sigma_m l_m^2}{P_m} = \frac{\sigma_p l_p^2}{P_p}, \frac{f_m}{l_m} = \frac{f_p}{l_p}, \frac{E_m l_m^2}{P_m} = \frac{E_p l_p^2}{P_p}, \frac{W_m}{l_m^3} = \frac{W_p}{l_p^3}, \frac{I_m}{l_m^4} = \frac{I_p}{l_p^4} \qquad (3.67)$$

代入相似常数,得到与例3.1同样的相似条件:

$$\frac{S_\sigma S_l^2}{S_P} = 1, \frac{S_f S_E S_l}{S_P} = 1 \qquad (3.68)$$

【例3.4】 用量纲分析法确定例3.2的相似条件。

【解】 ①确定影响因素及基本量纲个数。

单自由度体系的相关物理量有质量m、阻尼系数c、弹簧系数k、外加力$P(t)$、位移y、时间t。振动系统用函数形式表示为:

$$f(m, c, k, P, y, t) = 0 \qquad (3.69)$$

方程中物理量个数$n=6$,基本量纲数个数$k=3$,故独立的π数$(n-k)=3$。

②根据π定理,将上式改写为π函数方程:

$$g(\pi_1, \pi_2, \pi_3) = 0 \qquad (3.70)$$

所有物理量参数组成无量纲形式π数的一般形式为:

$$\pi = m^{a_1} c^{a_2} k^{a_3} P^{a_4} y^{a_5} t^{a_6} \qquad (3.71)$$

③引入各物理量的量纲,将式(3.69)变成量纲表达式。

$$[1] = [m^{a_1} c^{a_2} k^{a_3} P^{a_4} y^{a_5} t^{a_6}] \qquad (3.72)$$

上式中基本量纲为长度[L]、力[F]和时间[T]，其余量纲表示为基本量纲的组合，则式(3.72)变换为基本量纲的组合表达式：

$$[1] = [FL^{-1}T^2]^{a_1}[FL^{-1}T]^{a_2}[FL^{-1}]^{a_3}[F]^{a_4}[L]^{a_5}[T]^{a_6} \tag{3.73}$$

④根据量纲和谐原理，上式右边的运算结果应为无量纲量，即力、长度、时间量纲的幂数均应为零。

关于长度[L]：

$$-a_1 - a_2 - a_3 + a_5 = 0 \tag{3.74}$$

关于力[F]：

$$a_1 + a_2 + a_3 + a_4 = 0 \tag{3.75}$$

关于力[T]：

$$2a_1 + a_2 + a_6 = 0 \tag{3.76}$$

⑤联立求解式(3.74)~式(3.76)组成的不定方程组。该方程组中有6个未知量，3个方程，可先假定3个未知量，计算另3个未知量。若先假定 a_1, a_2, a_3，则：

$$a_4 = -a_1 - a_2 - a_3 \tag{3.77}$$
$$a_5 = a_1 + a_2 + a_3 \tag{3.78}$$
$$a_6 = -2a_1 - a_2 \tag{3.79}$$

将式(3.77)~式(3.79)代回式(3.71)有：

$$\pi = m^{a_1} c^{a_2} k^{a_3} P^{(-a_1-a_2-a_3)} y^{(a_1+a_2+a_3)} t^{(-2a_1-a_2)} \tag{3.80}$$

按幂次合并，得到：

$$\pi = \left(\frac{my}{Pt^2}\right)^{a_1} \left(\frac{cy}{Pt}\right)^{a_2} \left(\frac{kl}{P}\right)^{a_3} \tag{3.81}$$

通过分别确定3组未知量的取值可得到3个独立的π数。分别将1个未知量取为1，其余未知量取为0，则可得：

$$a_1 = 1, a_2 = a_3 = 0, \pi_1 = my/Pt^2 \tag{3.82}$$
$$a_2 = 1, a_1 = a_3 = 0, \pi_2 = cy/Pt \tag{3.83}$$
$$a_3 = 1, a_1 = a_2 = 0, \pi_3 = kl/P \tag{3.84}$$

⑥根据相似定理，相似现象相应的π数相等，有：

$$\frac{m_m y_m}{P_m t_m^2} = \frac{m_p y_p}{P_p t_p^2}, \frac{c_m y_m}{P_m t_m} = \frac{c_p y_p}{P_p t_p}, \frac{k_m l_m}{P_m} = \frac{k_p l_p}{P_p} \tag{3.85}$$

代入相似常数，得到与例3.1同样的相似条件：

$$\frac{S_m S_y}{S_t^2 S_p} = 1, \frac{S_c S_y}{S_t S_p} = 1, \frac{S_k S_y}{S_p} = 1 \tag{3.86}$$

(3)量纲分析法的注意事项

①应认真分析所研究的物理过程，正确区分物理过程的主要影响因素。遗漏任一主要因素都将导致错误的相似条件；引入与物理过程无关的因素则会得到多余的相似条件，给模型设计带来困难。

②具体的物理过程中，独立的π数的个数是一定的，但π数的取法有任意性，应认真分析选取合适的π数。

③由量纲分析法求得的只是相似的必要条件，缺少区别于同类物理现象的单值条件。

④参与物理过程的物理量较多则相应的 π 数也较多,全部满足与之相应的相似条件将给模型设计带来极大的困难,因为有些相似条件不可能达到也没必要达到。

⑤受技术和经济条件的影响,模型和原型难以完全相似时,可简化和减少一些次要的相似要求,采用不完全相似模型。

⑥当参与物理过程的各物理参数之间有明确的数学表达式时,量纲分析法不如方程分析法求得的结果可靠。

3.3 模型设计

模型设计是模型试验是否成功的关键,因此模型设计不仅仅是确定模型的相似条件,而应综合考虑各种因素,如模型的类型、模型材料、试验条件以及模型制作条件,确定出适当的物理量的相似常数。模型设计一般按照下列程序进行:

(1)选择模型类型

根据试验目的选择模型类型,用以验证结构的设计计算方法和测试结构动力特性为目的时,一般选择弹性模型;用以研究结构的极限强度和极限变形性能为目的时,选择强度模型。

(2)确定相似条件

根据对研究对象的认识程度,用方程式分析法或量纲分析法确定相似条件。根据相似条件,事先假定一些相似常数,一般先确定 S_E 和 S_L,再确定其他相似常数。有时还要假定其他个别相似常数,采用最多的是等应力条件,即假定 $S_\sigma = 1$。

(3)确定模型尺寸

根据模型类型、模型材料、制作工艺和试验条件,确定模型的最优几何尺寸,即几何相似常数 S_L 的值。小模型所需荷载小,但制作较困难,加工精度要求高,对量测也有较高要求;大模型所需荷载较大,但制作容易,对量测仪表也无特殊要求。因此,要综合考虑试验目的、试验条件、模型制作工艺来确定模型的缩尺比例。

一般来说,对于局部子结构模型和研究结构强度的模型,可以采用较大的尺寸,一般可取为原型的 1/4 ~ 1;而整体结构模型和弹性模型可取较小的尺寸,一般可取为原型的 1/20 ~ 1/2。另外,均质材料结构的模型可以比非均质材料结构的模型小。常见工程结构试验模型的缩尺比例,见表 3.2。

表 3.2 常见工程结构试验模型的缩尺比例

结构类型	弹性模型	强度模型
建筑结构	1/50 ~ 1/4	1/10 ~ 1/2
桥梁结构	1/25	1/20 ~ 1/4
壳体结构	1/200	1/30 ~ 1/4
风载作用结构	1/300 ~ 1/50	
反应堆容器	1/100 ~ 1/50	1/20 ~ 1/4
大坝	1/40	1/75

（4）模型构造设计

模型设计还应考虑边界条件、安装方式、测点布置、加载装置的影响，设计合理的构造措施来满足边界设置、试验安装、量测、加载的需要，保证模型与加载器的连接、模型的安装固定，防止局部受压破坏等。如在混凝土试件的支承处，在屋架试验受集中荷载的位置上，应埋设钢板，以防试件受局部承压而破坏。在框架结构上施加侧向荷载位置，应设置预埋构件，以便与加载用的液压加载器或荷载传感器进行连接等。

3.3.1 结构静力模型设计

在工程实践中，经常遇到的是结构静力相似问题。与结构静力问题有关的主要物理量有：①结构的几何尺寸 l；②静荷载，如集中力 P、线荷载 w、面荷载 q、弯矩 M；③结构效应，如线位移 x、转角 θ、应力 σ、应变 ε；④材料性能，如弹性模量 E、剪切变形 G、泊松比 ν、密度 ρ。因此，结构静力状态用一般函数形式表示为：

$$f(l,P,M,w,q,x,\theta,\sigma,\varepsilon,E,G,v,\rho)=0 \tag{3.87}$$

用量纲分析法，可以求得结构静力试验模型的相似条件，见表3.3。

表3.3 结构静力模型的相似关系

类型	物理量	量纲	理想模型	实用模型
材料特性	应力 σ	$[FL^{-2}]$	S_E	1
	应变 ε	$[1]$	1	1
	弹性模量 E	$[FL^{-2}]$	S_E	1
	剪切模量 G	$[FL^{-2}]$	S_E	1
	密度 ρ	$[FL^{-4}T^2]$	S_E/S_l	$1/S_l$
	泊松比 ν	$[1]$	1	1
几何特性	长度 l	$[L]$	S_l	S_l
	线位移 x	$[L]$	S_l	S_l
	角度 θ	$[1]$	1	1
	面积 A	$[L^2]$	S_l^2	S_l^2
	惯性矩 I	$[L^4]$	S_l^4	S_l^4
荷载特性	集中荷载 P	$[F]$	$S_E S_l^2$	S_l^2
	线荷载 w	$[FL^{-1}]$	$S_E S_l$	S_l
	面荷载 q	$[FL^{-1}]$	S_E	1
	力矩 M	$[FL]$	$S_E S_l^3$	S_l^3

从表3.3可知，静力模型的相似常数是 S_l 和 S_E 的函数。按表中理想模型的各相似常数与 S_l、S_E 的关系可以设计结构静力模型；表中的实用模型，实际上是假设原型和模型应力相等的等强度模型。从表中可知，理想模型的材料密度为原型材料的 S_E/S_l 倍，实用模型材料的密度为

原型材料的 $1/S_l$ 倍,显然在实际中是很难找到这类材料,难以满足要求。为了解决这一矛盾,一般采用在模型结构上附加质量的办法,来弥补材料容积密度不足所产生的影响,但附加的人工质量必须不改变结构的强度和刚度特性。

3.3.2　结构动力模型设计

在进行结构动力模型设计时,由于结构的惯性力是作用在结构上的主要荷载,因此必须要考虑模型与原型的材料质量密度的相似性。同时,在材料力学性能的相似要求方面还应考虑应变速率对材料性能的影响。与结构动力模型相关的主要物理量有:①结构的几何尺寸 l;②作用:如集中力 P、均布荷载 w、面荷载 q、重力加速度 g、质量 m、能量 EN、阻尼 C;③结构动力反应:如位移 x、速度 $\dot{x}$、加速度 $\ddot{x}$、转角 θ、应力 σ、应变 ε;④材料性能:如弹性模量 E、泊松比 v、密度 ρ、⑤时间 t。因此,一般结构动力问题用函数形式可表示为:

$$f(l,P,q,g,m,EN,C,x,\dot{x},\ddot{x},\theta,\sigma,\varepsilon,E,G,v,\rho,t)=0 \qquad (3.88)$$

用量纲分析法可以求得结构动力模型的相似条件,见表3.4。

表 3.4　结构动力模型的相似关系

类型	物理量	量纲	理想模型	人工质量模拟	忽略重力效应
材料特性	应力 σ	$[FL^{-2}]$	S_E	S_E	S_E
	应变 ε	$[1]$	1	1	1
	弹性模量 E	$[FL^{-2}]$	S_E	S_E	S_E
	密度 ρ	$[FL^{-4}T^2]$	S_E/S_ρ	S_ρ(忽略)	S_ρ
	泊松比 v	$[1]$	1	1	1
几何特性	长度 l	$[L]$	S_l	S_l	S_l
	位移 x	$[L]$	S_l	S_l	S_l
	角度 θ	$[1]$	1	1	1
荷载特性	集中荷载 P	$[F]$	$S_E S_l^2$	$S_E S_l^2$	$S_E S_l^2$
	线荷载 w	$[FL^{-1}]$	$S_E S_l$	$S_E S_l$	$S_E S_l$
	面荷载 q	$[FL^{-1}]$	S_E	S_E	S_E
	力矩 M	$[FL]$	$S_E S_l^3$	$S_E S_l^3$	$S_E S_l^3$
	能量 EN	$[FL]$	$S_E S_l^3$	$S_E S_l^3$	$S_E S_l^3$
	加速度	$[LT^{-2}]$	1	1	$S_l^{-1}(S_E/S_\rho)^{1/2}$
	速度	$[LT^{-1}]$	$S_l^{1/2}$	$S_l^{1/2}$	$(S_E/S_\rho)^{1/2}$
	重力加速度 g	$[LT^{-2}]$	1	1	忽略
	阻尼系数 C	$[FL^{-1}T]$	$S_E S_l^{3/2}$	$S_E S_l^{3/2}$	$S_E S_l^{3/2}$
	时间 t	$[T]$	$S_l^{1/2}$	$S_l^{1/2}$	$S_l(S_\rho/S_E)^{1/2}$
	频率 f	$[T^{-1}]$	$S_l^{-1/2}$	$S_l^{-1/2}$	$S_l^{-1}(S_\rho/S_E)^{-1/2}$

从表 3.4 可见，结构动力模型的相似常数也是 S_l 和 S_E 的函数。由于动力问题中要模拟惯性力、恢复力和重力，对模型材料的弹性模量和材料密度要求很严格。从表 3.4 可知，$S_E/S_l = S_\rho$，因此，模型的弹性模量应比原型的小或材料密度应比原型的大，这一条件很难满足。为了解决此问题，表中给出了人工质量模拟模型。该模型在同样的重力加速度情况下进行试验时，需要用附加质量来弥补材料容积密度不足所产生的影响。值得注意的是，这种相似也只是近似的。当附加质量太多，模型质量可能超过了设备的载重量，但如果设备的加速度能力还有富余，此时可将加速度相似比进行放大，即表中的忽略重力效应的模型。忽略重力效应模型由于不能满足相似条件 $S_g = 1$，会引起模型的重力效应失真，其仅用于忽略重力加速度的影响或重力效应引起的应力比动力效应产生的应力小得多的情况。

另外，由于目前对阻尼产生的机理认识还是不很清楚，因此，要对结构阻尼的相似模拟是非常困难的。不过，小阻尼对结构的基本特征值和固有频率的影响非常小，故不满足这个相似条件对试验结果不会带来较大的影响。

3.3.3　结构热应力模型设计

工程结构可能处在不同的温度环境下，有时温度作用对结构性能有决定性的影响。典型的结构试验实例是核反应堆芯压力容器的热应力模型试验。另一类温度应力问题是超静定结构在温度作用下的工作性能。例如，考虑温度应力，建筑结构应设置伸缩缝。钢筋混凝土无铰拱桥由于温度作用可能产生较大约束应力，大体积混凝土结构由于混凝土的水化热可能导致混凝土开裂，火灾环境下混凝土结构的性能等都涉及温度作用下结构的模型试验。

温度是一个独立的物理量，其量纲属于基本量纲。

以由均匀、各向同性材料组成的结构的弹性反应为例，假设温度问题为无内部热源的瞬态热传导问题且材料的热性能常数不随温度变化。与结构热应力模型相关的主要物理量有 10 个：①结构的几何尺寸 l；②热性能常数：温度 θ、热膨胀系数 a 和热扩散系数 $D = k/(c\gamma)$，其中 k 为热传导系数，c 为材料单位重量的比热，γ 为材料比重；③结构反应：如位移 x，应力 σ，应变 ε；④材料性能：如弹性模量 E，泊松比 v；⑤时间 t。因此，一般结构热应力问题用函数形式可表示为：

$$f(l,\theta,a,D,x,\sigma,\varepsilon,E,v,t)=0 \tag{3.89}$$

用量纲分析法可以求得结构动力模型的相似条件，见表 3.5。对于理想模型，时间相似常数 $S_t = S_l^2/S_D$，利用时间相似常数与几何相似常数平方成正比这一特性，模型试验可以大大缩短长时热效应试验的时间。

当模型材料与原型材料相同，且温度环境也相同时，只需确定几何相似常数就可以通过模型试验的结果推断原型结构的性能。由于模型和原型的材料特性相同，也就不存在模型材料对温度的相关性问题。这是这类模型的一个优点。

表 3.5　热应力结构模型的相似关系

物理量	量纲	相似常数	理想模型	模型与原型同材料同温度	应变失真模型
应力	$[FL^{-2}]$	S_σ	S_E	1	$S_\alpha S_\theta S_E$
应变	—	1	1	1	$S_\alpha S_E$
弹性模量	$[FL^{-2}]$	S_E	S_E	1	S_E
泊松比	—	S_μ	1	1	1
热膨胀系数	$[\theta^{-1}]$	S_α	S_α	1	S_α
导热率	$[L^2 T^{-1}]$	S_D	S_D	1	S_D
长度	$[L]$	S_l	S_l	S_l	S_l
位移	$[L]$	S_δ	S_l	S_l	$S_\alpha S_\theta S_l$
温度	$[\theta]$	S_θ	$1/S_\alpha$	1	S_θ
时间	$[T]$	S_t	S_l^2/S_D	S_l^2	S_l^2/S_D

　　在温度应力模型试验中,也可能遇到(应变)畸变模型,在表 3.5 中称为应变失真模型。在结构静力和动力模型试验中,由于实现完全相似的困难,有时只能采用应变失真模型,出于同样的理由,温度应力模型也可能是应变失真模型。从表 3.5 可以看出,对于应变失真模型,引入了两个独立的相似常数,即线膨胀系数相似常数和温度相似常数,这导致模型中温度产生的应变(线膨胀)相对原型发生失真,因此需要修正。

3.3.4　结构弹塑性模型设计

　　上述三类结构模型中各物理量之间的关系式均是无量纲的,它们均是在理想弹性材料假定基础上推导求得的,实际上在结构试验研究中应用较多的是钢筋混凝土结构或砌体结构的强度模型,强度模型试验除了体现原型弹性阶段的受力性态之外,还要求能正确反映原型结构的弹塑性受力性能、破坏形态、极限承载能力和极限变形能力。

表 3.6　钢筋混凝土结构静力强度模型的相似关系

类型	物理量	量纲 (绝对系统)	相似关系		
			(a)一般模型	(b)实用模型	(c)不完全相似模型
材料特性	混凝土应力 σ_c	$[FL^{-2}]$	$S_{\sigma_c}=S_\sigma$	$S_{\sigma_c}=1$	$S_{\sigma_c}=S_\sigma$
	混凝土应变 ε_c	—	$S_{\varepsilon_c}=1$	$S_{\varepsilon_c}=1$	$S_{\varepsilon_c}=S_\varepsilon$
	混凝土弹模 E_c	$[FL^{-2}]$	$S_{E_c}=S_\sigma$	$S_{E_c}=1$	$S_{E_c}=S_\sigma/S_\varepsilon$
	混凝土泊松比 v_c		$S_{v_c}=1$	$S_{v_c}=1$	$S_{v_c}=1$
	混凝土密度 ρ_c	$[FT^2 L^{-4}]$	$S_{\rho_c}=S_\sigma/S_l$	$S_{\rho_c}=1/S_l$	$S_{\rho_c}=S_\sigma/S_l$
	钢筋(或型钢)应力 σ_s	$[FL^{-2}]$	$S_{\sigma_s}=S_\sigma$	$S_{\sigma_s}=1$	$S_{\sigma_s}=S_\sigma$
	钢筋(或型钢)应变 ε_s	—	$S_{\varepsilon_s}=1$	$S_{\varepsilon_s}=1$	$S_{\varepsilon_s}=S_E$
	钢筋(或型钢)弹模 E_s	$[FL^{-2}]$	$S_{E_s}=S_\sigma$	$S_{E_s}=1$	$S_{E_s}=1$
	黏结应力 u	$[FL^{-2}]$	$S_u=S_\sigma$	$S_u=1$	$S_u=S_\sigma/S_\varepsilon$

续表

类型	物理量	量纲	相似关系		
		（绝对系统）	(a)一般模型	(b)实用模型	(c)不完全相似模型
几何特性	长度 l	[L]	S_l	S_l	S_l
	线位移 x	[L]	$S_x = S_l$	$S_x = S_l$	$S_x = S_\varepsilon S_l$
	角位移 θ	—	$S_\theta = 1$	$S_\theta = 1$	$S_\theta = S_\varepsilon$
	钢筋(或型钢)面积 A_s	[L²]	$S_{A_s} = S_l^2$	$S_{A_s} = S_l^2$	$S_{A_s} = S_\sigma S_l^2 / S_\varepsilon$
荷载	集中荷载 P	[F]	$S_P = S_\sigma S_l^2$	$S_P = S_l^2$	$S_P = S_\sigma S_l^2$
	线荷载 w	[FL⁻¹]	$S_w = S_\sigma S_l$	$S_w = S_l$	$S_w = S_\sigma S_l$
	面荷载 q	[FL⁻²]	$S_q = S_\sigma$	$S_q = 1$	$S_q = S_\sigma$
	力矩 M	[FL]	$S_M = S_\sigma S_l^3$	$S_M = S_l^3$	$S_M = S_\sigma S_l^3$

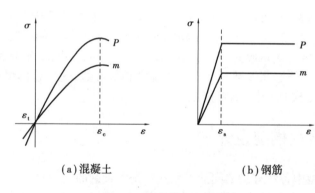

（a）混凝土   （b）钢筋

图 3.3　相似的 σ-ε 曲线

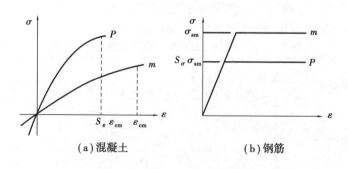

（a）混凝土   （b）钢筋

图 3.4　不完全相似的 σ-ε 曲线

在钢筋混凝土结构中,一般模型的混凝土和钢筋应与原型结构的混凝土和钢筋具有相似的 σ-ε 曲线,并且在极限强度下的混凝土变形 ε_c 和钢筋变形 ε_s 均应相等,如图3.3所示,即 $S_{\varepsilon_c} = S_{\varepsilon_s} = S_\varepsilon = 1$。当模型材料满足这些要求时,由量纲分析得出的钢筋混凝土强度模型相似条件,如表3.6中(a)列所示。这时 $S_{E_c} = S_{E_s} = S_{\sigma_c} = S_\sigma$,即要求模型钢筋的弹性模型相似常数等于模型混凝土的弹性模型相似常数和应力相似常数,这一条件很难满足,除非 $S_{E_c} = S_{E_s} = S_{\sigma_c} = 1$ 时,也就是模型结构采用与原型结构相同的混凝土和钢筋,将此条件下其余各物理量的相似常数要求列于表 3.6 中(b)列,称为实用模型。实用模型中混凝土密度相似常数为 $1/S_l$,要求模型混凝土的密度为原型结构混凝土密度的 S_l 倍。当需要考虑结构本身的质量和重量对结构性能的影响时,为满足密度相似的要求,常需要在模型结构上附加质量,但附加的人工质量必须不能改变结构的强度和刚度特性。混凝土的弹性模量和 $\sigma\text{-}\varepsilon$ 曲线直接受骨料及其级配的影响。考虑到缩尺模型大多采用细石混凝土,其骨料、级配与原型结构不同,因此实际情况下 $S_{E_c} \neq 1$,S_{σ_c} 和 S_{ε_c} 也不等于 1,如图 3.4 所示。在 $S_{E_s} = 1$ 的情况下为满足 $S_{\sigma_c} = S_{\sigma_s} = S_\sigma$,$S_{\varepsilon_c} = S_{\varepsilon_s} = S_\varepsilon$,需要调整模型钢筋的面积,如表 3.6 中(c)列所示。严格来说,这是不完全相似的,对弹塑性阶段的试验结果会产生一定的影响。

砌体结构是由块体(砖、砌块)和砂浆两种材料组成,除了几何尺寸缩小要对块体作专门加工并给砌筑带来一定的困难外,同样要求模型与原型有相似 $\sigma\text{-}\varepsilon$ 曲线,实用上就采用与原型结构相同的材料。砌体结构模型相似关系,见表 3.7。

表 3.7 砌体结构静力强度模型的相似关系

类型	物理量	量纲（绝对系统）	相似关系	
			一般模型	实用模型
材料性能	砌体应力 σ	$[FL^{-2}]$	S_σ	$S_\sigma = 1$
	砌体应变 ε	—	$S_\varepsilon = 1$	$S_\varepsilon = 1$
	砌体弹性模量 E	$[FL^{-2}]$	$S_E = S_\sigma$	$S_E = 1$
	砌体泊松比 ν	—	$S_\nu = 1$	$S_\nu = 1$
	砌体质量密度 ρ	$[FL^3]$	$S_\rho = \dfrac{S_\sigma}{S_l}$	$S_\rho = \dfrac{1}{S_l}$
几何特性	长度 l	$[L]$	S_l	S_l
	线位移 x	$[L]$	$S_x = S_l$	$S_x = S_l$
	角位移 θ	—	$S_\theta = 1$	$S_\theta = 1$
	面积 A	$[L^2]$	$S_A = S_l^2$	$S_A = S_l^2$
荷载	集中荷载 P	$[F]$	$S_P = S_\sigma S_l^2$	$S_P = S_l^2$
	线荷载 w	$[FL^{-1}]$	$S_w = S_\sigma S_l$	$S_w = S_l$
	面荷载 q	$[FL^{-2}]$	$S_q = S_\sigma$	$S_q = 1$
	力矩 M	$[FL]$	$S_M = S_\sigma S_l^3$	$S_M = S_l^3$

以上要求在结构动力弹塑性模型设计中也必须同时满足。

3.4 模型材料

3.4.1 模型材料要求

为了正确了解并掌握模型材料的物理性能及其对模型试验结果的影响,合理地选用模型材料是结构模型试验的关键之一。一般而言,模型材料可以分为三类:一类是与原型结构材料完全相同的材料,例如,采用钢材制作的钢结构强度模型;另一类模型材料与原型结构材料不同,但性能较接近,例如,采用微粒混凝土制作的钢筋混凝土结构强度模型;还有一类模型材料与原型结构材料完全不同,主要用于结构弹性反应的模型试验,例如,采用有机玻璃制作弹性结构模型。

模型材料选择应考虑以下几方面的要求:

①根据模型试验的目的选择模型材料。如果模型试验的主要目的是了解结构弹性性能,例如,复杂体形的高层建筑结构的内力状态(应力状态),则必须保证模型材料在试验范围有良好的线弹性性能。对于强度模型,通常希望模型试验结果可以反映原型结构的全部特性,即从弹性阶段开始,直到破坏阶段的全部受力特性,这时应优先选用与原型结构材料性能相同或相近的材料,来保证模型结构破坏时的性能得到尽可能真实的模拟。

②模型的材料应满足相似要求。模型材料的性能指标包括弹性模量、泊松比、容重以及应力-应变曲线等,模型材料满足相似要求有两方面的含义:一方面是模型材料本身与原型材料具有相似的特性;另一方面是根据模型设计的相似指标选择模型材料,保证主要的单值条件得到满足。

③模型材料性能稳定且具有良好的加工性能。缩尺模型的几何尺寸较小,模型材料对环境的敏感性超过原型材料。例如,温度、湿度对模型混凝土的影响大于其对原型混凝土的影响。如果模型和原型选用不同的材料,它们对环境的敏感程度不同,有可能导致模型试验的结果偏离原型结构性能。此外,模型材料应易于加工和制作。例如,研究结构的弹性反应时,虽然钢材具有可靠的线弹性性能,但加工制作的难度较大,有机玻璃在一定范围内也具有线弹性性能,而且加工方便,因此,线弹性模型多采用有机玻璃模型。

④满足必要的测量精度。结构模型试验总是希望在小荷载作用下产生足够大的变形,以获得一定精度的试验结果。为了提高应变测量精度,宜采用弹性模量较低的材料。例如,结构线弹性反应的模型试验多采用有机玻璃材料,利用了有机玻璃弹性模量较低这个特点。同时还应注意,弹性模型材料还应有足够宽的线弹性工作范围,以避免超出弹性范围的材料非线性对试验结果的影响。

在选择模型材料时,应特别注意材料的蠕变和温度特性。在静力模型试验中,没有时间这个物理量,模型受力的时间尺度可能不同于原型受力,材料蠕变对模型和原型将产生不同的影响。如果模型和原型采用不同的材料,其线膨胀系数可能不同,这使模型试验中的温度应力不同于原型结构温度应力,在有些条件下,温度应力可以大于荷载产生的应力,导致模型试验的结果与原型性能产生较大的偏差。

3.4.2 弹性模型材料

弹性模型主要用于研究原型在弹性阶段的应力状态和动力特性。因此,模型材料的性能应尽可能满足一般弹性理论的基本假定,即要求模型材料为匀质、各向同性、应力与应变呈线性关系和固定的泊松比。满足上述条件的常用模型材料有以下几种:

（1）金属材料

金属材料的力学性能大都符合弹性理论的基本假定。常用的金属材料有钢材、铜、铝合金等，其泊松比接近混凝土的泊松比。当原型结构为金属结构时，可直接采用与原型相同的金属材料制作模型，但模型连接部位不容易满足相似要求。当采用金属材料模拟混凝土时，由于金属材料的弹性模量比混凝土高，可采用等强度的方法，通过减小模型的断面来减小模型的刚度，从而减小试验荷载或加速度；当进行等强度设计时，应验算构件的局部稳定性能，使失稳时的荷载与原型相似。此外铝合金的导热性能与钢材或混凝土有一定差别，在热应力模型试验设计时应加以考虑。

（2）塑料材料

制作模型的塑料种类较多，包括有机玻璃、环氧树脂、聚酯树脂、聚氯乙烯等。塑料作为模型材料的优点是强度高而弹性模量低，容易加工；缺点是徐变较大，弹性模量受温度变化的影响较大。

有机玻璃是最常用的结构模型材料之一。有机玻璃是各向同性的匀质材料，弹性模量为2 300～2 600 MPa，泊松比为0.33～0.35，抗拉强度为30～40 MPa。有机玻璃可以用木工工具切割加工，用氯仿溶剂黏结，也可以采用热气焊接。还可以对有机玻璃加热（110 ℃）使之软化，进行弯曲加工。由于有机玻璃徐变较大，试验中应控制试验环境温度和材料应力水平，一般控制最大应力不超过10 MPa。另外，由于模型接头强度较低，模型设计时应注意接头设计。

环氧树脂可在半流体状态下浇注成型，然后固化。在环氧树脂中掺入铝粉、水泥、砂等填充料，可改善材料的力学性能。一般情况下，填料增加，可提高材料的弹性模量，但抗拉强度下降。另外，环氧树脂的抗拉强度比抗压强度低，当应力较高时，应力-应变曲线呈现非线性，所以，在弹性模型中应控制模型的应力水平。

（3）石膏

石膏常用作钢筋混凝土结构的模型材料，因为它的性质和混凝土相近，均属脆性材料。弹性模量为1 000～5 000 MPa，泊松比约为0.2。石膏性能稳定、成型方便、易于加工，适合于制作线弹性模型。此外，石膏受拉时的断裂现象与混凝土相似，有时利用这一特性，采用配筋石膏制作模型，模拟钢筋混凝土板、壳结构的破坏。

纯石膏弹性模量较高，但较脆，制作时凝结很快。采用石膏制作结构模型时，常掺入外加料来改善材料的力学性能。外加料可以是硅藻土粉末、岩粉、水泥或粉煤灰等粉末类材料，也可以在石膏中加入颗粒类材料，如砂、浮石等。一般石膏与硅藻土的配合比为2:1，水与石膏的配合比为0.7～2.0，相应的弹性模量在6 000～1 000 MPa。

采用石膏制作的结构模型在胎模中浇注成型，成型脱模后，还可以进行铣、削、切等机械加工，使模型结构尺寸满足设计要求。

3.4.3 强度模型材料

强度模型主要用于研究结构的极限承载力和极限变形能力，因此，要求模型材料应与原型材料相似或相同。常用的强度模型材料有以下几种：

（1）水泥砂浆

水泥砂浆类模型材料是以水泥为基本胶凝材料，添加粒状或粉状的外加料，按适当的比例配制而成。这类材料有水泥浮石、水泥炉渣混合料以及水泥砂浆。水泥砂浆与混凝土的性能比较接近,可以用来制作钢筋混凝土板、薄壳等结构模型,但由于缺乏级配,应力-应变曲线较难与混凝土相似,目前用得较少。

(2)微粒混凝土

微粒混凝土是按相似比缩小混凝土骨料的粒径进行级配,使模型材料的应力-应变曲线与原型相似。为了满足弹性模量相似,有时可用掺入石灰浆的方法来降低模型材料的弹性模量。它的缺点是抗拉强度一般比要求值高,这将延缓模型的开裂。但是,在不考虑重力效应的模型中,有时能弥补重力失真的不足,使模型的开裂荷载接近实际情况。

(3)环氧微粒混凝土

当混凝土模型很小时,用微粒混凝土制作不易浇捣密实,强度不均匀,易破碎,这时,可采用环氧微粒混凝土制作。环氧微粒混凝土是由环氧树脂和按一定级配的骨料拌和而成。骨料可采用水泥、砂等,但必须干燥。环氧微粒混凝土的应力-应变曲线与普通混凝土相似,但抗拉强度偏高。

(4)钢材

钢结构模型一般采用与原型结构相同的钢材,但构件尺寸较小。由于许多小尺寸的型材采用冷拉技术制作,所以在用作模型材料时,应进行退火处理。

(5)模型钢筋

模型钢筋一般采用盘状细钢筋、镀锌铁丝。使用前,先要拉直。拉直是一次冷加工过程,会改变材料的力学性能,所以,使用前应进行退火处理。另外,目前使用的模型钢筋一般没有螺纹等表面压痕,不能很好地模拟原型结构中钢筋与混凝土的黏结。

(6)模型砌块

对于砌体结构模型,一般采用按长度相似比缩小的模型砌块。对于混凝土小砌块和粉煤灰砌块,可采用与原型相同的材料,在模型模子中浇注而成。对于黏土砖,可制成模型砖坯烧结而成,也可用原型砖切割而成。

3.5　模型加工

模型加工的质量决定模型试验的成败。当模型尺寸较小时,模型加工难度显著增加,应采取有效措施控制模型加工的质量。

3.5.1　模型加工要求

模型加工应满足以下要求。

(1)严格控制模型制作误差

模型的几何尺寸较原型结构大大缩小,对模型尺寸的精度要求比一般结构试验对构件尺寸的要求要严格得多。与原型结构相比,理论上模型制作的控制误差也应按几何相似常数缩小。例如,原型钢筋混凝土结构构件在施工中截面尺寸的控制误差为 − 5 ~ +8 mm,如果模型缩小10 倍,模型中构件尺寸的加工误差一般应不大于 ±1 mm。当模型的力学性能对几何非线性较为敏感时,模型加工误差的控制要求更加严格。例如,钢结构的极限强度有可能由构件或结构的一部分丧失稳定所控制,模型中构件及连接部位的几何误差构成结构构件的初始缺陷,会对模型的承载能力产生明显的影响。除构件截面尺寸外,整体模型结构的几何偏差也应严格控制。如楼面板或桥面板的平整度,高层结构的垂直度等。

(2)保证模型材料性能分布均匀

对于高层钢筋混凝土结构模型,逐层制作过程较长,模型混凝土强度随时间的变化,以及模型混凝土配合比控制误差可能使模型各层的强度分布偏离模型设计要求。焊接钢结构对初始缺陷十分敏感,加工过程中,由于焊缝不均匀等原因,可能使试验结果不能反映原型结构的性能。

(3)模型的安装和加载部位的连接应满足试验要求

为防止模型结构试验过程中发生局部破坏,通常对模型支座以及加载部位进行局部加强处理,局部加强部位的几何关系也应考虑相似要求。模型支座部位不但要满足强度要求,还应考虑刚度要求。此外,钢结构和钢筋混凝土结构模型的支座常采用钢板,模型加工时,应保证支座钢板平整,连接可靠。

3.5.2 各类模型的加工

(1)混凝土结构模型

混凝土结构模型一般采用水泥砂浆、微粒混凝土和环氧微粒混凝土等材料,制模浇注的方法制作。由于模型构件的尺寸小,所以要求模板的尺寸误差小,表面平整,易于观察浇筑过程,易于拆模,因此,一般外模采用有机玻璃(透视平整、易加工),内模采用泡沫塑料(易于切割和拆模)。

当无法浇注时,也可用抹灰的方法制作,但抹灰施工的质量比浇注的差,其强度一般只有浇注的50%,且强度不稳定,所以,当有条件浇注时,尽量采用浇注的方法施工。

(2)砌体结构模型

砌体结构模型的制作关键是灰缝的砌筑质量,主要包括灰缝的厚度和饱满程度。由于模型缩小后,灰缝的厚度很难按比例缩小,所以,一般要求模型灰缝的厚度在 5 mm 左右,砌筑后模型的砌体强度与原型相似。

另外,为了使模型结构能真正反映实际震害,模型灰缝的饱满程度也应与原型保持一致。

在制作的过程中,不要片面强调模型的制作质量,把灰缝砌得很饱满,这样会造成模型的砌筑质量与实际工程的砌筑质量不同,从而导致模型的抗震能力很高,与实际震害不符。

(3)金属结构模型

金属结构模型的制作关键是材料的选取和节点的连接。由于模型缩小后,许多钢结构型材已无法找到合适的模型型材,只能用薄铁皮或铜皮加工焊接成模型型材。制作加工时,应认真研究模型的制作方案,避免焊接时烧穿铁皮和焊接变形。

对于焊接困难的铝合金材料模型,一般采用铆钉连接。这种模型不宜用于模拟钢结构的焊接性能。另外,铆钉连接结构的阻尼比焊接结构大,所以,在动力模型中不宜采用。

(4)有机玻璃模型

有机玻璃模型一般采用标准有机玻璃型材切割成需要的形状和尺寸,然后用胶黏结而成。由于接口处强度较低,一般宜采用榫接,并应尽量减小连接间隙。

思考题

3.1 试解释相似理论、相似条件。另外,确定相似条件的方法有哪些?

3.2 动力结构模型设计与静力模型设计有何不同?

3.3 对于钢筋混凝土框架结构,其模型材料的选取有何要求?

3.4 模型加工的要求和注意事项有哪些?

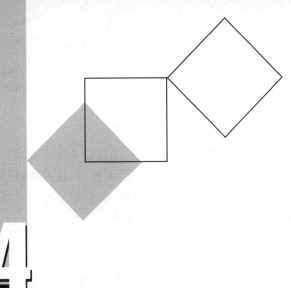

4 结构静力试验

结构静力试验是土木工程结构试验中最基本的结构性能试验,是用物理力学方法,测定研究结构在静力荷载作用下的反应,分析和判定结构的工作状态与受力情况。土木工程结构多是由许多基本构件组成,它们主要是承受拉、压、弯、扭、剪等基本力及其组合作用的梁、板、柱等系列构件。通过静力试验可以深入了解这些构件在各种基本力作用下荷载与变形的关系,在结构的研究、设计和施工中起到主导作用。

4.1 静载试验加载设备

静载试验是指对结构施加静力荷载并考察结构在静力荷载下的力学性能。因此,合理设计试验加载方案是结构静载试验的一个基本环节。在试验中产生模拟静力荷载的设备有很多,主要包括重物、液压、气压、机械和电液伺服加载系统以及和它们相配合的各种试验装置等。不论采用何种加载方式,试验荷载必须满足下列基本要求。

①试验荷载的作用方式必须使被试验结构或构件产生预期的内力和变形方式。例如,在梁的弯曲试验中,试验研究的主要目的是确定弯矩和剪力对梁受力性能的影响,加载设备在梁体平面内的偏心导致的扭矩不是试验所期望的内力,应尽量消除。

②加载设备产生的荷载应能够以足够的精度进行控制和测量。在试验过程中,加载设备对试件所施加的荷载应能够保持稳定,不产生振动和冲击,不受环境温度、湿度等因素的影响,加载设备的性能也不随加载时间而变化。对于破坏性试验,要做到完全的荷载控制很难,特别是试验临近破坏时,加载系统的突然能量释放可能导致冲击而影响被试验结构的破坏形态。

③加载设备或装置不应参与结构工作,以致改变结构的受力状态或使结构产生次应力。

④加载设备本身应有足够的强度和刚度,并有足够的安全储备。加载设备各部件的连接应安全可靠,并不随被试验结构或构件的状态变化而改变,以保证整个试验过程的安全。

⑤应尽量采用先进技术,满足自动化的要求,减轻劳动强度,方便加载,提高试验效率和质量。

4.1.1 重力加载

重力荷载就是利用物体本身的重量,将物体施加于试验结构之上作为荷载的加载方式。在试验室内可以利用的重物有专门浇铸的标准铸铁砝码、混凝土立方试块、水箱等;在现场则可就地取材,经常是采用普通的砂、石、砖等建筑材料或是钢锭、铸铁、皮构件、食盐等。重物可以直接加在试验结构或构件上,也可以通过杠杆间接加在结构或构件上。

重力加载可分为如下两类。

(1)直接重力加载

这种加载方式常用于构件的检验性试验。重物荷载可直接堆放于结构表面(如板的试验)形成均布荷载(图4.1),或置于荷载盘上通过吊杆挂于结构上形成集中荷载。后者多用于现场做屋架试验(图4.2),此时吊杆与荷载盘的自重应计入第一级荷载。

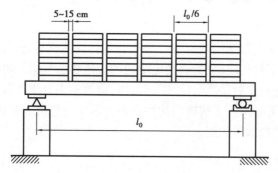

图 4.1　直接重物加载方式

这类加载方法的优点是试验用的重物容易取得,并可重复使用,但加载过程中需要花费较大的劳动力。对于使用砂石等松散颗粒材料加载时,如果将材料直接堆放于结构表面,将会造成荷载材料本身的起拱,而对结构产生卸荷作用,为此,最好将颗粒状材料置于一定容量的容器之中,然后叠加于结构之上。如果是采用形体较为规则的块状材料加载,如砖石、铸铁块、钢锭等,则要求叠放整齐,每堆重物的宽度 $\leq l_0/6$(l_0 为试验结构的跨度),堆与堆之间应有一定间隔(3~5 cm)。利用铁块钢锭作为载重时,为了加载的方便与操作安全要求每块质量不大于20 kg。对于利用吊杆荷载盘作为集中荷载时,每个荷载盘必须分开或通过静定的分配梁体系作用于试验的对象上,使结构所受的荷载能够明确。利用砂粒、砖石等材料作为荷载,它们的容重常随大气湿度而发生变化,故荷载值不易恒定,容易使试验的荷载值产生误差。

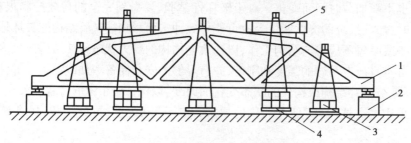

图 4.2　屋架静载试验加载装置
1—屋架试件;2—支墩;3—砝码;4—吊篮;5—分配梁

对大型实际结构进行静力荷载试验时,常采用水作为重物加载。在房屋建筑中,楼面活荷载被认为是一种均匀作用荷载,在试验对象区域周边,用砖砌矮墙,形成一个蓄水池,静载试验时,向蓄水池放水即可实现重力的加载。当水池池壁较高时,应设置壁柱或支撑(图4.3)。楼面结构的静载试验也可以采用沙包或砖块作为重力荷载。

在现场试验水塔、水池、油库等特种结构时,水是最理想的试验荷载,它不仅符合结构物的实际使用条件,而且还能检验结构的抗裂抗渗情况。

(2)杠杆重力加载

杠杆加载也属于重力加载的一种。当利用重物作为集中荷载时,经常会受到荷载量的限制,因此,利用杠杆原理,将荷重放大作用于结构之上。杠杆制作方便,荷载值稳定不变,当结构有变形时,荷载可以保持恒定,适合用作持久荷载的试验。

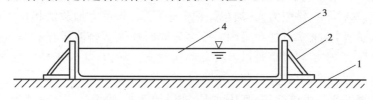

图4.3 用水作均布加载的试验装置
1—楼盖试件;2—侧向支撑;3—防水胶布或塑料布;4—水

4.1.2 液压加载

液压加载设备是结构实验室最常见的加载设备。液压加载设备一般由液压泵源、液压管路、控制装置和加载油缸组成(图4.4)。液压油泵输出压力油,经控制装置对油的压力、流量调节后输送到加载油缸,推动油缸活塞运动,对结构施加荷载。试验操作安全方便,特别是对于大型结构构件试验,当要求荷载点数多、吨位大时更为合适。用于结构静载试验的液压加载装置一般有以下几种。

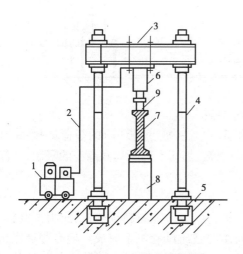

图4.4 单点液压系统加载装置
1—油泵;2—油管;3—横梁;4—立柱;5—台座;
6—加载器;7—试件;8—支墩;9—测力计

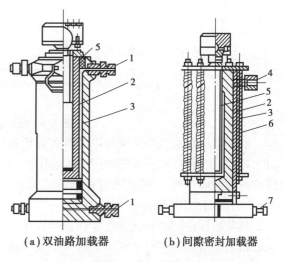

(a)双油路加载器　(b)间隙密封加载器

图4.5 液压加载器
1—回程油管接头;2—活塞;3—油缸;
4—高压油管接头;5—丝杆;6—拉簧;7—吊杆

（1）液压加载器

液压加载器是液压加载设备中的一个主要部件。其主要工作原理是用高压油泵将具有一定压力的液压油压入液压加载器的工作油缸，使之推动活塞，对结构施加荷载。荷载值可以用油压表示值和加载器活塞受压底面积求得，也可以用液压加载器与荷载承力架之间所置的测力计直接测读。现在常用的方法是用传感器将信号传输给电子秤显示或传输给应变仪显示或由记录器直接记录。

加载油缸的构造，如图4.5所示。这种液压加载设备可以将多个加载油缸灵活地安装在试验装置的各个部位。

（2）液压加载系统

液压加载法中利用普通手动液压加载器配合加荷承力架和静力试验台座使用，是最简单的一种加载方法。设备简单，作用力大，加载卸载安全可靠，与重力加载法相比，可大大减轻笨重的体力劳动。但是，如要求多点加荷时则需要多人同时操纵多台液压加载器，这时难以做到同步加载卸载，尤其当需要恒载时更难以保持其稳压状态。所以，比较理想的加载方法是采用能够变荷的同步液压加载设备来进行试验。

液压加载系统主要是由储油箱、高压油泵、液压加载器、测力装置和各类阀门组成的操纵台通过高压油管连接组成。

当使用液压加载系统在试验台座上或现场进行试验时必须配置各种支承系统，来承受液压加载器对结构加载时产生的平衡力系（图4.6）。

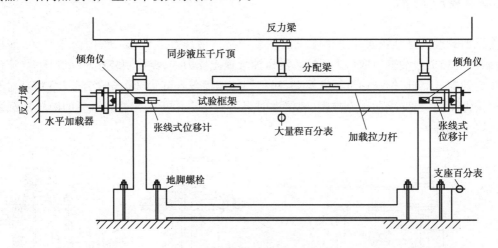

图4.6　液压加载试验系统

利用液压加载试验系统可以做各类建筑结构（屋架、梁、柱、板、墙板等）的静荷试验，尤其对大吨位、大挠度、大跨度的结构更为适用，它不受加荷点数、加荷点的距离和高度的限制，并能适应均布和非均布、对称和非对称加荷的需要。

（3）大型结构试验机

结构或构件的静载试验也常在各种液压试验机上进行。如万能材料试验机、压力试验机、长柱试验机等。有些尺寸较小的构件试验可直接在通用的液压试验机上完成。还有些液压试验机专门为结构构件试验而设计，如长柱试验机（图4.7），可用来完成柱、墙板、梁等构件的试验。这类试验机的精度较高，刚度大，很适合于完成对象比较固定而受力条件相对简单的结构或构件试验。国内生产的长柱试验机，加载能力通常为2 000～10 000 kN，柱类试件的最大高度可达到 10 m。试验机可由计算机程序控制,试验数据采集和处理也可由计算机完成。

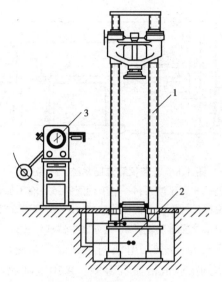

图 4.7 结构长柱试验机
1—试验机架;2—液压加载器;3—液压操纵台

日本最大的大型结构构件万能试验机的最大压缩荷载为 30 000 kN,同时可以对构件进行抗拉试验,最大抗拉荷载为 10 000 kN,试验机高度达 22.5 m,四根工作立柱间净空为 3 m × 3 m,可进行高度为 15 m 左右构件的受压试验,最大跨度为 30 m 构件的弯曲试验,最大弯曲荷载为 12 000 kN。这类大型结构试验机还可以通过专用的中间接口与计算机相连,由程序控制自动操作,此外还配以专门的数据采集和数据处理设备,试验机的操纵和数据处理能同时进行。

(4)电液伺服液压系统

电液伺服加载设备是目前最先进的加载设备。20 世纪 50 年代中后期,国外在程控机床和机器人制造业中率先研制应用电液伺服技术,20 世纪 70 年代初期开始应用在材料试验机上,使材料试验技术获得重大进步。由于电液伺服技术可以较为精确地控制试件变形和作用外力,产生真实的试验状态,所以迅速地被应用在结构试验加载系统领域中,用于模拟并产生各种振动荷载,特别是地震、海浪等荷载对结构物的影响,对结构构件的实物或模型进行加载试验,以研究结构的强度及变形特性。它是目前结构试验研究中一种比较理想的试验设备,特别是用来进行抗震结构的静力或动力试验,尤为适宜,所以越来越受到人们的重视和被广泛采用。

电液伺服控制原理如图 4.8 所示,其主要特点是可将电流信号转换为阀芯的机械运动,通过阀芯的机械运动调节电液伺服阀的输出和输入流量及压力。系统工作时,电液伺服阀根据控制装置发送的指令(电流)信号调节输入加载油缸的压力油的流量和压力,驱动加载油缸活塞移动,安装在加载油缸活塞上的力传感器和位移传感器,负责检测加载油缸活塞所受到的压力和当前的位置,并将检测结果(反馈信号)传送至控制装置,控制装置将指令信号和反馈信号进行比较,根据两者之差产生调节指令信号,再发送到电液伺服阀,调节加载油缸活塞的位置和压力,如此循环,直到指令信号和反馈信号之差满足控制精度要求。在电液伺服液压试验系统中,控制装置由计算机和信号处理单元组成,其中,计算机产生指令信号并对系统实施数字控制,而信号处理单元则对信号进行转换、调节、放大。通常,电液伺服液压试验系统具有良好的动态特性,是结构动载试验的主要加载设备之一。由于电液伺服液压试验系统的良好性能,在结构静载试验中,其经常被用作加载设备。

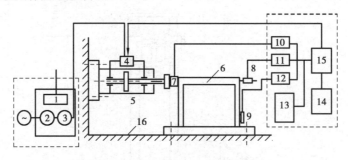

图 4.8   电液伺服液压系统工作原理
1—冷却器;2—电动机;3—高压油泵;4—电液伺服阀;5—液压加载器;6—试验结构;
7—荷重传感器;8—位移传感器;9—应变传感器;10—荷载传感器;11—位移调节器;
12—应变放大器;13—记录及显示装置;14—指令发生器;15—伺服控制器;16—刚性地坪

电液伺服加载系统的价格较高,除采用电液伺服方式控制液压加载外,还可采用电液比例控制方式,虽然控制精度有所降低,但价格便宜得多。采用电液比例阀的液压加载系统常用于结构静载试验。

4.1.3   机械加载

常用的机械式加载机具有绞车、卷扬机、倒链葫芦、螺旋千斤顶和弹簧等。

绞车、卷扬机、倒链葫芦等主要用于给远距离或高耸结构物施加拉力。连接定滑轮可以改变力的方向,连接定滑轮组可以提高加载能力,连接测力计或拉力传感器可以测量其加载值。

弹簧和螺旋千斤顶均适用于长期荷载试验,产生的荷载相对比较稳定。螺旋千斤顶是利用蜗轮蜗杆机构传动的原理加力,使用时需要用力传感器测定其加载值。设备简单,使用方便,可用于各种结构静载试验。弹簧加载采用千分表量测弹簧的压缩长度的变化量确定弹簧的加载值。弹簧变形与力值的关系一般通过压力试验机标定来确定。加载时较小的弹簧可直接拧紧螺帽施加压力,承载力很大的弹簧则需借助于液压加载设备加压后再拧紧螺帽。当结构产生变形会自动卸载时,应及时拧紧螺帽调整压力,保持荷载不变。

4.1.4   气压加载

气压加载适合于对板壳结构施加均布荷载,主要分为正压加载和负压加载两种,正压加载是利用压缩空气的压力对结构施加荷载。尤其是对加均布荷载特别有利,直接通过压力表就可反映加载值,加卸载方便,并可产生较大荷载,一般应用于模型结构试验。负压加载是利用真空泵将试验结构物下面的密封室内的空气抽出,使之形成真空,结构的外表面受到的大气压,就成为施加在结构上的均布荷载,由真空度可得出加载值,这种加载方式特别适用于表面为曲面的壳体结构试验。

4.2 试验装置和支座设计

根据结构试验的目的不同,有两种不同的思路设计试验装置的支座或支墩。一种思路是试件的支座和边界条件尽可能与实际结构一致,以使结构性能得到真实的模拟;另一种思路则是试件的边界条件尽可能理想化,受力条件明确并与结构设计所采用的计算简图一致,以便对被试验结构的力学性能进行正确的分析。在研究性试验中,支座一般按后一种思路设计。

支墩在现场多用砖块临时砌成,支墩上部应有足够大的平整的支承面,最好在砌筑时铺以钢板。支墩本身的强度必须进行验算,支承底面积要按地基承载力复核,保证试验时不致发生沉陷或过度变形。在试验室内可用钢或钢筋混凝土制成专用设备。

4.2.1 结构试验的铰支座

在结构设计中,常见的支座或边界条件为简支边界和固定边界。在结构试验中,简支边界条件采用铰支座实现,铰支座一般均用钢材制作,按自由度不同可分为活动铰支座和固定铰支座两种,如图4.9所示。

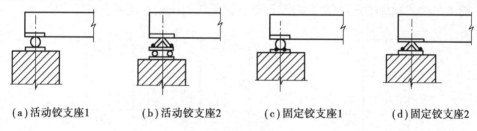

| (a)活动铰支座1 | (b)活动铰支座2 | (c)固定铰支座1 | (d)固定铰支座2 |

图4.9　铰支座的形式和构造

(1)活动铰支座

活动铰支座容许架设在支座上的构件自由转动和在一个方向上移动。它提供一个竖向的支座反力,不能传递弯矩,也不能传递水平力。图4.9(b)比图4.9(a)的支座更加精确,因为简单滚轴支座在水平方向滚动时,它与试件的接触位置会发生变化,这将导致试件的支承位置发生变化,即支座反力作用点发生变化。

(2)固定铰支座

固定铰支座允许架设在支座上的构件自由转动但不能移动。在理论上,固定铰支座应能承受水平力,但在梁类构件的试验中,只要一个支座为活动铰支座,另一支座的水平力通常很小可忽略不计。在连续梁的静载试验中,只有一个支座为固定铰支座,其余支座均为活动铰支座,为避免试件的制作误差和支座的安装误差引起支座的初始沉降,连续梁的铰支座高度还应可以调整。

(3)板壳结构铰支座

对于板壳结构,应按其实际承载情况用各种铰支座组合而成,它常常是四角支承或四边支撑(图4.10)。除前述活动和固定铰支座外,还可以使用双向可动的球铰支座。沿周边支承时,滚珠支座的间距不宜超过支座处的结构高度的3～5倍。为了保持滚珠支座位置不变,可用φ5 mm的钢筋做定位圈。为了保证板壳的全部支承面在一个平面内,防止某些支承处脱空,影响试验结构,应将各支承点设计为上下可作微调的支座。

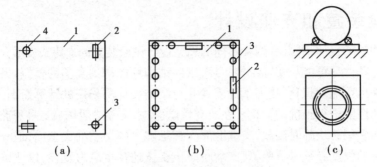

图 4.10　板壳结构的支座布置方式
1—试件;2—滚轴;3—钢球铰;4—固定球铰

（4）柱或墙板试件的铰支座

柱或墙体试验中柱式试件所采用的支座也属于固定铰支座。柱试验时铰支座有单向铰和双向铰两种(图 4.11),双向铰刀口支座适用于两个方向可能发生屈曲时,如薄壁弯曲型钢压杆纵向压屈试验时就可以采用这类支座形式。当柱或墙板在进行偏心受压时,对压力作用点有比较高的定位要求,偏心距是试验中一个主要的控制因素。试验机的压板采用大曲率半径的圆弧支座,不能满足柱式试件的定位精度要求,因此在试验机的压板上还要安装铰支座。

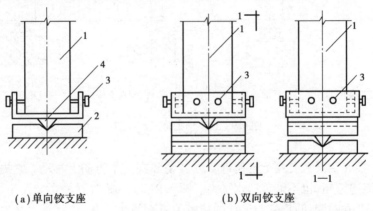

(a)单向铰支座　　　　　　(b)双向铰支座

图 4.11　柱或墙板压屈试验的铰支座
1—试件;2—铰支座;3—调整螺丝;4—刀口

液压加载油缸的前后两端通常安装球形支座(也称为球铰)或铰支接头,用以保证加载油缸与试件之间不会传递弯矩,如图 4.12 所示。

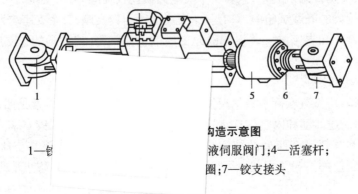

构造示意图
1—铰　　　液伺服阀门;4—活塞杆;
圈;7—铰支接头

4.2.2 固定边界的实现

在结构设计计算中,固定边界条件是指构件的端部既不产生移动又不发生转动,可以传递弯矩和剪力。如图4.13所示的压弯试验,下端用螺栓固定在试验台座上,上端固定在四连杆机构的横梁上,四连杆机构用来保证上横梁不发生转动,但对水平和竖向位移没有约束。压弯构件试验也可采用加载油缸来控制试件上端的转动(图4.14),试验中,控制加载油缸的位移量,使试件上横梁始终保持水平,两个加载油缸施加荷载的合力即为试件承受的轴向力,两个加载油缸荷载之间的差值形成约束其转动的弯矩。

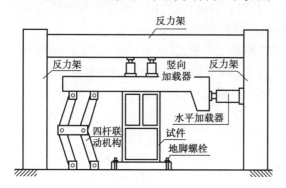

图 4.13　四连杆机构控制上横梁不发生转动

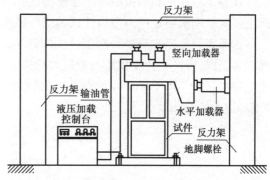

图 4.14　伺服加载油缸控制上横梁不发生转动

在结构试验中,通过螺栓连接等措施使构件实现固定边界条件时,应注意试件在固定边界处所受的力。如图4.15所示的墙体试验,随着水平荷载加大,墙体试件底梁在地脚螺栓处受到很大的弯矩和剪力,因此,底梁必须有足够的承载力和刚度。

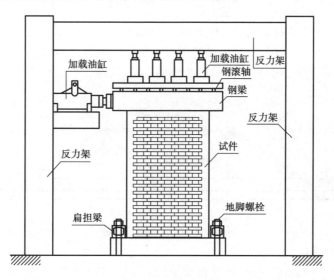

图 4.15　墙体试验

4.2.3 试验台座和反力刚架

试验台座是试验室内永久性的固定设备,用以平衡施加在试验结构物上的荷载所产生的反力。结构实验室的试验台座和反力刚架一般按结构试验的通用性要求设计,以满足不同的结构试验要求。

1)试验台座

(1)抗弯大梁式台座和空间桁架式台座

在预制构件厂和小型结构试验室中,由于缺少大型的试验台座,可以采用抗弯大梁式或空间重架式台座来满足中小型构件试验或混凝土制品检验的要求。

抗弯大梁台座本身是一刚度极大的钢梁或钢筋混凝土大梁,其构造见图 4.16,当用液压加载器加载时,所产生的反作用力通过加荷架传至大梁,试验结构的支座反力也由台座大梁承受,使之保持平衡。由于受自身抗弯强度和刚度的限制,一般只能试验跨度在 7 m 以下,宽度在1.2 m 以下的板和梁。

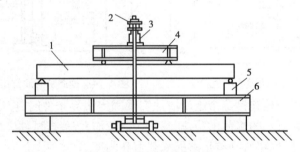

图 4.16 非台座支承方式

1—试件;2—承力架;3—加载器;4—分配梁;5—支墩;6—反弯梁

空间桁架台座(图 4.17)一般用以试验中等跨度的桁架及屋面大梁。通过液压加载器及分配梁可对试件进行为数不多的集中荷载加载使用,液压加载器的反作用力由空间桁架自身进行平衡。

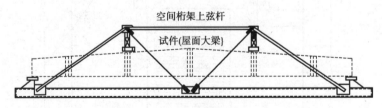

图 4.17 空间桁架式台座

(2)地面试验台座

台座刚度极大,受力变形极小,能在台面上同时进行几个结构试验,而不考虑相互的影响,试验可沿台座的纵向或横向进行。台座设计时,在其纵向和横向,均应按各种试验组合可能产生的最不利受力情况,进行验算与配筋,以保证它有足够的强度和整体刚度。用于动力试验的台座还应有足够的质量和耐疲劳强度,防止引起共振和疲劳破坏,尤其要注意局部预埋件和焊缝的疲劳破坏。地面试验台座有板式和箱式之分。

①板式试验台座。由结构的自重和刚度来平衡结构试验时,通常把由结构为整体的钢筋混凝土或预应力钢筋混凝土的厚板施加荷载的试验台座,称为板式试验台座。按荷载支承装置与台座连接固定的方式与构造形式的不同,可分为槽式和预埋螺栓式两种形式。

槽式试验台座是目前用得较多的一种比较典型的静力试验台座,其构造特点是沿台座纵向全长布置几条槽轨,该槽轨是用型钢制成的纵向框架式结构,埋置在台座的混凝土内,如图4.18(a)所示。槽轨的作用是锚固加载架,以平衡结构物上的荷载所产生的反力。如果加载架立柱用圆钢制成,可直接用两个螺帽固定于槽内,如加载架立柱由型钢制成,则在其底部设计成钢结构柱脚的构造,用地脚螺栓固定在槽内。在试验加载时,要求槽轨的构造应该和台座的混凝土部分有很好的联系,不致拔出。这种台座的特点是加载点位置可沿台座的纵向任意变动,不受限制,以适应试验结构加载位置的需要。

地脚螺丝式试验台座,如图4.18(b)所示。其特点是在台面上每隔一定间距设置一个地脚螺丝,螺丝下端锚固在台座内,其顶端伸出于台座表面特制的圆形孔穴,但略低于台座表面标高,使用时通过用套筒螺母与荷载架的立柱连接,平时可用圆形盖板将孔穴盖住,保护螺丝端部及防止脏物落入孔穴。其缺点是螺丝受损后修理困难。此外,由于螺丝和孔穴位置已经固定,试件安装就位的位置受到限制。

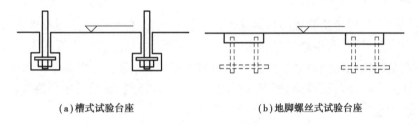

(a)槽式试验台座　　　　　　　　　　(b)地脚螺丝式试验台座

图4.18　两种板式试验台

②箱式试验台座。箱式试验台座的规模较大,由于台座本身构成箱形结构,所以它比其他形式的台座具有更大的刚度。在箱形结构的顶板上沿纵横两个方向按一定间距留有竖向贯穿的孔洞,便于在沿孔洞连线的任意位置进行加载。台座结构本身是实验室的地下室,可供进行长期荷载试验或特种试验使用。大型的箱形试验台座可同时作为试验室房屋的基础。

2)反力刚架和反力墙

反力刚架如图4.19所示,由立柱和横梁组成。箱式台座上的立柱多为螺杆形式,通过螺母调节横梁高度。板式台座上的立柱采用工形截面,其腹板沿地槽方向,横梁与腹板连接。为避免立柱承受过大的弯矩,立柱和横梁的连接常设计为铰接。

为了便于对结构施加较大的水平荷载,实验室还可建造水平反力台座,一般称为反力墙。反力墙通常设置在板式台座或箱式台座的端部,并与台座连成整体,如图4.20所示。在反力墙上布设孔洞,螺栓穿过孔洞固定连接板。

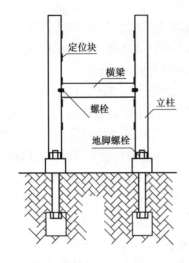
图4.19 固定在地槽上的反力刚架

图4.20 钢筋混凝土反力墙

4.3 应变测试技术

在结构试验中,我们希望测量结构的应力分布及其变化,但是应力是很难被直接测量的,在结构试验中,只有测量应变,再通过材料的应力-应变关系,由测量的应变得到应力,了解应力的分布情况,特别是结构控制截面处的应力分布及最大应力值,对于建立强度计算理论或验证设计是否合理、计算方法是否正确等,都有重要的价值。因此,结构试验的应变测量是一个十分关键的测试内容。

应变测量的本质是长度变化量的测量。应变测试方法分为机测和电测两种。机测方法的原理是利用机械式仪表,测量试验结构上两点之间的相对线位移,然后再转换为应变值。实际上,利用位移传感器测两点之间的位移,均可将其转换为应变。

在结构试验中,采用机测方法的优点是试验操作简单,数据可靠,不受电磁等因素干扰。但机测方法受到如下限制:

①机测方法要求测点之间有一定的距离,只能测得测点之间的平均应变,一般不适合应变变化较大区域内的应变测量。

②机测方法不能自动记录数据,数据测读的时间较长,应变测试部位较多时,测点布置时常发生困难。

③在受到温度影响时,机测方法的温度补偿方案不太容易实现。

应变测试的电测方法有很多种,最常用的应变电测方法是电阻应变片方法,电阻应变片将应变(非电量)转换为电阻的变化(电参量),从而将电测非电量引入土木工程结构试验,使结构试验的测量技术产生了质的变化。由于电子仪器的高速发展,电测法不仅具有精度高、灵敏度高、可远距离测量和多点测量、采集数据快速、自动化程度高等优点,而且便于将测量仪器与计算机连接,为采用计算机控制和分析处理试验数据创造了有利条件。在结构试验中,非电量转换为电量的方式很多,包括电阻式、振弦式、电磁感应式、压电式、电容式等各种转换元件。其中电阻应变片是最基本的传感转换元件。它不仅可以用来量测应变,而且还可以利用位移、倾角、曲率、力等参量与应变的相关关系,加上一些机械弹性元件,制成各种量测传感器。本节主要讨论电阻应变测试的方法。

4.3.1 电阻应变片的工作原理

由物理学可知,金属电阻丝的电阻 R 与长度 l 和截面面积 A 有如下关系:

$$R = \rho \frac{l}{A} \tag{4.1}$$

式中,ρ 为金属材料的电阻率,单位为 $\Omega \cdot m^2/m$。当金属丝受到拉伸时,其长度伸长,截面积减小,电阻值加大。而受压时正好相反。电阻值的变化可通过全微分表示为:

$$dR = \frac{\partial R}{\partial l}dl + \frac{\partial R}{\partial A}dA + \frac{\partial R}{\partial \rho}d\rho = \left(\frac{\rho}{A}\right)dl - \left(\frac{\rho l}{A^2}\right)dA + \left(\frac{l}{A}\right)d\rho \tag{4.2}$$

对上式两端同除以 R,并利用式(4.1),整理后得到:

$$\frac{dR}{R} = \frac{dl}{l} - \frac{dA}{A} + \frac{d\rho}{\rho} \tag{4.3}$$

式中,ε 为金属丝长度的变化,与应变的定义完全相符,$\varepsilon = dl/l$。假设金属丝截面形状为圆形,可得面积变化 $dA/A = -2\upsilon\varepsilon$,$\upsilon$ 为金属丝的泊松比,上式可重写为:

$$\frac{dR}{R} = (1 + 2\upsilon)\varepsilon + \frac{d\rho}{\rho} = K\varepsilon \tag{4.4}$$

式中,$K = (1 + 2\upsilon) + \dfrac{d\rho/\rho}{\varepsilon}$,称为金属丝的灵敏系数,表示单位应变引起的相对电阻变化。

由上式可知,金属丝的灵敏系数 K 应与其电阻率的变化和应变大小有关,但实验测定表明,在弹性范围内,电阻应变片的灵敏系数为一常数。如果金属丝的电阻率不发生变化,式(4.3)中的 $d\rho = 0$,电阻应变效应主要由电阻丝的长度变化和与泊松比有关的截面积变化所引起。这也是灵敏系数 K 为一常数的原因。式(4.4)构成利用金属电阻丝的电阻变化测量应变变化的物理学基础。一般而言,K 值越大,表示单位应变变化引起的电阻变化越大,也就是金属丝的电阻值对其长度的变化越灵敏。

4.3.2 电阻应变片的构造和性能

电阻应变计的构造,如图4.21所示。为使电阻丝更好地感受构件的变形,电阻丝一般做成栅状。基底使电阻丝和被测构件之间绝缘并使丝栅定位。覆盖层保护电阻丝免受划伤并避免丝栅间短路。应变片电阻丝一般采用直径仅为0.025 mm左右的镍铬或康铜细丝,端部用引出线和量测导线连接。

电阻应变片主要有下列几项性能指标:

①标距 l:电阻丝栅在纵轴方向的有效长度。

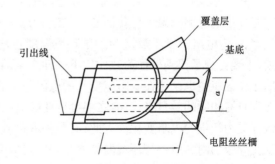

图4.21　电阻应变计(片)构造示意图

②使用面积:以标距 l 乘以丝栅宽度 a 表示。

③电阻值 R:一般均按 120 Ω 设计。当用非 120 Ω 应变计时,应按仪器的说明进行修正。

④灵敏系数 K:电阻应变片的灵敏系数,K 值一般比单根电阻丝的灵敏系数 K 小,这是由于应变片的丝栅形状对灵敏度的影响,一般用抽样法试验测定 K 值,通常 $K = 2.0$ 左右。

⑤应变极限:应变计保持线性输出时所能量测的最大应变值。主要取决于金属电阻丝的材料性质,还和制作及粘贴用胶有关。一般情况下为 1% ~ 3%。

⑥机械滞后:试件加载和卸载时应变片($\Delta R/R$) - ε 特性曲线不重合的程度。

⑦疲劳寿命。

⑧零漂:在恒定温度环境中电阻应变计的电阻值随时间的变化。

⑨蠕变:在恒定的荷载和温度环境中,应变计电阻值随时间的变化。

⑩绝缘电阻:电阻丝与基底间的电阻值。

⑪其他指标:包括横向灵敏系数、温度特性、频响特征等性能。其中,横向灵敏系数指应变片对垂直于其主轴方向应变的响应程度,对主轴方向应变的量测准确性有一定影响,可通过改进电阻应变片的形状等方面来减小横向灵敏度,如箔式应变片和短接式应变片的横向灵敏度接近于零。

应变片的温度特性指金属电阻丝的电阻随温度变化以及电阻丝和被测试材料因线膨胀系数不同引起阻值变化所产生的虚假应变,又称为应变片的热输出。由此引起的测试误差较大,可在量测线路中接入温度补偿片来消除这种影响。

在进行动态量测时,应变片的响应时间约为 2×10^{-7} s,可认为应变片对应变的响应是立刻的,其工作频响随不同的应变计标距而异。

应变计出厂时,应根据每批电阻应变计的电阻值、灵敏系数、机械滞后等指标对其名义值的偏差程度将电阻应变片分为若干等级并标注在包装上;使用时,根据试验量测的精度要求选定所需电阻应变计的规格等级。

除绕丝式电阻应变片外,还有各种不同基底、不同丝栅形状、不同金属电阻材料的应变计。各生产厂家均有详细列出规格性能的产品目录供选用。

4.3.3　电阻应变测试中的温度补偿

在实际试验中,安装在试验对象上的电阻应变片会受到温度影响而使其电阻发生变化,即应变片的电阻率随温度变化而变化,表示为 $\rho = \rho_0 (1 + \alpha t)$,其中 ρ_0 为电阻丝在基准温度下的电阻率,α 为电阻温度系数,t 为测试环境温度与基准温度的差值。另外,结构试验中进行应变测量,主要是为了得到外加荷载作用下试件产生的应变。但温度变化使试件发生变形,与这种变形相应的应变也反映在电阻应变片的电阻值变化中。荷载产生的试件应变和温度产生的应变常常具有相同的数量级,有时在温度变化较大的室外环境中,温度产生的电阻变化还可能大于试件受力产生的电阻变化。因此,必须采取措施消除温度的影响,保证应变测试的精度。温度变化导致的附加应变与环境温度变化和电阻应变片本身的温度特性相关,从理论上分析温度附加应变的大小是很困难的,必须在应变测试过程中予以消除。

如图 4.22(a)所示为受荷载作用的两端固定梁,在梁上粘贴电阻应变片。当温度均匀变化时,因梁的长度不变,电阻应变片中的电阻丝长度也不发生变化。此时应变片的电阻变化来自电阻丝的温度电阻效应(一般康铜电阻丝的电阻温度系数为 $15\sim20\ \mu\varepsilon/℃$)。如果在相同环境下相同尺寸的悬臂梁上同样粘贴电阻应变片[图4.22(b)],由于悬臂梁可以自由伸长,电阻应变片测量的数据就包含了温度电阻效应产生的应变和悬臂梁伸长产生的应变。两端固定梁与悬臂梁所测应变数据之差,就是温度导致试件伸长所产生的应变,将这个应变乘以试件材料的弹性模量,得到两端固定梁的温度应力。

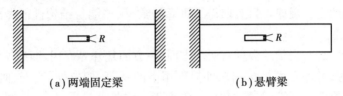

(a)两端固定梁   (b)悬臂梁

图4.22 温度作用导致的应力和应变

消除温度影响的方法称为温度补偿方法,常用的消除温度影响的方法有两种:

(1)温度补偿应变片法

选一个与试件材质相同的温度补偿块,用与试件工作应变片相同的应变片及相同的工艺粘贴,量测时放在试件同一温度场中,用同样的导线连接在桥路的工作桥臂上,如图4.23所示。根据电桥邻臂输出相减的原理,达到温度效应所产生的应变得以消除的目的。这个粘贴在温度补偿块上,只发生温度效应的应变片,称为温度补偿应变片。这种方法称为温度补偿应变片法。

一个温度应变片可以补偿一个工作应变片,称单点补偿;也可以连续补偿多个工作应变片,称为多点补偿。这要根据试验目的要求和试件材料的不同而定。如钢结构,材料的导热性较好,应变片通电后散热较快,可以用一个补偿应变片连续补偿10个应变片;混凝土等材料散热性能差,一个补偿应变片连续补偿的工作应变片不宜超过5个,最好使用单点补偿。

(2)应变片的温度互补偿法

某些检测结构或构件,存在着机械应变值相同,但应变符号相反的现象。比例关系为已知,温度条件又相同的2个或4个测点,可以将这些应变片按照符号的不同,分别接在相应邻臂上,这样在等臂的条件下,既都是工作应变片,又为温度补偿片,如图4.24所示。但图示接法不适用于混凝土等非均质材料。

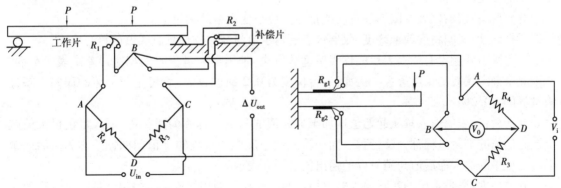

图4.23 温度补偿应变计法桥路   **图4.24 工作应变片温度互补偿法桥路**

以上两种方法都是通过桥路连接方法实现温度补偿的,又统称为桥路补偿法。

此外还有用温度自补偿应变片法,即使用一种敏感栅的其温度影响能被自动消除的特殊应变片,目前国外已有用于测定混凝土内部应力的大标距自补偿应变片。

4.4　静载试验仪器仪表

建筑结构中,结构或构件的量变是质变的重要反映,因此结构试验中不仅要观察结构整体变化的形态,也要取得用于反映结构静力性能的定量数据。静力性能主要是指结构在静力荷载作用下内力和变形的变化规律。只有取得了可靠的数据,才能对结构性能做出正确的判断,达到试验目的。

结构静载试验中需要测量的数据有两个方面:一方面是外界作用,即施加到结构上的作用,如荷载、支座反力等;另一方面是结构在外界作用下的反应,如位移、应变、曲率变化、裂缝等。有时外界作用也需要考虑环境因素,如温度、湿度等。试验人员通过合适的测试技术对试验现象进行定量化的描述,测试技术一般包括:①测量方法;②测量仪器仪表;③测量误差分析。随着科学技术的不断发展,各学科互相渗透,新的测量仪器不断涌现,测量技术不断进步。从最简单的逐个测读、手工记录的仪表到应用电子计算机快速测量采集和处理的复杂系统,种类繁多,原理各异,试验人员除对被测参数的性质和要求应深刻理解外,还需掌握测量仪器的原理、功能和用法,以便在结构试验中获取准确的数据。

测量系统基本上由3个部分组成:①传感部分;②放大部分;③显示、测量部分。

传感部分由传感元件或传感器组成,把直接从测点上感知的被测信号传给放大部分。放大部分通过各种方式(机械的、电子的或光学的)将传感器传来的信号放大并传送至显示部分。显示部分将经过放大的机械或电信号通过指针、电子数码管、显示屏等显示记录。机械式仪表三部分常组装为一体,电测仪器则三部分分开或由后两部分组成二次测量仪器。

在结构试验前,选用何种测量仪器对既定的能表征结构或构件性能的物理量进行测量,首先要了解仪器仪表的主要功能、使用范围和适用条件,然后再需要了解仪器仪表的性能指标。

测量仪器的性能指标主要有:

①量程:仪表所能测量的最小至最大测量值的测量范围。

②灵敏度:被测量的单位变化引起仪器示值的变化值,用仪器仪表的输出量的变化与相应输入量的变化的比值表征。

③分辨率:仪器仪表的限制装置所能指出的最小变化量的测量值。

④精确度:又叫精度或准确度,仪器仪表的指示值与被测物理量真实值的符合程度。

目前国内外还没有统一表示的仪表精确的方法,常用最大量程时的相对误差来表示精度,并以此来确定仪表的精度等级。例如,一台精度为0.2级的仪表,意思是测定值的误差不超过满量程的 ±0.2% 。

⑤滞后:仪表的输入量从起始值增加至最大值的测量过程称为正行程,输入量由最大值减小至起始值的测量过程称为反行程。同一输入量正反两个行程输出值间的偏差称为滞后。常以满量程中的最大滞后值与满量程的输出值之比来表示。

⑥线性度:测量系统的实际输入输出特性曲线相对于理想线性输入输出特性的接近程度。

⑦漂移量:测量系统的输入不变时,系统的输出量随时间变化的最大值,有时又称为测量系统的不稳定度。

4.4.1　测量仪表的选用原则

结构试验中,测量系统的任务是将反映结构性能的物理量通过仪器仪表转换为试验数据。结构静载试验中选用仪器仪表的基本原则是:

①符合测量所需的量程及精度要求,根据被测量的物理性质选择仪器仪表的基本功能。在选用仪表前,应先对被测值进行估算。一般应使最大被测值在仪表的 2/3 量程范围内,以防仪表的超量程破坏。同时,为保证精度,应使仪表的最小刻度值不大于最大被测值的 5%。

②对于安装在结构上的仪表或传感器,要求自身轻、体积小,不影响结构工作。特别要注意夹具设计是否合理,不正确地安装夹具将使结构试验结果出现很大误差。

③同一试验中选用的仪器仪表种类应尽可能少,以便统一数据的精度,简化测量数据的整理过程,避免人为产生的误差。

④选用仪表时应考虑试验环境条件,例如,在野外试验时仪表常受到风吹日晒,周围的温度、湿度变化较大时,宜选用机械式仪表。此外,应从试验实际需要出发选择仪器仪表的精度,切忌盲目选用高精度、高灵敏度的仪表。一般来说,测定结构的最大相对误差不大于 5% 即满足要求。

⑤选用可靠性程度高的仪器仪表。在结构静载试验中,测量数据的可靠性是最基本的要求。一般而言,测量数据的可靠性在很大程度上取决于仪器仪表的使用,精度越高、反应越灵敏的仪器仪表,在操作使用上越复杂,对使用环境也越敏感,所以可靠性往往和精度之间存在矛盾。故在选用仪器仪表时,应综合考虑可靠性和精度等因素。

各类仪表各有其优、缺点,不可能同时满足上述要求,因此选用仪器仪表的原则应首先满足试验的主要要求。

4.4.2　位移测量仪表

在结构静载试验中,位移包括线位移、角位移、裂缝张开的相对位移和变形引起的相对位移(应变)等。线位移的测量大多为相对位移的测量,即结构上一点的空间位置相对于基点的空间位置发生的移动。基点可以选择结构物外的某一固定点,此时位移测量仪表所测得的数值为结构上的一点相对于该固定点的位移,如梁的挠度。若基点选择结构上的另一点,此时位移测量仪器测得的数值为结构上两点之间的相对挠度,如裂缝的张开位移。

(1)机械式百分表和千分表

机械式百分表外观及其内部构造,如图 4.25 所示。当滑动的测杆跟随被测物体运动时,带动百分表内部的精密齿轮转动,精密齿轮机构将微小的直线运动放大为齿轮的转动,从百分表的表盘就可读出线位移量。百分表的表盘按 0.01 mm 刻度,读数精度可以达到 0.005 mm。百分表的量程一般为 10 mm、30 mm、50 mm。百分表通过百分表座进行安装,安装时应注意保证百分表测杆运动方向平行,被测物体表面一般应与百分表测杆垂直。千分表的构造与百分表基本相同,但精密齿轮的放大倍数不同,其测量精度可达到 0.001 mm 或 0.002 mm,量程一般不超过 2 mm。

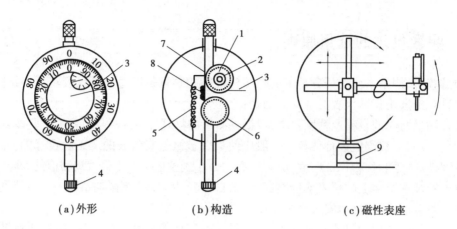

(a) 外形 (b) 构造 (c) 磁性表座

图 4.25　机械式百分表

1—短针;2—齿轮弹簧;3—长针;4—测杆;5—测杆弹簧;6、7、8—齿轮;9—表座

(2)张线式位移传感器

如图 4.26 所示,张线式位移传感器通过钢丝与被测物体相连,钢丝缠绕在张线式位移传感器的转轴上,钢丝的另一端则悬挂一重锤。当被测物体发生位移时,重锤牵引缠绕钢丝推动传感器指针旋转,然后从传感器的表盘读数。这种位移传感器最大的优点是量程几乎不受限制,可以用于大变形条件下的位移测试。传感器表盘的读数精度为 0.1 mm。为提高测量精度,在位移较小时,采用百分表测量重锤的位移(图 4.27)。在野外条件下采用张线式位移传感器时,应注意温度对钢丝长度变化的影响,从而影响测量精度。

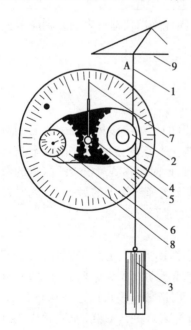

图 4.26　张线式位移传感器

1—钢丝;2—摩擦滚动;3—重物;

4—主动齿轮;5—中心齿轮;6—被动齿轮;

7—大指针;8—小指针;9—测点

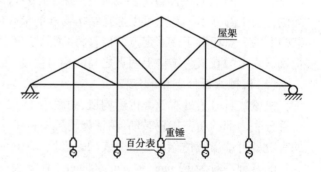

图 4.27　百分表测量重锤的位移

（3）电阻应变式位移传感器

电阻应变式位移传感器通过弹簧把测杆（图4.28）的滑动转变为固定在表壳上的悬臂小梁的弯曲变形,再用应变计把这个弯曲变形转变成应变输出和位移量。

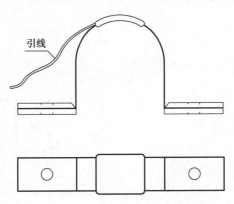

引线

图4.28　弓形应变式位移传感器

在试验中,如果要求测量数据自动记录的同时,传感器还可以提供直观数据信息,常采用电子百分表（图4.29）,其机械部分与百分表相同,电子部分则为电阻应变式位移传感器的构造。还有一种弓形应变式位移传感器,常用于测量裂缝宽度的变化（图4.30）。电阻应变片粘贴在圆弧顶部,当裂缝加宽时,圆弧的曲率半径变化,电阻应变片产生应变,通过电阻应变仪测量应变的变化就可得到裂缝宽度的变化值。

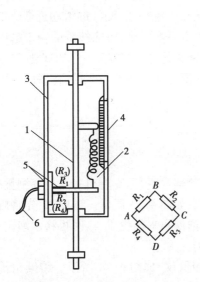

图4.29　电阻应变式位移传感器

1—测杆;2—弹簧;3—外壳;4—刻度;

5—电阻应变计;6—电缆

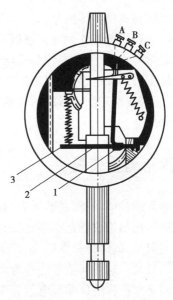

图4.30　电子百分表

1—应变片;2—弹性悬臂梁;3—弹簧

（4）滑动电阻式位移传感器

滑动电阻式位移传感器的基本原理是通过可变电阻把测杆的滑动转变为两个相邻桥臂的电阻变化,与应变仪等接成惠斯登电桥,把位移转换成电压输出,如图4.31所示。另外一种滑动电阻式位移传感器是通过电阻应变仪直接测量电阻的变化。滑动电阻式位移传感器的簧片与电阻线圈直接接触,反复运动产生磨损,比较而言,其使用寿命较低。

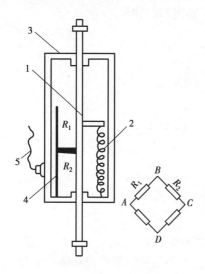 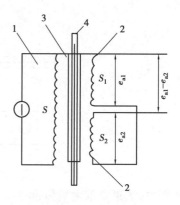

图 4.31　滑动电阻式位移传感器 　　　　图 4.32　差动电感式位移传感器
　1—测杆;2—弹簧;3—外壳;　　　　　　　1—初级线圈;2—次级线圈;
　4—电阻丝;5—电缆　　　　　　　　　　　3—圆形筒;4—铁芯

(5)线性差动电感式位移传感器

线性差动电感式位移传感器(Linear Variable Differential Transformer,简称 LVDT),其构造如图 4.32 所示。LVDT 的工作原理是通过高频振荡器产生电磁场,测杆的滑动近似于滑动铁芯与线圈之间的相对位移,由于铁芯切割磁场线,改变了电磁场强度,感应线圈的输出电压随机发生变化。通过标定可以确定感应电压的变化与位移量变化之间的关系。LVDT 通常由两部分组成:一部分是感应线圈和铁芯组成的传感元件;另一部分是测量放大元件,将感应电压放大并传送给显示记录部分。

4.4.3　转角测量仪表

在结构静载试验中,结构变形反应的测量以线位移为主,但有时也有角位移测量的要求。

最常见的转角测量仪器是水准管式倾角测量仪,如图 4.33 所示。试验时,先将倾角仪上水准管内的水泡调平,试件受荷变形后,产生倾角,水泡偏离平衡位置,这时再将水泡调平,调整量就是测点处的转角。这种读数方法称为调零读数法。

另一种测量角位移的仪器是电阻应变式倾角测量仪,如图 4.34 所示。将倾角传感器安装在试验结构需要测量转角的部位,结构转动时,倾角传感器内的重锤使悬挂重锤的悬臂梁产生挠曲应变,利用粘贴在悬臂梁上的应变片即可测量其变化,再转换为倾角。

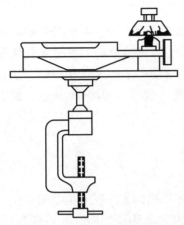

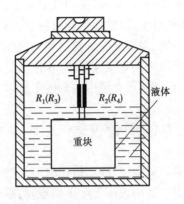

图 4.33　水准管式倾角测量仪　　　图 4.34　电阻应变式倾角传感器

也可利用机械装置测量线位移,再将线位移转换为角位移,如图 4.35 所示。

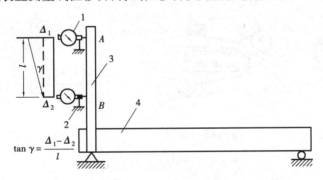

图 4.35　角位移间接测量
1—位移计;2—固定支座;3—机械竖杆;4—梁试件

4.4.4　裂缝测量仪表

观察钢筋混凝土结构或构件的裂缝发生,以及裂缝的宽度、长度随荷载的发展情况,对于确定开裂荷载、研究结构的破坏过程,尤其是研究预应力结构的抗裂及变形性能等都十分重要。对于钢结构,常见的断裂发生部位在应力集中部位和焊缝部位,对于钢筋混凝土和预应力混凝土结构,除了观察裂缝部位及走向外,还需测量裂缝宽度。

可采用以下方法观测裂缝的出现。

①最常用的方法是借助放大镜用肉眼观察裂缝的出现。

②利用粘贴在混凝土受拉区的电阻应变片,当混凝土开裂时,如果裂缝贯穿电阻应变片,该应变片的读数突变,从而可以判断开裂部位;

③基于声发射原理,采用声传感器捕捉材料开裂时发射声能所形成的应力波,经信号转换后可识别裂缝出现的部位;

④在试件表面涂刷脆性涂料或脆性油漆,当混凝土开裂时,裂缝处脆性涂层断裂,指示出开裂部位。但这要求涂层的开裂应变大于混凝土开裂应变,否则,涂层开裂先于混凝土开裂,就不

能正确地指示混凝土的裂缝部位。

　　裂缝宽度的量测一般用刻度放大镜,它由光学放大部分和机械读数部分组成。测量裂缝宽度时,先调整目镜,清楚地看到裂缝后,再调节微调鼓轮,将目镜中的刻度分划线从裂缝的一侧移动到另一侧,微调鼓轮的转动量与裂缝宽度相对应,转动一小格为 0.01 mm。还有对于一种读数放大镜可采用直接读数法,在放大镜中固定了刻度,一般为 0.02 mm,在放大镜中看清楚裂缝后,可以直接从放大镜中的刻度上读取裂缝宽度。

4.4.5　力的测量仪表

　　结构静载试验中,静定结构中施加的荷载及超静定结构的支座反力是结构试验中经常需要测定的外力。当用油压千斤顶加载时,因千斤顶附带的压力表示值较粗略,特别在卸载时,压力表示值不能正确反映实际荷载值。因此,需在千斤顶和试件间安装测力环或测力传感器。常见的力传感器有机械式力传感器、电阻应变式力传感器、振动弦式力传感器等不同类型。

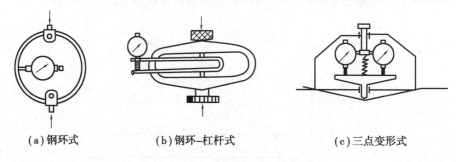

(a) 钢环式　　　　　　(b) 钢环–杠杆式　　　　　　(c) 三点变形式

图 4.36　三种机械式测力计

　　机械式力传感器的种类很多,其基本原理是利用机械式仪表测量弹性元件的变形,再将变形转换为弹性元件所受的力。图 4.36 给出三种机械式测力仪器。图 4.36(a) 为一钢环式测力计,当钢环受力时产生变形,由百分表测量钢环的变形,再转换为钢环所受的力;图 4.36(b) 所示的压力计通过一杠杆机械装置来测量钢环的变形;图 4.36(c) 为钢丝测力计,它利用测量张紧钢丝的微小挠曲变形,得到钢丝的张力。机械式力传感器的优点是使用方便且性能稳定,但不能自动记录,精度较低,为 1% ~2% 的量程。

　　目前使用最广泛的测力仪器为电阻应变式力传感器。它利用安装在力传感器上的电阻应变片测量传感器弹性变形体的应变,再根据弹性体应力应变的关系将应变转换为弹性体所受的力。精度为 0.1% ~0.2% 的量程。图 4.37 为两种典型的电阻应变式力传感器:一种为空心柱式结构,在柱体上加工了内螺纹,传感器既可以用来测量压力,也可以利用内螺纹来安装连接件并测量拉力;另一种为轮辐式结构,传感器受力时,安装在"辐条"上的电阻应变片可以测量辐条的剪应变,这种传感器的高度较小,适用于超静定结构中支座反力的测量。

　　振动弦式力传感器的测量原理与电阻应变式力传感器的测量原理基本相同。在振动弦式力传感器中,安装了一根张紧的钢弦,当传感器受力产生微小的变形时,钢弦张紧程度发生变化,使得其自振频率随之变化,测量钢弦的自振频率,根据自振频率和边界条件就可以得到传感器所受到的力。

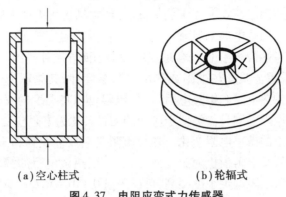

(a)空心柱式　　　　　　　　(b)轮辐式

图4.37　电阻应变式力传感器

4.4.6　温度测量仪表

在结构静载试验中,温度的变化很可能对实际结构的应力分布、变形性能和承载能力产生影响。常温作用下,温度应力常常使混凝土结构出现裂缝,较为典型的是桥梁工程中的混凝土箱形结构。新浇灌的大体积混凝土产生水化热,热加工的工业厂房结构常年处在较高的环境温度下,火灾发生时结构的承载能力降低等,这使得温度成为结构设计中必须考虑的因素之一。因此,结构试验中有时也要求对温度进行测量。

测温的方法很多,从测试元件与被测材料是否接触来分,可以分为接触式测温和非接触式测温两大类。接触式测温是基于热平衡原理,测温元件与被测材料接触,两者处在同一热平衡状态,具有相同的温度,如水银温度计、热电偶温度计。非接触式测温是利用热辐射原理,测温元件不与被测材料接触,如红外温度计。以下主要介绍接触式温度测量仪表中的热电偶温度计和热敏电阻温度计。

热电偶的基本原理,如图4.38所示,它由两种不同材料的金属导体A和B组成一个闭合回路,当节点1的温度T不同于节点2的温度T_0时,闭合回路中产生电流或电压,其大小可由图中的电压表测量。实验表明,测得的电压随温度T的升高而升高。由于回路中的电压与两节点的温度T和T_0有关,故将其称为热电势。一般说来,在任意两种不同材料导体首尾相接构成的回路中,当回路的两接触点温度不同时,在回路中就会产生热电势,这种现象称为热电效应。由于热电势是以两节点存在温差为前提,因而也称为温差电势,这两种不同导体的组合就称为热电偶,A和B称为热电极。在混凝土结构内部进行温度测试时,常用直径较小的铠装热电偶。实用热电偶测温电路一般由热电极、补偿导线、热电势检测仪表3个部分组成。

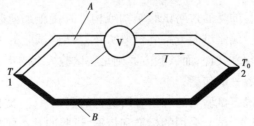

图4.38　电热偶原理

A、B—导体;1、2—节点

热电偶温度计一般适用于 500 ℃以上的较高温度,在结构防火抗火试验中常用热电偶温度计。对于中、低温环境,使用热电偶测温就不一定合适,因为温度较低时,热电偶输出的热电势很小,影响测量精度,参考端(冷端)也很容易受环境影响而导致补偿困难。

当温度较低时,可采用金属丝热电阻或热敏电阻温度计,其原理为金属的电阻温度效应。常用的金属测温电阻有铂热电阻和铜热电阻,这种电阻可以将温度的变化转换为电阻的变化,因此温度的测量转化为电阻的测量。类似于应变的测量转化为电阻应变片的电阻测量,可以采用电阻应变仪测量热电阻的微小电阻变化。热敏电阻是金属氧化物粉末烧结而成的一种半导体,与金属丝热电阻相同,其电阻值也随温度而变化,一般热敏电阻的温度系数为负值,即温度上升时电阻值下降。热敏电阻的灵敏度很高,可以测量 $0.001 \sim 0.000\ 5$ ℃的微小温度变化,此外,它还有体积小,动态响应速度快,常温下稳定性较好,价格便宜等优点。也可以采用电阻应变仪测量热敏电阻的微小电阻变化。热敏电阻的主要缺点是电阻值较分散,测温的重复性较差,老化快。

4.5 结构静载试验准备与实施

试验前的准备,泛指正式试验之前的所有工作,包括试验规划和准备两个方面。这两项工作在整个试验过程中,时间最长,工作量最大,内容也最庞杂。准备工作的好坏,将直接影响试验成果。因此,每一阶段每一细节都必须认真、周密地进行。准备前需要把握信息,这就需要调查研究,收集资料,充分了解本项试验的任务和要求,明确目的,使规划试验时心中有数,以便确定试验的性质和规模,试验的形式、数量和种类,从而正确地进行试验设计。

鉴定性试验中,调查研究主要是向有关设计、施工和使用单位或人员收集资料:设计方面包括设计图纸、计算书和设计所依据的原始资料(如地勘资料、气象资料和生产工艺资料等);施工方面包括施工日志、材料性能试验报告、施工记录和隐蔽工程验收记录等;使用方面主要是使用过程、超载情况或事故经过等。

科学研究性试验中,调查研究主要是向有关科研单位和情报部门以及必要的设计和施工单位收集与本试验有关的历史(如前人有无做过类似的试验,采用的方法及其结果等)、现状(如已有哪些理论、假设和设计、施工技术水平及材料、技术状况等)和将来发展的要求(如生产、生活和科学技术发展的趋势与要求等)等方面的资料。

4.5.1 结构静载试验大纲

结构静力荷载试验的目的是通过对试验结构或构件直接施加荷载作用,采集试验数据,认识并掌握结构的力学性能。编制试验方案和试验大纲是结构试验的一个关键环节。试验大纲是控制整个试验进程的纲领性文件,而试验方案则是在试验大纲的指导下具体实施结构试验的设计文件。试验大纲的内容一般包括:

①概述。简要介绍为确定试验目的和内容所进行的调查研究,文献综述和已有的试验研究成果,提出试验的目的和意义,试验采用的标准和依据,试验的基本要求,理论分析和计算等。

②试件设计及制作工艺。说明主要试验参数,列表给出试件的规格和数量,绘制试件制作施工图,给出预埋传感元件技术要求,提出对材料性能的基本力学性能指标,说明关键制作及安

装工艺要求。

③加载方案与设备。包括荷载种类及数量,加载设备装置,荷载图式及加载制度等。

④测试方案和内容。本项目也称为观测设计,主要说明观测项目,测点布置,测量所用的仪器仪表的性能指标,数据采集和记录,传感器的标定,测量仪表的补偿措施等。

⑤安全技术措施。包括人身和设备、仪器仪表等方面的安全防护措施。

⑥试验组织管理。包括试验进度计划,人员组织分工,指挥调度程序,相关技术资料管理等。

⑦试验报告。描述试验现象及现场照片,记录主要试验结果、环境条件及仪器设备标定参数,试验数据整理归档等。

⑧附录。包括所需器材、仪表、设备及原材料总量清单,观测记录表格,以及必要的辅助试验说明等。

整个试验的准备需充分,规划需细致、全面。每项工作及每个步骤需十分明确。防止盲目追求试验次数多,仪表数量多,观测内容多和不切实际地提高量测精度等,而给试验带来害处和造成浪费,甚至使试验失败或发生安全事故。

4.5.2　试件设计

结构试验的试件可以是整个结构或结构的一部分,或结构中的构件。一般可以将结构试验的对象统称为试件。当不能采用与实际结构相同的尺寸制作试件时,可以采用缩小比例的模型。本节讨论的试件设计主要是指在结构实验室内进行试验的试件。

试件设计应包括试件形状、试件尺寸与数量以及构造措施,同时还必须满足结构与受力的边界条件、试验的破坏特征、试验加载条件的要求,要能够反映研究的规律,能够满足研究任务的需要,以最少的试件数量得到最多的试验数据。

（1）试件形状

试件形状设计的基本要求是在规定的荷载条件下,试件的受力特征可以反映实际结构的受力特征,实现试验目的。试件根据受力特征,可分为基本构件和结构试件两类。基本构件试件是指结构体系中的梁、柱、板、杆等,结构试件包括单一结构（如双向板、剪力墙、壳体等）和由基本构件组合而成的结构。

规则框架结构的试件形状的选取见第2章。对无梁平板结构中的板柱节点,其试件可取如图4.39所示的形状,板的两个方向的长度根据相应方向上的反弯点位置来确定。通常只在板的一侧保留柱头,这对板柱节点的冲切破坏没有任何影响,但试件制作工艺大大简化。

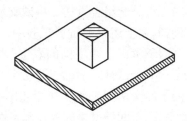

图4.39　无梁楼盖板柱节点试件

（2）试件尺寸

试验所用到的试件尺寸选取主要考虑试验成本、试验设备能力、试件尺寸对试件性能的影响等因素，试件的尺寸和大小，一般可分为真型（实物或足尺结构）和模型两大类。试件尺寸和实际结构尺寸相同时，称为足尺试件，尺寸明显小于实际结构尺寸时，称为模型试件。

以研究构件或截面力学性能为主要目的时，预应力混凝土和钢筋混凝土试件的尺寸由材料特性所要求的最小尺寸控制。如果采用与实际结构相同的材料，试件尺寸应满足粗骨料最大粒径、钢筋直径、预应力孔道直径等因素所要求的最小尺寸。例如，在钢筋混凝土受弯构件的裂缝宽度试验研究中，考察裂缝宽度的影响因素有很多，如钢筋直径及间距、保护层厚度等。按照《混凝土结构设计规范》，钢筋混凝土梁的保护层厚度取为 25 mm，相应的截面高度一般应不小于 300 mm，使截面高度与截面有效高度的比值（h/h_0）与实际尺寸构件大致接近。钢筋混凝土框架节点处因梁柱交接，钢筋较密，节点试件的尺寸应保证节点的构造特点与实际结构相同。由于尺寸效应的影响，不同尺寸的试件可能得到不同的试验结果，试件设计时必须加以注意。

钢结构节点的构造和连接有其自身的特点，采用高强螺栓连接或焊接连接的节点，其性能与高强螺栓尺寸或焊接热应力影响区大小有关，尺寸效应影响明显，为消除尺寸效应的影响，一般选用足尺试件或尺寸相近的试件，取真型比例的 1/2 ～1。

砌体结构也有类似的特点。砌体结构中，块体和灰缝的尺寸都是相对固定不变的，砌体结构试件的尺寸必须满足块体和灰缝尺寸的基本要求，一般取为真型的 1/4 ～1/2。我国兰州、杭州和上海地区先后做过 4 栋足尺砖石和砌块多层房屋以及若干单层足尺房屋试验。

对于整体结构试验，由于受各方面条件的限制，往往只能采用缩尺比例较大的模型试件。

（3）试件数目

在进行试件设计时，除了对试件的形状尺寸应进行仔细研究外，对于试件数目即试验量的设计也是一个不可忽视的重要问题，试件的数量取决于结构试验的目的及试验参数的选取，同时也受限于试验研究、经费和时间等因素。

对于生产性和鉴定性的试验，试验目的是检验试验对象的力学性能是否满足规范和设计的要求，试件数目可参照相关的规范和技术标准的规定选取。如对于预制厂生产的一般工业和民用建筑钢筋混凝土和预应力混凝土预制构件的质量检验和评定，可参照《预制混凝土构件质量检验评定标准》（GBJ 321—90）中结构性能检验的规定，确定试件的数量。

对于研究型结构试验，试验对象是根据研究的要求专门设计制造的，试件的数量由试验目的所规定的试验参数决定。例如，在钢筋混凝土梁的抗剪性能试验中，混凝土强度、梁的剪跨比、纵筋配筋率、配箍率、截面高宽比、配筋方式、加载方式、截面尺寸等因素对抗剪性能均有影响，这些因素可能相互独立，也可能相互影响。在通过试验了解梁的性能以前，我们不能得到这些影响因素的量化信息。最简单的方法是全组合方法。将试验参数的数目称为因子数，每个因子可能取值的数目称为水平数。例如，在上述梁的抗剪试验中，只考虑剪跨比、配箍率、混凝土强度、纵筋配筋率等 4 个因子，每个因子考虑 3 个不同的取值（水平数为 3）。如果每个因子的每个水平都进行组合，一共需要 $3^4 = 81$ 个试件。显然试件数目太多，耗费过多财力物力，以致试验项目难以进行。如果这 4 个因子确实两两之间存在相互影响，例如，如果混凝土强度对梁的抗剪强度的影响与剪跨比、配箍率、纵筋配筋率之间存在确定性关系，为量化的确定这些相互关系，只能采用全组合方法。但在制订试验大纲时，根据调查研究和理论分析，可以对有些影响因子做出相互独立的假定，采用正交试验法进行结构试验，正交试验方法见第 2 章。

(4)结构试验对试件设计的要求

在试件设计中,除了确定试验形状、尺寸和数量外,还必须考虑试件的荷载条件、边界条件的变化及测试方面的要求,结构试验的试件不同于实际结构或构件。为满足加载及测量的要求,需在试件上做出必要的构造措施。具体包括:

①对于钢筋混凝土和预应力混凝土试件,在集中荷载作用点和支座部位预埋钢板,防止局部破坏。在钢筋混凝土框架结构的角节点、可能发生剪切破坏的简支梁支座截面等部位,钢筋的细部构造应满足力的传递和锚固要求。钢筋混凝土框架作恢复力特性试验时,应设置预埋构件以便加载用的液压加载器或测力传感器联接以满足框架端部侧面施加反复荷载的需要,为保证框架柱脚部分与试验台的固接,一般均设置加大截面的基础梁(图4.40)。

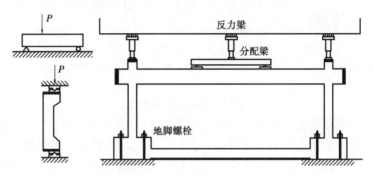

图4.40 梁、柱、框架和桁架试件局部加强示例

②砌体结构试件中,为使施加在试件的垂直荷载能均匀传递,一般将砌体砌筑在预制的钢筋混凝土垫块上(图4.41),上表面采用坐浆的方法安装承受荷载作用的垫块。

③在钢筋混凝土偏心受压构件试验中,在试件的梁端做成牛腿以增大端部承压面,便于施加偏心荷载,并在上下端加设分布钢筋网。

④为保证试验量测的可靠性和仪器安装方便,在试件内需预设埋件或预留孔洞,如安装杠杆应变仪时,需要配合夹具形式及标距大小预埋螺栓或预留孔洞;用接触式应变仪量测试件表面应变时应埋设相应的测点标脚;为测量混凝土内部应变、钢筋应变或温度,在浇灌混凝土前预埋应变传感器或温度传感器,并设置相应防护措施。

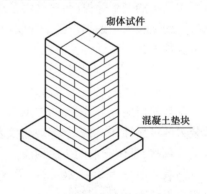

图4.41 预制钢筋混凝土垫块上的砌体

由于结构试验的目的不同,试件的构造要求和技术措施可能各不相同。应结合试验加载和观测方案,仔细考虑试件的细部构造以保证试验的顺利进行。

4.5.3 加载和观测方案

1)加载方案

加载方案的确定与试验性质和试验目的、试件的结构形式和大小、荷载的作用方式和选用加载设备的类型、加载制度的选择和要求以及试验经费等众多因素有关,需要综合考虑。通常在满足试验目的的前提下,尽可能按试验方法标准中规定的技术要求进行,使确定的方案合理、经济和安全可靠。本节将对加载程序和加载制度进行讨论。

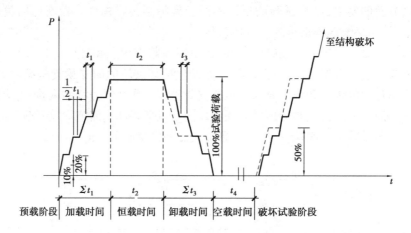

图 4.42　静载试验加载程序

图 4.42 给出一个典型的试验加载方案。试验采用分级加载制度,先分级加载到试验大纲规定的试验荷载值,满载状态停留一段时间,观测变形的发展,然后分级卸载。空载状态停留一段时间,再分级加载至破坏。也可以将图 4.42 的前一段加载程序作为预加载试验程序,主要为了考察加载装置、仪器仪表等是否工作正常,这一阶段施加的荷载通常不应使结构受到损伤。第二段加载程序为主要试验程序,即正式试验是从零开始,分级加载直到破坏。

加载制度的确定与分级加(卸)载的目的:一是为了控制加(卸)载速度;二是便于观察试验过程中结构的变形等情况;三是为了统一加载步骤。加载制度的设计与试验观测的要求有关,同时受到试验采用的加载设备和仪器仪表的限制。结构试验过程中需要观测记录各种数据,有些试验数据必须使试件保持在某一个受力状态时才能被有效的采集。例如,钢筋混凝土结构或构件的试验中,需要观测截面开裂的荷载及开裂部位,裂缝宽度及裂缝的分布等。

(1)预载阶段

预载的目的:①使试件的支承部位和加载部位接触良好,进入正常工作状态;②检查全部实验装置的可靠性;③检查全部观测仪表是否正常工作。总之,通过预载可以发现问题而进一步改进或调整,是试验前的一次预演。

预载一般分为 2~3 级进行,预载值一般不宜超过标准荷载值的 40%,对混凝土构件,预载值应小于计算开裂荷载值。

(2)正式加载阶段

①荷载分级。

标准荷载之前,每级加载值宜为标准荷载的 20%,一般分 5 级加至标准荷载,标准荷载以后,每级不宜大于标准荷载的 10%,当荷载加至计算破坏荷载的 90% 以后,为了确定准确的破坏荷载值,每级应取不大于标准荷载的 5%。对需要作抗裂监测的结构,加载至计算开裂荷载的 90% 后,应改为不大于标准荷载的 5% 进行施加,直至第一条裂缝出现。

当试验结构同时施加水平荷载时,为保证每级荷载下的竖向荷载和水平荷载的比例不变,试验开始时首先应施加与试件自重成比例的水平荷载,然后再按规定的比例同步施加竖向和水平荷载。

②分级间隔时间。

为了保证在分级荷载下所有量测内容的仪表读数的准确性和避免不必要的误差,要求不同结构在每级荷载加完后应有一定的级间停留时间,其目的是使结构在荷载作用下的变形得到充分发挥和达到基本稳定后再量测。为此试验方法标准中规定,钢结构一般不少于 10 min,混凝土结构、砌体结构和木结构应不少于 15 min。

③恒载时间。

恒载时间是指结构在短期标准荷载作用下的持续时间。结构在标准荷载下的状态是结构的长期实际工作状态。为了尽量缩小短期试验荷载与实际长期荷载作用的差别,恒载时间应满足下列要求:钢结构不少于 30 min;钢筋混凝土结构不少于 12 h;木结构不少于 24 h;砖砌体结构不少于 72 h。

④空载时间。

空载时间是指卸载后到下一次重新开始加载之间的间隔时间。空载时间规定对研究性试验是完全必要的,因为结构经受荷载作用后的残余变形和变形的恢复情况均可说明结构的工作性能。要使残余变形得到恢复需要有一定的空载时间,相关试验标准规定:对一般钢筋混凝土结构取取 45 min;跨度大于 12 m 的结构取 18 h;钢结构取 30 min。为了解变形恢复过程需定期观测和记录变形值。

(3)卸载阶段

卸载一般按加载级距进行,也可放大 1 倍或分 2 次卸完。视不同结构和不同试验要求而定。

2)观测方案

在进行结构试验时,为了对结构物或试件在荷载作用下的实际工作有全面的了解,为了真实而正确地反映结构的工作状态,就要求利用各种仪器设备测出结构反应的某些参数,为分析结构工作提供科学依据。因此在正式试验前,应拟定测试方案。

按照试验的目的和要求,试验观测方案应该包括以下内容:

(1)确定观测项目

在结构静力荷载试验中,荷载作用下的变形可分为两类:一类是反映结构的整体工作状态,如梁的挠度、转角、支座偏移等,为整体变形;另一类是反映结构的局部工作状态,如应变、裂缝、钢筋滑移等,为局部变形。在考虑温度影响的静载试验中,还应考虑温度的测量。

在确定试验的观测项目时,首先应该考虑整体变形,因为整体变形能够概括结构工作的全貌,结构任何部位的异常或局部破坏都能在整体变形中得到反映。例如,通过对钢筋混凝土简支梁跨中控制截面内力(弯矩)与挠度曲线的量测(图 4.43),不仅可以得到结构刚度的变化,而且可以了解结构的开裂、屈服、极限承载力和极限变化及其他方面的性能,其挠度曲线的不正常发展变化,还能反映结构的其他特殊情况。

在生产性试验中,往往只需要测量结构所受荷载及荷载作用的整体变形,就可以对结构是否满足

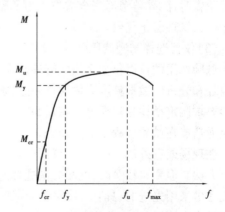

图 4.43　钢筋混凝土简支梁弯矩-挠度曲线

设计要求做出判断。在缺乏量测仪器的情况下,只测定最大挠度一项也能做出基本的定量分析,说明结构变形测量是观测项目中必不可少的。关于曲率和转角变形的量测及支反力的量测,也是实测分析的重要观测项目,在超静定结构中应用较多,通过量测可以绘制结构的内力图。

转角的测量也是静载试验中重要的观测项目。在有些受力条件下,可以利用位移测量数据计算结构或构件的转角,但有时需采用转角测量仪器测量结构某一局部的转角,如框架结构节点的转动。

局部变形量的观测能够反映结构不同层次的受力特点,说明结构整体性能,是必不可少的观测项目。例如,钢筋混凝土结构的裂缝出现直接说明其抗裂性能,而控制截面上的应变大小和方向则可分析推断截面的应力状态,验证设计和计算方法是否合理正确。通过钢结构应变测试可以判断结构失稳破坏属于弹性失稳还是属于非弹性失稳,利用挠曲构件各个部位的曲率分布可以推算结构的整体挠曲变形。在破坏性试验中,实测应变又是推断和分析结构最大应力及极限承载力的主要指标。在结构处于弹塑性阶段时,实测应变、曲率或转角、位移也是判定结构工作状态和结构抗震性能的主要依据。

总的来说,破坏性试验本身能充分说明问题,因此,观测项目和测点可以少些,而非破坏性试验的观测项目和测点布置,则必须满足分析和推断结构工作状况的最低需要。

(2)测点布置

对结构或构件进行内力和变形等各种参数的量测,测点的选择和布置有以下原则:

在满足试验目的的前提下,测点宜少不宜多,这样不仅可以节省仪器设备,避免人力浪费,而且使试验工作重点突出,精力集中,能提高效率和保证质量。

测点的位置必须有代表性,便于分析和计算。通常选择结构受力最大的部位布置局部变形测点。简单构件往往只有一个受力最大的部位,如简支梁的跨中部位和悬臂梁的支座部位。超静定结构、多个杆件组成的静定结构、多跨结构有多个控制截面,如桁架结构的支座部位、上下弦杆、直腹杆和斜腹杆等。

为了保证量测数据的可靠性,应布置一定数量的校核性测点,防止偶然因素导致测点数据失效。如条件允许,宜在已知参数的部位布置校核性测点,以便校核测点数据和测试系统的工作状态。

测点的布置应使试验工作安全、方便地进行,特别是当控制部位的测点大多数处于比较危险的位置时,因妥善考虑安全措施。为了测读方便,减少观测人员,测点的布置也应适当集中,便于一人管理若干仪器。

(3)仪器选择与测读原则

试验选用的仪器仪表必须能够满足观测所需的精度和量测要求。测量数据的精度应与结构设计和分析的数据精度大体保持一致,防止盲目选用高精度和高灵敏度的精密仪器。一般的试验要求测定结构相对误差不超过5%。测试仪器应有足够的量程,尽量避免因仪器仪表量程不足而造成在试验过程中的重新安装。

在现场或室外试验中,由于仪器所处条件和环境复杂,影响因素众多,电测方法适应性不如机测方法。但测点较多时,电测方法处理能力更强。在现场试验或实验室内进行结构试验时可优先考虑采用先进的、具有自动采集、存储测试数据能力的测试仪器,以加快试验进程,减少测试中的人为错误。

量测仪器的规格和型号应尽可能相同,这样既有利于读数方便,又有利于数据分析,减少读数和数据分析的误差。

仪器的测读试件应在每加一级荷载后的间歇时间内,全部测点读数时间应基本相同,只有在同一时间测得的数据才能说明结构在某一承载状态下的实际情况。

对重要控制点的量测数据,应边记录边整理,并与预先估算的理论值进行比较,以便发现问题,查找原因,及时修正试验进程。为了消除试验的观测误差,可以选择控制测点或校核测点,采用两种不同的测试方法进行对比测试。每次记录仪表读数时,应同时记下当时的天气情况,如温度、湿度、晴天或阴雨天等,以便发现气候变化对读数的影响。

3)试验前技术准备

试验前准备工作包括以下几部分:

(1)材料物理力学性能测定

结构材料的物理力学性能指标,对结构性能有直接的影响,是结构计算的重要依据。试验中的荷载分级,试验结构的承载能力和工作状况的判断与估计,试验后的数据处理与分析等都需要在正式试验之前,对结构材料的实际物理力学性能进行测定。

测定项目通常有强度、变形性能、弹性模量、泊松比、应力-应变关系等。

测定的方法有直接测定法和间接测定法。直接测定法是将在制作结构或构件时留下的小试件,按有关标准方法在材料试验机上进行测定,间接测定法通常采用非破损试验法,即对结构或构件进行试验,测定与材料性能有关的物理量并推算出材料性质参数,不破坏结构、构件。

在钢筋混凝土结构静载试验前,应先得到试件混凝土的强度等级、混凝土轴心抗压强度、钢筋的屈服强度和抗拉强度。根据试验要求的不同,还可以进行混凝土轴心抗拉强度的试验和混凝土弹性模量的试验。钢结构的材料性能试验主要是钢材性能的试验,其中最重要的指标是钢材的屈服强度。如果试验有可能进行到较大变形的状态,最好能预先测定钢材的应力-应变曲线,以便准确把握钢结构在弹塑性大变形阶段的力学性能。砌体结构的材料性能试验主要是块体和砂浆的强度性能试验。以实测的块体强度和砂浆强度为基础,按照砌体结构理论的有关公式,计算得到砌体的抗压强度、抗剪强度、弹性模量等指标。

(2)试验设备与试验场地的准备

试验计划应用的加载设备和量测仪表,试验之前应进行检查、修整和必要的标定,以保证其能达到试验的使用要求。标定需有报告,以供资料的整理或使用过程中的修正。

试验场地,在试件进场之前也应加以清理和安排,包括水、电、交通的安排和清除不必要的杂物,集中安排好试验使用的物品。必要时,应做场地平面设计,架设或准备好试验中的防风、防雨和防晒设施,避免对荷载和量测造成影响。现场试验的支承点的耐力应经局部验算和处理,下沉量不宜太大,保证结构作用力的正确传递和试验工作的顺利进行。

(3)试件安装就位

对于现场试验,在试验之前必须对试验现场进行清理,检查电、水、交通等试验必备条件,架设临时试验设施,检查现场试验时的临时支墩,设置安全警示标志。现场清理后,对结构试验区域进行测量画线,标明加载区域或位置,进行测点布置。

按照试验大纲的规定和试件设计要求,在各项准备工作就绪后即可将试件安装就位。保证试件在试验全过程都能按预定的受力条件工作,避免因安装错误而产生附加应力或出现安全事故。

简支结构的两个支点应在同一水平面上,高差宜控制在不大于试件跨度的1/50的范围内。试件、支座、支墩或台座之间应紧密接触,尽量避免出现缝隙而导致试件受力不均匀。悬臂柱试件的底梁应与实验室地面紧密结合,并保证悬臂柱在两个方向均处于垂直状态(图4.44),避免轴向荷载因初始缺陷而产生附加弯矩。有时为保证各部位结合良好,常采用水泥砂浆坐浆或铺垫湿砂的方法处理接合面。

(4)加载设备和量测仪表安装

加载设备的安装一般分为两种情况。施加垂直荷载的加载设备和装置,包括加载设备、测力传感器和荷载分配系统;而施加水平荷载时,还应考虑加载设备与试件之间的连接装置,加载设备及传感元件的支撑装置。

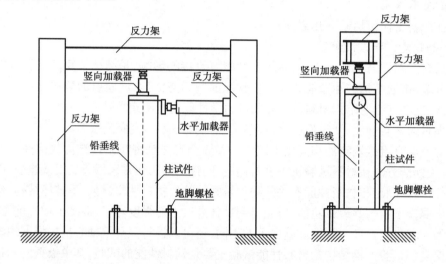

图4.44　悬臂柱试验

大型结构试验时,应架设相互独立的仪表架和观测架。测量仪表安装在仪表架上,测量人员对仪表读数或对试件进行观察时使用观测架。加载设备及传感器必须有独立的安装连接装置。当试件发生破坏时,加载体系自身应能够维持平衡状态,避免发生安全事故,避免造成人员和设备的损失。对平面结构进行静载试验时,必须设置平面外的支撑体系,防止试件发生平面外的破坏。

仪表安装位置按观测设计确定。安装后应及时把仪表号、测点号、位置和相接仪器上的通道号一并记入记录表中。调试过程中如有变更,记录也应及时做相应的改动,以防混淆。接触式仪表还应有保护措施,如加带悬挂,以防振动掉落损坏。

4.6　结构静载试验示例

本节以偏心受压柱的静载试验示例说明该类静载试验的步骤、方法和试验内容等。

1)试验目的

随着我国经济建设的快速发展,每年不可避免地产生上亿吨建筑垃圾。合理利用这些废弃混凝土,不仅可以解决过度开采砂石材料引起的资源匮乏及生态破坏问题,还有助于实现混凝土材料的可持续发展。建筑结构中柱是重要的受力构件,将再生混凝土柱应用于实际工程中,就需要通过试验对其受力性能做进一步的研究。试验以钢纤维体积率和混凝土强度等级为参数设计了五组钢纤维再生混凝土柱进行静载试验,用来研究钢纤维再生混凝土柱的受力性能。

2)试件设计和制作

试验主要以钢纤维体积率、混凝土强度等级为变量,试验构件的设计依据《混凝土结构设计规范》(GB 50010—2012)的相关规定,结合试验的研究因素共设计了 5 组钢纤维再生混凝土柱,每组构件分为 A、B 两根,构件的截面尺寸为 300 mm × 150 mm,长度为 1 800 mm,初始偏心距为 160 mm,混凝土保护层厚度设计为 25 mm,具体试验构件设计见表 4.1。柱一侧钢筋为直径 16 mm 的 HRB500 级钢筋,柱另一侧钢筋为直径 14 mm 的 HRB500 级钢筋,箍筋为直径 8 mm 的 HPB300 级钢筋,箍筋间距为 150 mm,柱两端箍筋加密,间距为 100 mm。在钢筋笼的两端焊加钢板,为防止构件端部出现局部压碎,柱的端部均设有牛腿。试件尺寸及牛腿尺寸,如图 4.45 所示。

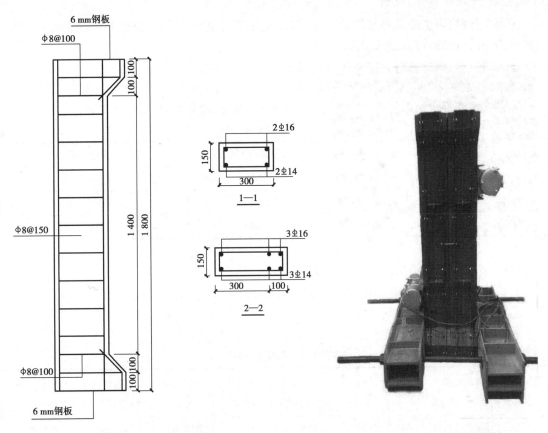

图 4.45　柱尺寸及配筋图　　　　图 4.46　柱立式浇筑模板

本次试验构件的模板采用钢模版,混凝土采用立式浇筑的方法。在浇筑之前先将钢模板平放,在模板内部表面刷涂润滑剂,放入钢筋笼,随后将钢模板立起来,钢模板下方加支撑固定,采用附着式振动器振动,如图 4.46 所示。为了方便记录钢筋应变片的位置,把钢筋笼放入模板之前要先对钢筋应变片进行编号,在钢模板上钻孔引出钢筋应变片导线,并将其按顺序放好。与柱同批浇筑并同条件养护边长 150 mm × 150 mm × 150 mm 立方体试块和 150 mm × 150 mm × 300 mm 的棱柱体试块,分别测定钢纤维再生混凝土的立方体抗压强度、劈裂抗拉强度及轴心抗压强度和弹性模量。

表4.1 试验构件设计

试件编号	钢纤维体积率(%)	混凝土强度等级	$b \times h \times l$(mm)	偏心距(mm)
RC40-1.2	1.2	RC40		
RC40-1.6	1.6	RC40		
RC40-2.0	2.0	RC40	$300 \times 150 \times 1\,800$	160
RC50-1.2	1.2	RC50		
RC60-1.2	1.2	RC60		

注:b,h,l分别表示试件的截面宽度、截面长度和试件长度。

3)试验材料及配合比设计

①再生骨料:再生细骨料及粒径为5~16 mm的再生粗骨料均来自废弃混凝土构件,通过对这些构件进行破碎筛分处理得到。

②天然骨料:天然骨料为粒径在16~25 mm的连续级配碎石。

③水泥:维尼为孟电水泥厂生产的P.O42.5普通硅酸盐水泥。

④根据规范规定对钢筋进行拉拔试验,测得屈服强度、极限强度,如表4.2所示。

表4.2 钢筋实测强度

级别	直径(mm)	屈服强度(MPa)	极限强度(MPa)
HRB500	16	560	705
HRB500	14	550	705
HPB300	8	440	505

⑤水:拌和水及养护用水均来自普通自来水。

⑥钢纤维:钢纤维为铣削型钢纤维,长度32 mm,有效直径0.8 mm。

⑦外加剂:聚羧酸高效减水剂。

⑧混凝土配合比,如表4.3所示。

表4.3 混凝土配合比

设计强度等级	钢纤维体积率(%)	水灰比	水(kg/m³)	水泥(kg/m³)	粉煤灰(kg/m³)	再生砂(kg/m³)	再生粗骨料(kg/m³)	天然粗骨料(kg/m³)
RC40	1.2	0.44	200	455.74	/	717.83	538.25	358.83
	1.6	0.44	200	455.74	/	726.06	526.23	350.82
	2.0	0.44	200	455.74	/	733.30	514.22	342.81
RC50	1.2	0.28	175	562.50	62.50	700.54	480.56	393.26
RC60	1.2	0.24	165	584.38	103.13	689.34	472.06	386.30

4) 测点布置及加载方案

（1）测量内容

①各级荷载作用下,钢筋和混凝土的应变变化规律、平截面混凝土应变变化是否符合平截面假定及钢筋和混凝土的极限应变。

②各级荷载作用下,钢纤维再生混凝土柱的侧向变形、裂缝开展情况及裂缝宽度。

③钢纤维再生混凝土柱的开裂荷载、极限荷载等特征荷载。

（2）测点布置

①钢筋应变片的布置。

纵向受压钢筋在每根钢筋的跨中位置处各粘贴1个钢筋应变片,纵向受拉钢筋应变片粘贴的位置则沿两根钢筋跨中向两端根据计算的平均裂缝间距交叉布置7个,如图4.47所示。

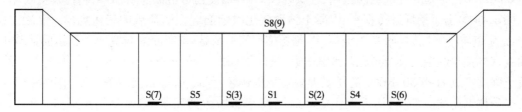

图4.47　**钢筋应变片布置图**

②混凝土应变片的布置。

为测得混凝土的应变变化情况及极限应变,在柱受拉和受压侧跨中各布置1个混凝土应变计,在柱的跨中截面受压区布置3个混凝土应变计,受拉区受拉钢筋所在位置处布置1个混凝土应变计,以测量混凝土应变沿截面高度的变化情况,如图4.48所示。

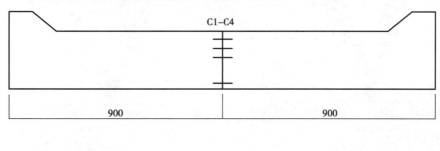

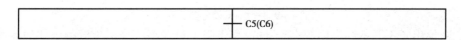

图4.48　**混凝土应变计布置图**

③位移计的布置。

为测得柱在各级荷载作用下的侧向变形,钢纤维再生混凝土柱共布置5个位移计,在柱受拉侧跨中、两端及1/4、3/4处,各固定一个位移计。

（3）加载方案

加载方案主要依据《混凝土结构试验方法标准》（GB 50152—2012）的规定制定。本次试验加载过程中主要采用荷载控制的方法,在开始正式加载前,先预加载至开裂荷载的50%左右,预加载一共分 3 级进行,每级加载后持荷 5 min,预加载完成后再分级卸载。正式加载过程中同样分级进行加载,每级加载值取极限荷载的 1/10,持荷时间在 8 min 左右,持荷时待试件变形稳定后,记录试验数据。然后施加下一级荷载,当加载至开裂荷载的 60% 左右时,每级加载值取 10 kN,当受拉区裂缝发展至受拉钢筋所在位置处时的荷载值即为柱的开裂荷载,达到开裂荷载后,每级加载值仍取计算的极限承载力的 1/10,当荷载达到承载力计算值的 80% 后,每级加载值取为原来的 1/2,分级加载至构件发生破坏。

(4)主要试验结果

混凝土强度为 C40 的试件破坏过程基本属于受压区混凝土先被压碎,同时受拉钢筋达到屈服强度或者接近屈服强度,构件发生破坏,试件的破坏形态属于大偏心和小偏心破坏之间的界限偏心受压破坏。C50 和 C60 的柱破坏过程和破坏形态类似,属于典型大偏心受压破坏,在加载至 655 kN 时,牛腿处弯起纵筋拉断,柱头处突然破坏,受压区混凝土被压碎,构件发生破坏。

图 4.49 给出了钢纤维体积率、混凝土强度变化时钢筋应变随荷载的变化规律。混凝土强度等级为 RC40 的柱属界限受压破坏,纵向受拉钢筋的荷载-应变曲线与纵向受压钢筋荷载-应变曲线基本关于纵轴对称,同级荷载作用下,纵向钢筋的受拉应变和受压应变大小基本一致。混凝土强度等级为 RC50、RC60 的柱属大偏心受压破坏,荷载相同时,受拉侧钢筋的应变值明显大于受压侧钢筋的应变值,构件发生破坏时受拉钢筋均达到屈服应变,受压钢筋未达到屈服应变。

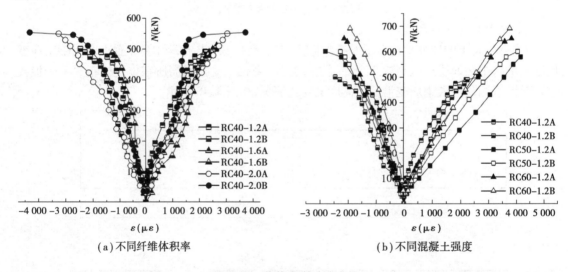

(a)不同纤维体积率　　　　　　　　　(b)不同混凝土强度

图 4.49　荷载-钢筋应变曲线

图 4.50 给出了不同钢纤维体积率、不同混凝土强度等级钢纤维再生混凝土柱的荷载-跨中混凝土压应变曲线。加载初期构件处于弹性工作阶段,荷载与混凝土应变基本呈线性关系,随着加载的进行,混凝土压应变的增长速率逐渐大于荷载的增长速率,荷载与混凝土应变之间的线性关系减弱,荷载值接近构件承载力时,荷载不变,混凝土压应变迅速增长至最大值,混凝土被压碎,构件发生破坏。

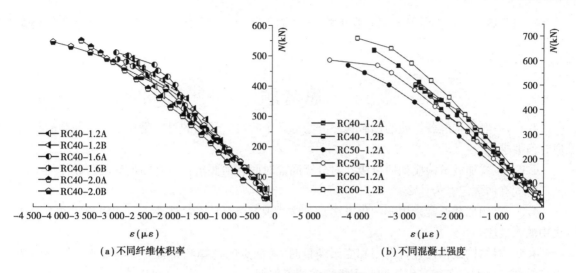

（a）不同纤维体积率   （b）不同混凝土强度

图4.50　荷载-混凝土应变曲线

图4.51给出了不同钢纤维体积率、不同混凝土强度时的荷载-跨中侧向变形曲线。加载初期构件处于弹性变形阶段，荷载-跨中侧向变形为线性关系，加载至后期，柱跨中侧向变形的增加速度明显增大，荷载-跨中侧向变形表现为非线性。构件接近破坏时，侧向变形曲线发展为水平曲线，即荷载不变而跨中侧向变形迅速增大，构件发生破坏。

得出结论：①钢纤维再生混凝土柱的破坏过程及破坏形态与普通混凝土柱类似，加载过程中柱的正截面应变基本符合平截面假定；②在相同荷载下，偏心受压构件的侧向变形随混凝土强度等级的增大而减小，说明随着混凝土强度的增大，柱的侧向刚度有所增强；③对于钢纤维再生混凝土偏心受压柱，正截面承载力可以采用现行混凝土规范规定的公式进行计算。

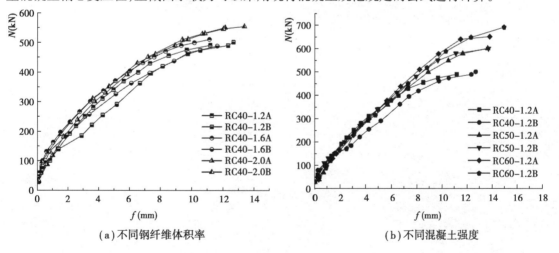

（a）不同钢纤维体积率   （b）不同混凝土强度

图4.51　荷载-柱跨中侧向变形曲线

（5）试验结论

①钢纤维再生混凝土柱的破坏过程及破坏形态与普通混凝土柱类似，加载过程中柱的正截面应变基本符合平截面假定。

②在相同荷载下，偏心受压构件的侧向变形随混凝土强度等级的增大而减小，说明随着混凝土强度的增大，柱的侧向刚度有所增强。

③对于钢纤维再生混凝土偏心受压柱,正截面承载力可以采用现行混凝土规范规定的公式进行计算。

思考题

4.1 一般结构静载试验的加载程序分为哪几个阶段?预载的目的是什么?对预载的荷载值有何要求?

4.2 正式加载试验应如何分级?对分级间隔时间有何要求?对在短期标准荷载作用下的恒载时间有何规定?为什么?

4.3 重物加载通常采用哪两种方法?对这两种方法有什么具体要求?如何避免重力加载法中的拱效应?

4.4 对结构或构件进行内力和变形测量时,对测点的选择和布置有哪些要求?矩形梁和箱型梁的应变测点布置有何不同?钢桁架的测点如何布置?

4.5 电测应变的理论根据是什么?电阻应变计的主要技术指标有哪些?

4.6 什么是全桥测量和半桥测量?电桥的输出特征是什么?

4.7 受弯构件的实测挠度值如何计算和修正?

4.8 采用机械式仪器测量结构应变时,仪表读数值表示什么?应变值应该如何计算?

4.9 电阻应变测量时,若应变计的灵敏系数 K 值不同,实测应变值应如何修正?

4.10 测量数据的整理包括那些内容?试验结构的表达方法有哪几种?

4.11 什么是1/4电桥、半桥接法及全桥接法?

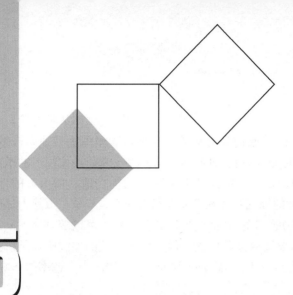

5 结构抗震试验

地震是一种自然现象。地震与地球并存,地球上每天都在发生地震,一年约有 500 万次,能造成破坏的约有 1 000 次,7 级以上的大地震平均一年有 20 次。强烈地震是人类所遭受的最严重的自然灾害之一,其威胁着人类的生命安全,造成大量的财产损失。2008 年 5 月 12 日 14 时 28 分在四川省汶川县发生的 8.0 级地震,造成了 6.9 万人遇难,1.8 万人失踪,3.7 万人受伤,直接经济损失达 8 451 亿元人民币。据统计,历次地震中 90% 以上的人员伤亡和财产损失是由于工程结构破坏所引起的,因此提高工程结构的抗震防灾能力是减少地震损失的关键。

结构抗震试验是工程结构抗震研究的重要手段,其任务主要是对新材料、新结构的抗震能力进行研究,为其推广应用提供科学依据;通过对实际结构的模型试验研究,验证结构的抗震性能,评定结构的抗震能力;通过结构的抗震试验数据分析,为制定和修订抗震设计规范提供科学依据。

本章主要讲述工程结构抗震试验方法及相应的仪器设备,主要包括拟静力试验、拟动力试验和地震模拟振动台试验。

5.1 试验类型与测试系统

5.1.1 试验类型

目前工程结构抗震试验主要有现场试验和试验室试验两类。现场试验主要包括天然地震观测试验场观测、现场爆炸模拟地震试验、实际地震发生后的地震震害调查等。试验室试验主要有拟静力试验、拟动力试验和模拟振动台试验等。在现场进行的人工地震模拟试验和天然地震试验,由于现场试验费用昂贵,在我国较少采用。每次地震发生后,我国都会组织人员开展震害调查,为提高工程结构抗震能力提供依据。目前试验室试验是研究工程结构抗震性能的主要手段。

（1）拟静力试验

拟静力试验是通过荷载控制或变形控制对试体进行低周往复加载,使试体从弹性阶段直至破坏的全过程试验,又称为低周反复加载试验或伪静力试验。这类试验虽然加载速率较低,但可以对足尺或接近足尺的结构施加较大的反复荷载,研究结构构件在反复荷载作用下的承载能力和变形性能,评定结构的抗震性能和能力,在一定程度上反映了结构在地震作用下的性能。反复荷载的次数一般不超过 100 次,加载的周期从每次 2 s 到每次 300 s 不等。拟静力试验实质上是用静力加载方式模拟地震对结构物的作用,其优点是在试验过程中可以随时停下来观测试件的开裂和破坏状态,并可根据试验需要改变加载历程。但是由于试验的加载历程是研究者事先主观确定的,与实际地震作用历程无关,所以不能反映实际地震作用时应变速率的影响。

（2）拟动力试验

拟动力试验又称计算机-加载器联机试验,是将计算机的计算和控制与结构试验有机地结合在一起的试验方法。它与采用数值积分方法进行的结构非线性动力分析过程十分相似,但结构的恢复力特性不再来自数学模型,而是直接从被试验结构上实时测取。拟动力试验的加载过程是拟静力的,但它与拟静力试验方法存在本质的区别,拟静力试验每一步的加载目标(位移或力)是已知的,而拟动力试验每一步的加载目标是由上一步的测量结果和计算结果通过递推公式得到的,而这种递推公式是基于被试验结构的离散动力方程,因此试验结果代表了结构的真实地震反应,这也是拟动力试验优于拟静力试验之处。但拟动力试验不能反映实际地震作用时材料应变速率的影响,只能通过单个或几个加载器对试件加载,不能完全模拟地震作用时结构实际所受的作用力分布。另外,结构的阻尼也较难在试验中出现。

（3）地震模拟振动台试验

地震模拟振动台试验可以真实地再现地震过程,是目前研究结构抗震性能较好的试验方法之一。地震模拟振动台可以在振动台台面上再现天然地震记录,地震作用时间从数秒到十余秒,反复次数为几百次到上千次,安装在振动台上的试件就能受到类似天然地震的作用。所以,地震模拟振动台试验可以再现结构在地震作用下开裂、破坏的全过程,能反映应变速率的影响,并可根据相似要求对地震波进行时域上的压缩和加速度幅值的调整等处理,开展大型结构的模型试验。模拟地震的强度范围可以从使结构产生弹性反应的小震到使结构破坏的大震。地震模拟振动台试验主要用于检验结构抗震设计理论、方法和计算模型的正确性。振动台不仅可进行建筑结构、桥梁结构、海洋结构、水工结构的试验,还可进行工业产品和设备的振动特性试验。受地震模拟振动台台面尺寸和载重量的限制,一般振动台试验大多为模型试验,比例较小,容易产生尺寸效应,难以模拟结构构造,且试验费用较高。

（4）人工地震模拟试验

采用地面或地下爆炸法引起地面运动来模拟某一烈度或某一确定性天然地震对结构的影响,可以对大比例模型或足尺结构进行试验,且已在实际工程试验中得到实践。这种方法简单直观,并可考虑场地的影响,但试验费用高、难度大。

（5）天然地震试验

在频繁出现地震的地区或短期预报可能出现较大地震的地区,有意识地建造一些试验性结构或在已建结构上安装测震仪,以便一旦发生地震时可以得到结构的反应。这种方法可以真实、可靠地体现地震效应,但费用高,实现难度较大。

5.1.2　测试系统

在结构抗震试验中,结构反应的基本变量为动位移、速度、加速度和动应变。其中,动位移和动应变与静位移和静应变的差别主要在于被测信号的变化速度不同。静载试验中,在基本静态的条件下量测位移和应变,可以采用机械式仪表人工测读并记录。当位移或应变连续变化时,显然无法再采用这种方式获取数据,需要采用动态信号测试系统。速度采用速度传感器量测,速度传感器通常将运动部件的速度转换为电信号。加速度采用加速度传感器量测,通常是利用质量、加速度和力的关系,通过已知的传感元件的力的特性和已知的质量,得到所需要的加速度。

1)动态信号测试组成

动态信号量测原理与静态信号量测原理有相同之处,其系统组成如图5.1所示。动态信号传感器感受信号后,放大器将信号放大,再传送给记录设备或显示仪表。这一过程与静态测试并无差别,其中最主要的差别反映在记录设备的不同。静态测试的数据量一般都不是很大,对记录设备的要求不高,甚至人工读数记录即可满足要求。而动态测试中,每一个信号都在连续变化,因而需要连续记录。早期的动态信号测试系统中,多用纸介记录设备,如笔式记录仪,光线示波器,X-Y函数记录仪等。20世纪70—80年代,磁带记录仪成为主要记录设备。20世纪90年代后,普遍采用电子计算机对动态信号进行数字化存贮。传统的显示仪表如示波器也有被计算机取代的趋势。由于信号连续变化,动态测试仪器要为每一个传感器提供一个放大器。而在静态测试中,可以采用转换开关的方式,利用一个放大器,对多个测点进行放大量测。

图5.1　动态信号量测系统组成

为了便于动态信号的量测,现在一般将动态信号量测系统与计算机一起组成数据采集系统。计算机数据采集系统的结构如图5.2所示,其由传感器、模拟多路开关、程控放大器、采样保持器、AD转换器、计算机及外设等部分组成,其中核心部件是AD转换器。传感器感受的振动信号经放大器放大后,形成模拟信号。"模拟"的含义是用放大的电压或电流信号模拟物理意义上的测试信号。而计算机存贮的是数字信号,因此,要将模拟信号转换为数字信号,这个过程称为模数转换,又称为AD(Analog-Digit)转换。AD转换器有两个主要性能指标,一个是转换速度,高速AD转换可以达到10~100 MHz的转换频率;另一个指标是AD转换器的2进制位数,它表示了AD转换的精度,例如,12位AD转换器可以将10 V电压信号分成2 048等分,分辨率约为5 mV。对同一个10 V信号,如果采用16位AD转换器,分辨率可达0.3 mV。模拟信号转换为数字信号的过程又称为采样过程。经过AD采样后,一个连续的模拟信号被转换为离散的数字信号,以周期(时间间隔Δt)为T_s的离散脉冲形式排列,称为采样周期,其倒数f_s为采样频率。

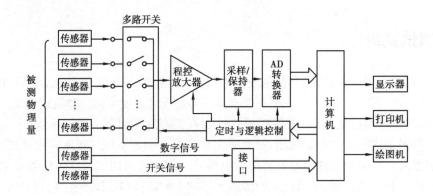

图 5.2 计算机数据采集系统

数据采集系统的软件主要包括执行程序和管理监控程序。其中执行程序主要处理模拟输入信号采集、标度变换、滤波与计算、数据存储等任务；管理监控程序管理各执行程序并接受外部指令。典型的数据采集系统操作界面包括采样通道、采样时间、采样频率、信号量程范围、信号放大倍数、滤波方式、工程单位等参数设置，以及存储文件、屏幕显示、数据跟踪等功能。

2) 动态信号测试系统参数

动态信号测试系统的评价指标和性能参数与静态测试系统有很大的差别，主要反映在以下几个方面。

(1) 信号频率

频率是描述动态信号变化速度的主要变量，其单位为赫兹(Hz)，即信号每秒反复的次数。当信号快速反复变化时称之为频率高，当信号缓慢变化时称为频率低，当信号的频率为零时称为静态信号。当动态信号与静态信号叠加在一起时，称静态信号为直流分量。在动态测试中，经常用频率响应来表征系统的动态性能。动态性能良好的动测仪器和仪表，能够在很宽的频率范围内准确地感受、放大需要检测的结构动力反应。土木工程结构动力反应的频率范围一般在100 Hz 以内，因此对动测仪器仪表的低频动态特性有较高的要求。而高速运转的机械设备，例如汽车发动机，频率可以达到 5 000 Hz 或更高，要求测试仪器有良好的高频性能。动测仪器或传感器都是在一定的频率范围内工作，结构动载试验时应根据试验结构的频率响应特性选择动测仪器。

(2) 信号滤波

所谓滤波就是滤除动态信号中的某些成分。信号在传输时受到抑制的现象称为信号的衰减。采用电器元件的滤波器最简单的形式是一种具有选择性的四端网络（两端为输入，两端为输出），其选择性是指滤波器能够从输入信号的全部频率分量中，分离出某频率范围内所需要的信号。为了获得良好的选择性，希望滤波器能够以最小的衰减传输该频率范围内的信号，这一频率范围称为通频带；对通频带以外的信号，给以最大的衰减，称为阻频带。通频带与阻频带之间的界限称为截止频率。根据通频带，滤波器可分为低通滤波器、高通滤波器、带通滤波器和带阻滤波器。低通滤波器可以传输截止频率以下的频率范围内的信号；高通滤波器可以传输截止频率以上的频率范围内的信号；带通滤波器可以传输上下两个截止频率之间的频率范围内的信号；带阻滤波器可以抑制上下两个截止频率之间的频率范围内的信号。采用电器元件做成的滤波器称为模拟滤波器，采用计算程序对数字信号进行滤波的称为数字滤波器。安装在动测仪器（例如放大器）上的滤波器一般为模拟滤波器，利用计算机进行数据采集的设备通常采用数字滤波器。

（3）信号放大

在动力测试和分析中，采用 dB 这个单位表示信号的放大或衰减。最早的 dB 值是电话发明人贝尔为了表示通信线路损失所取的度量单位，是英文 deci Bel 的缩写，中文称为分贝，其中 deci 表示 1/10。在分析电路的功率时，其原始定义为：$G = 10\lg(W/W_0)$。其中，G 表示采用 dB 为单位的功率变化，lg 表示以 10 为底的对数，W 表示输出功率，W_0 表示基准功率。因为功率与电流或电压的平方成正比，又有：$G = 20\lg(I/I_0)$ 或 $G = 20\lg(V/V_0)$。更一般地，以 dB 为单位，用 x 表示我们所关心的位移、速度或加速度，信号的放大或衰减可以表示为：

$$G = 20\lg(x/x_0) \tag{5.1}$$

例如，当信号放大 10 倍时，$G = 20$ dB；信号放大 10 000 倍时，$G = 80$ dB。反过来，当信号衰减到只有基准信号的 10% 时，$G = -20$ dB。在评价动测仪器仪表性能时，还经常用到 dB/oct 这个单位。dB/oct 是频率特性的单位，oct（octave）是 2 倍的意思。例如，-6 dB/oct 是表示频率变化 2 倍时，信号衰减 6 dB，即 50%。

（4）分辨率

分辨率是指测量仪器有效辨别的最小示值差。这性能指标一般反映在显示装置上，例如，俗称"4 位半"的数字电压表所能显示的最大数字为 9 999，第一位只能显示"1"。当用它来测量一个 10 V 的信号时，其最大分辨率为 10 V/19 999 = 0.5 mV。另一方面，当传感器感受到信号产生输出时，噪声也使传感器产生输出。此外，放大器也会产生噪声。因此分辨率与信号电压与噪声电压的比值有关。有的传感器还给出信噪比指标。噪声同样也影响静态测量仪器，但一般从静态飘移的角度分析噪声的影响。

除上述几个方面外，动测仪器仪表的诸多性能参数和表示方式也随仪器仪表的用途以及基本原理的不同而变化，应根据它们各自的特点熟悉并掌握仪器仪表的使用。

3）惯性式振动传感器原理

惯性式振动传感器可以看作一个典型的单自由度质量-弹簧阻尼体系。如图 5.3 所示，m、k、c 分别为测振传感器的质量、弹簧刚度和阻尼，x_r 为质量 m 相对传感器外壳的位移，质量 m 的运动方程为：

$$m(\ddot{x}_r + \ddot{x}_A) + c\dot{x}_r + kx_r = 0 \tag{5.2}$$

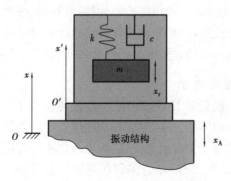

图 5.3　惯性式振动传感器的原理

引入传感器的固有频率 $w_0 = \sqrt{k/m}$ 和阻尼比 $\zeta = c/2mw_0$，上式可写为：

$$\ddot{x}_r + 2\zeta\omega_0\dot{x}_r + \omega_0^2 x_r = -\ddot{x}_A \tag{5.3}$$

假定被测结构位移为：

$$x_A(t) = X_A \sin \omega_A t \tag{5.4}$$

将式(5.4)代入式(5.3)并求解,可得：

$$x_r = e^{-\zeta w_0 t}\left(A_1 e^{j\omega_0 t\sqrt{1-\zeta^2}} + A_2 e^{-j\omega_0 t\sqrt{1-\zeta^2}}\right) + \frac{\lambda^2}{\sqrt{(1-\lambda^2)^2 + (2\lambda\zeta)^2}} X_A \sin(\omega_A t - \varphi) \tag{5.5}$$

式中,$\lambda = \omega_A/\omega_0$ 为频率比,$\varphi = \arctan[2\lambda\zeta/(1-\lambda^2)]$ 为相位角;A_1 和 A_2 是与初始条件有关的待定常数。式(5.5)中的第一项与初始条件有关,且随时间衰减,称为振动的瞬态解,第二项则为振动的稳态解。从原理上讲,测振传感器主要利用稳态解的特性。考虑下列 3 种情况：

①当频率比 λ 很大,即被测结构的振动频率比测振传感器的固有频率高很多,且阻尼比足够小时,可得：

$$x_r \approx X_A \sin(\omega_A t - \varphi) \approx X_A \sin \omega_A t \tag{5.6}$$

这时,传感器振子的位移与被测结构的位移很接近,可用传感器测量被测结构的振动位移。

②当频率比 λ 很小,即被测结构的振动频率比测振传感器的固有频率小很多,且阻尼比足够小时,可得：

$$x_r \approx \lambda^2 X_A \sin(\omega_A t - \varphi) \approx \ddot{X}_A/\omega_0^2 \tag{5.7}$$

这时,传感器振子的位移与被测结构的加速度成正比,已知传感器的固有频率,可用传感器测量被测结构的加速度。

③当频率比接近 1,即被测结构的振动频率与测振传感器的固有频率接近,且阻尼比足够大时,可得：

$$x_r \approx \frac{1}{2\lambda\zeta} X_A \sin(\omega_A t - \varphi) \approx \frac{\dot{X}_A}{2\omega_0\zeta} \tag{5.8}$$

这时,传感器振子的位移与被测结构的速度成正比,已知传感器的固有频率和阻尼比,可用传感器测量被测结构的速度。

实际应用中的惯性式振动传感器除质量-弹簧-阻尼体系外,一般还配备了将振动产生的机械运动转化为电信号的元件,这样,振动测量放大仪器和记录设备处理的信号实际上是电压信号或电流信号。

惯性式振动传感器的性能指标一般用传感器的幅频特性曲线和相频特性曲线描述。图5.4和图5.5分别给出振动位移传感器的幅频和相频特性曲线。对于速度传感器和加速度传感器,由积分关系可知,它们的幅频曲线和相频曲线的形状之间有相应变化。

4)传感器物理量与电量间的转换

在惯性式振动传感器中,质量弹簧系统将振动参数转换成了质量块相对于仪器外壳的位移,使拾振器可以正确反映振动体的位移、速度和加速度。但由于测试工作的需要,拾振器除应正确反映振动体的振动外,尚应不失真地将位移、速度及加速度等振动参量转换为电量,以便用量电器进行量测。转换的方法有多种形式,如利用电阻应变原理、磁电感应原理、压电效应原理、压阻效应原理以及电容、光电原理等,将振动参量变换为电参量。以下介绍常用的传感器物理量与电量间的转换原理。

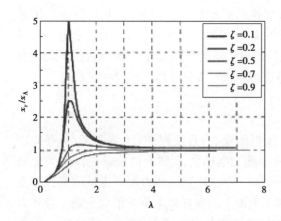
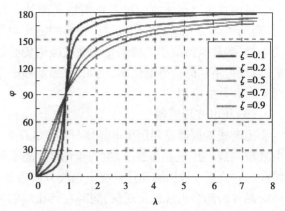

图 5.4 振动位移传感器的幅频特性曲线   图 5.5 振动位移传感器的相频特性曲线

（1）电阻应变式传感器

电阻应变式传感器是利用电阻应变原理，以电阻应变片为转换元件的电阻式传感器。电阻应变式传感器由弹性敏感元件、电阻应变计、补偿电阻和外壳组成。弹性敏感元件受到所测量的力而产生变形，并使附着其上的电阻应变计一起变形，电阻应变计再将变形转换为电阻值的变化，从而可以测量力、压力、扭矩、位移、加速度和温度等多种物理量。

电阻应变式传感器具有结构简单、低频特性好等优点，但灵敏度相对较低，适用量程为 1 ~ 2 g，频率范围为 0 ~ 100 Hz。与动态应变仪配套使用。工作需要外加电源。

（2）磁电式传感器

磁电式传感器（图 5.6）是利用电磁感应原理，将运动速度转换成线圈中的感应电势输出，又称电动式传感器。长度为 l 的导线以速度 v 垂直于磁场方向运动时，导体将产生感应电势，其大小为：

$$u_t = Blv \tag{5.9}$$

式中 B——磁场强度。

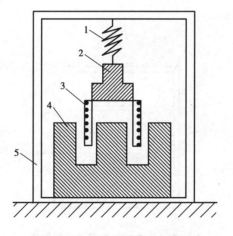

图 5.6 磁电式传感器原理图

1—弹簧;2—质量块;3—线圈;4—磁钢;5—外壳

磁电式传感器分为相对式和惯性式两种。其变换的振动量均为速度,因此均为速度传感器,即物体运动的速度被变换为传感器的输出电压。特点是输出信号电压大,不易受电、磁、声场干扰,测量电路简单。特别是惯性式磁电传感器,采用不同的传感器结构和质量弹簧阻尼参数,可获得不同的传感器性能,例如,在超低频率范围内(0.2~2 Hz)具有高灵敏度特性。工作时不需要外加电源。

(3)压电式传感器

压电式拾振器是利用压电晶体材料(如石英、压电陶瓷、酒石酸钾钠、钛酸钡等)具有的压电效应制成。压电晶体在三轴方向上的性能不同,x 轴为电轴线,y 轴为机械轴线,z 轴为光轴线。若垂直于 z 轴切取晶片且在电轴线方向施加外力 F,当晶片受到外力而产生压缩或拉伸变形时晶片内部会出现极化现象,同时在其相应的两个表面上出现异号电荷并形成电场。当外力去掉后,又重新回到不带电的状态。这种将机械能转变为电能的现象,称为"正压电效应",若晶体不是在外力而是在电场作用下产生变形,则称"逆压电效应"。

图 5.7 为压电式加速度传感器的构造原理图。将质量块 3 放在两块圆形压电晶片 4 上,质量块由硬弹簧 2 预先压紧,整个组件装在具有厚基座的金属壳体内,压电晶体片和惯性质量块一起构成振动系统。当被测振动体的频率远低于振动系统的固有频率时,惯性质量块相对于基座的振幅近似与被测振动体的加速度峰值成正比。若晶片受到的力 F 为交变压力,则产生的电荷 q 也为交变的电荷,这时电荷与被测振动体的加速度成正比,即

$$q = C_x F = C_x ma = S_q a \tag{5.10}$$

$$u = \frac{q}{C} = \frac{S_q a}{C} = S_u a \tag{5.11}$$

式中 C_x——压电晶片的压电系数;

         S_q——加速度传感器的电荷灵敏系数;

         C——电容量;

         u——加速度传感器的开路电压;

         S_u——加速度传感器的电压灵敏系数;

         a——物体振动加速度。

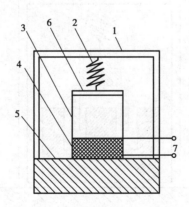

图 5.7   压电式加速度传感器原理
1—外壳;2—弹簧;3—质量块;
4—压电晶体片;5—基座;6—绝缘垫;7—输出端

由于压电式加速度传感器既可被认为是一个电压源,又可被认为是一个电荷源,因此它具有两种灵敏度,即电荷灵敏度和电压灵敏度。电荷灵敏度 $S_q = q/a$ 是单位加速度的电荷量;电压灵敏度 $S_u = u/a$,是单位加速度的电压量。电压灵敏度与电压放大器相匹配使用,而电荷灵敏度与同电荷放大器相匹配使用。

压电式传感器工作时不需要外加电源、体积小、质量轻、结构简单、固有频率高、精度高,应用广泛。缺点是某些压电材料需要防潮措施,而且输出的直流响应差,需要采用高输入阻抗电路或电荷放大器来克服这一缺陷。

(4)集成电路压电式传感器

传统的压电式加速度传感器灵敏度与其质量相关,不能直接由电压放大器放大其输入信号。自 20 世纪 80 年代以来,振动测试中广泛采用集成电路压电传感器。其又称为 ICP(Integrated Ciruit Piezolectric)传感器或 IEPE(Integral Electronic Piezolectric)传感器,这种传感器采用集成电路技术将阻抗变换放大器直接封装入压电传感器内部,使压电传感器高阻抗电荷输出变为放大后的低阻抗电压输出,内置引线电容几乎为零,解决了使用普通电压放大器时的引线电容问题,造价降低,使用简便,是结构振动模态试验的主流传感器。

另一种新型集成电路压电传感器是压电梁式加速度传感器。这种传感器将压电材料加工成中间固定的悬臂梁,压电梁振动弯曲时产生的电荷量与敏感轴方向的加速度成正比。由于不另外配置质量块,在一定程度上解决了传感器质量和灵敏度之间的矛盾。如某压电梁式加速度传感器,灵敏度达到 1 000 mV/g,质量仅 5 g 左右,频率范围 0.5 ~ 2 000 Hz,加速度范围 5 ~ 50 g。

(5)压阻式传感器

压阻式传感器是利用单晶硅材料的压阻效应和集成电路技术制成的传感器。单晶硅材料在受到力的作用后,电阻率发生变化,通过测量电路就可得到正比于力变化的电信号输出。

压阻式传感器用于压力、拉力、压力差和可以转变为力的变化的其他物理量(如液位、加速度、重量、应变、流量、真空度)的测量和控制。

压阻式传感器频率范围 0 ~ 1.5 MHz,适于动态测量;厚度可达 0.25 mm,适于微型化;精度高;灵敏度高;无活动部件,能用于振动、冲击、腐蚀、强干扰等恶劣环境。

压阻式传感器的缺点是温度影响较大(有时需进行温度补偿)、工艺较复杂和造价高等。工作需要外加电源。

(6)其他类型位移传感器

除磁电式位移传感器外,还有直线差动变压器式位移传感器、电容式位移传感器、电涡流位移传感器、磁致伸缩位移传感器、光纤位移传感器等。

直线差动变压器式位移传感器(LVDT)的最高频率响应可以达到 150 Hz,广泛用于结构抗震试验。

电容式位移传感器的极板相互间没有接触,频率响应可以达到 2 000 Hz 以上,多用于振动测量。

电涡流位移传感器是一种相对位移传感器,测量被试验结构与传感器探头之间距离的相对变化,使用寿命长。但电涡流位移传感器的位移量程较小,只适合于位移小、频率高的场合。

磁致伸缩位移传感器、光纤位移传感器也可用于结构动载试验。

根据结构动力学基本原理,已知位移可以通过微分得到速度和加速度。反过来也可以通过积分由加速度得到速度和位移。但通过微积分变换得到的物理量,在变换过程中可能会引入误差。

目前,传感器的主要发展方向是集测量、放大、存储、数据处理于一体的新型多功能智能传感器。

5.2 拟静力试验

拟静力试验是目前在结构(或构件)抗震性能研究中应用最广泛的试验方法,采用低周反复荷载以模拟结构(或构件)在遭遇地震时受到的反复作用,通过荷载控制或变形控制对结构(或构件)进行低周往复加载,使试体从弹性阶段直至破坏的全过程试验。拟静力试验得到的典型试验结果为荷载-位移曲线,与单调静力荷载下的荷载-位移曲线不同,往复荷载作用的试体荷载-位移曲线为滞回环,即滞回曲线。拟静力试验的目的是通过这些滞回曲线得到结构(或构件)在地震作用下的恢复力的特性,确定结构(或构件)恢复力的计算模型。由滞回曲线和曲线所包围的面积可以获得结构(或构件)的耗能能力和等效阻尼比。从滞回曲线的骨架曲线可确定结构(或构件)的刚度和强度特征。因此可通过拟静力试验从强度、变形和能量等方面判别和鉴定结构(或构件)的抗震性能。

拟静力试验可以在一定程度上模拟地震的反复作用,但试验的加载频率不同于实际地震作用的频率,且远小于结构自身频率,因此拟静力法实质上是用静力加载来近似模拟地震作用,故又称为伪静力试验或低周往复荷载试验。拟静力试验不能反映应变速率对结构的影响,也不能体现结构的实际地震反应过程。但拟静力试验的加载频率低,对试验设备要求不高,应用较广。

拟静力试验的对象包括各类结构(如钢结构、钢筋混凝土结构、砌体结构以及组合结构)的梁、板、柱、节点、墙、框架和整体结构等。

5.2.1 拟静力试验方法

1)试验装置

拟静力试验装置为由反力装置和加载设备所组成的试验荷载施加系统。反力装置由反力墙、门架和试验台座等构成,是使加载设备的荷载能施加到试体上的支撑边界。加载设备早期主要为机械千斤顶或液压式千斤顶,这类设备主要是手动加载,试验加载过程不容易控制,试验数据不稳定,试验数据分析困难;目前大多采用电液伺服加载系统,并用计算机进行试验控制和数据采集,试验质量更容易实现。典型的拟静力试验加载系统如图5.8所示。试体不同则试验加载装置不同,如图5.9所示为墙(柱)、梁、节点试体的常用加载装置。其中对于节点,当以梁端塑性铰区或节点核心区为主要试验对象时宜采用如图5.9(c)的试验装置进行加载;当以柱端塑性铰区或柱连接处为主要试验对象时宜采用如图5.9(d)的试验装置进行加载,以考虑 $P-\Delta$ 效应的影响。当对结构进行多点同步侧向加载时,可采用如图5.10所示的多点加载试验装置。

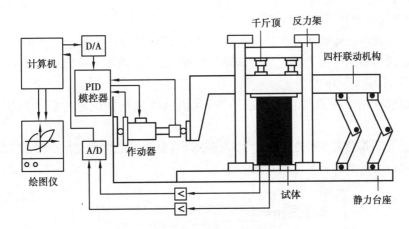

图 5.8 典型的拟静力试验加载系统

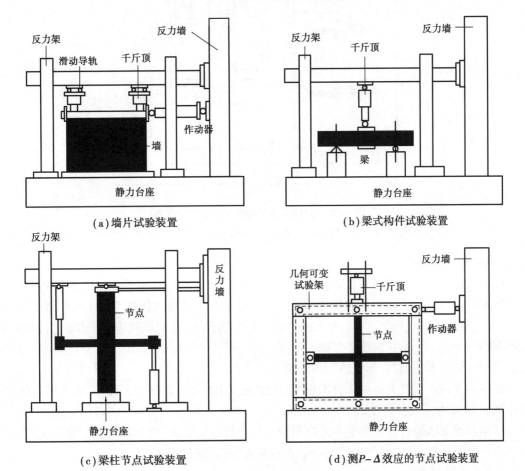

（a）墙片试验装置

（b）梁式构件试验装置

（c）梁柱节点试验装置

（d）测 $P-\Delta$ 效应的节点试验装置

图 5.9 墙（柱）、梁、节点试体常用加载装置

对于上述的拟静力试验装置，其设计应符合下列规定：

①试验装置与试验加载设备应满足试体设计受力条件和支承方式的要求。

②试验台座、反力墙、反力架等，其传力装置应具有足够的刚度、承载力和整体稳定性。试验台座应能承受竖向和水平向的反力。试验台座提供反力部位的刚度不应小于试体刚度的 10

倍,反力墙顶点的最大相对侧移不宜大于1/2 000。

③通过千斤顶对试体墙体施加竖向荷载时,应在反力架与加载器之间设置滚动导轨或接触面为聚四氟乙烯材料的平面导轨。设置滚动导轨时,其摩擦系数不应大于0.01;设置平面导轨时,其摩擦系数不应大于0.02。

④竖向加载采用千斤顶时宜有稳压装置,保证试体在往复试验过程中的竖向荷载保持不变。

⑤作动器的加载能力和行程不应小于试体的计算极限承载力和极限变形的1.5倍。

⑥加载设备的精度应满足试验要求。

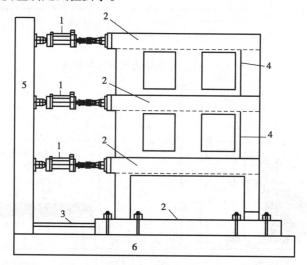

图5.10 结构多点同步侧向加载试验装置

1—往复作动器;2—传递梁;3—连接杆;4—LVDT和支架;5—反力墙;6—静力台座

2)加载方法

拟静力试验时应先进行预加载试验再进行正式加载试验。对于混凝土结构试体的预加载试验的加载值不宜大于开裂荷载计算值的30%,对于砌体结构试体的预加载试验的加载值不宜大于开裂荷载计算值的20%。对于需要加载恒载的试验,宜对恒载进行分步加载,先施加满载的40%~60%,再逐步加载至100%,试验过程中应保持恒载的稳定。试验过程中应保持往复加载的连续性和均匀性,加载或卸载的速度宜一致。

加载制度决定拟静力荷载试验的进程,常用的加载制度一般分为3种:变形控制加载、力控制加载和力-位移混合控制加载。

双向拟静力试验可以按两个单方向拟静力试验的叠加实施,两个方向上的加载规则和控制模式应根据研究内容的需要确定,施加轴力的装置应能实现双向滑动。

(1)变形控制加载

变形控制加载是在加载过程中以位移(包括线位移、角位移、曲率或应变等)作为控制值或以屈服位移的倍数作为控制值,按一定的位移增幅进行循环加载。当试体具有明确屈服点时,一般都以屈服位移的倍数为控制值。当试体不具有明确的屈服点时,人为确定一个合适的位移基准值,再以该位移基准值的倍数为控制值。

根据位移控制的幅值不同,加载制度又可分为变幅加载、等幅加载、变幅等幅混合加载和考虑二次地震影响的变幅等幅混合加载,如图 5.11 所示。变幅值位移控制加载多数用于确定试体的恢复力特性和建立恢复力模型,一般在每一级位移幅值下循环 2～3 次,由试验得到的滞回曲线可以建立构件的恢复力模型;等幅位移控制加载主要用于确定试体在特定位移幅值下的特定性能,例如极限滞回耗能、强度降低率和刚度退化规律等;混合位移控制加载可以综合研究构件的性能,如在等幅部分的强度和刚度的变化,在变幅部分的强度和耗能能力的变化;考虑二次地震影响的变幅等幅混合加载是在两次大幅值之间有几次小幅值的循环,以模拟试体承受二次地震的影响,其中由小循环来模拟余震的影响。

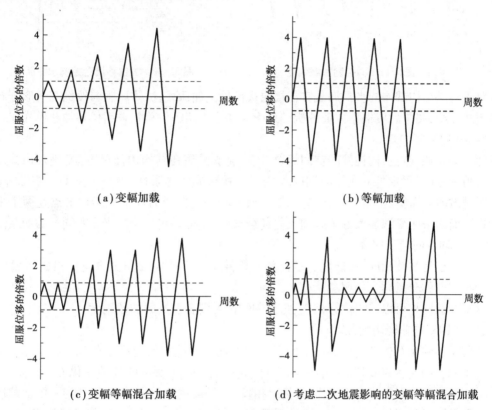

(a)变幅加载　　(b)等幅加载

(c)变幅等幅混合加载　　(d)考虑二次地震影响的变幅等幅混合加载

图 5.11　位移控制加载制度

(2)力控制加载

力控制加载是在加载过程中以力作为控制值,按一定的力增幅进行循环加载,如图 5.12 所示。由于试体屈服后难以控制加载的力,力控制加载制度较少单独使用。

(3)力-位移混合控制加载

这种加载制度是先以力控制加载,当试体达到屈服状态时改用位移控制,直至试体破坏,如图 5.13 所示。对无屈服点的试体一般以开裂荷载为力控制与位移控制的分界点,对于有屈服点的试体一般以屈服荷载为力控制与位移控制的分界点。试体开裂或屈服前应采用荷载控制并分级加载,接近开裂或屈服荷载前宜减小级差进行加载;试体开裂或屈服后应采用变形控制,变形值宜取开裂或屈服时试体的最大位移值,并以该位移的倍数为级差进行控制加载。施加反复荷载的次数应根据试验目的来确定,屈服前每级可反复一次,屈服后宜反复三次。

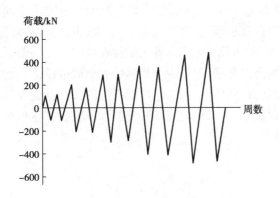

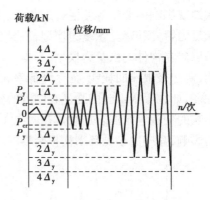

图 5.12　力控制加载制度　　　　　图 5.13　力-位移混合控制加载制度

对于多层结构试体的水平加载宜在楼层标高处施加荷载,试体屈服前按倒三角形分布的力控制模式加载,屈服后应根据数值分析结果确定各层之间的位移并采用位移加载模式加载。

（4）双向往复加载

为了研究地震对结构构件的空间组合效应,克服采用在结构构件单方向（平面内）加载时不考虑另一方向（平面外）地震力同时作用对结构影响的局限性,可在 x、y 两个主轴方向（二维）同时施加低周反复荷载。例如对框架柱或压杆的空向受力和框架梁柱节点在两个主轴方向所在平面内采用梁端加载方案施加反复荷载试验时,可采用双向同步或非同步的加载制度。

①x、y 轴双向同步加载。

与单向反复加载相同,在低周反复荷载与构件截面主轴成 α 角的方向作斜向加载,使 x、y 两个主轴方向的分量同步作用。

反复加载同样可以采用位移控制、力控制和两者混合控制的加载制度。

②x、y 轴双向非同步加载。

非同步加载是在构件截面的 x、y 两个主轴方向分别施加低周反复荷载。由于 x、y 两个方向可以不同步的先后或交替加载,因此,它可以有如图 5.14 所示的各种变化方案。图 5.14 中（a）为在 x 轴不加载,y 轴反复加载,或情况相反,即是前述的单向加载;（b）为 x 轴加载后保持恒载,而 y 轴反复加载;（c）为 x、y 轴先后反复加载;（d）为 x、y 两轴交替反复加载;此外还有（e）的 8 字形加载或（f）的方形加载。

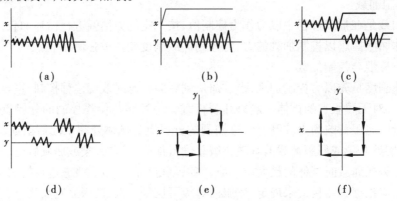

图 5.14　双向低周往复加载制度

　　当采用由计算机控制的电液伺服加载器进行双向加载试验时,可以对一结构构件在 x、y 两个方向成 90°作用,实现双向协调稳定的同步反复加载。

3)测量内容和测试仪器要求

　　(1)测量内容

　　拟静力试验的测量内容可根据试验的目的而确定。一般要求量测的项目有:位移、力(荷载)、荷载-位移曲线、应变、裂缝等。

　　①位移。

　　试体位移主要是指试体在低周往复荷载作用下的侧向位移,可以沿着试体的高度(长度)在其中心线位置上均匀间隔地布置位移测量仪器而得到,既可以测到试件顶部(端部)的最大位移,又可以得到试体的侧向位移曲线。同时为了测量试体在往复荷载下产生的变形和平动,可通过在相应部位设置不同的位移计,经计算加以区分。

　　②力(荷载)。

　　可由作动器或千斤顶的荷载传感器的输出获得,或由荷载-位移曲线上的荷载值确定试件不同状态的力值。

　　③荷载-位移曲线。

　　记录试验每个加载循环施加的荷载值和位移值,由各循环的荷载值和位移值可以制作荷载-位移曲线。

　　④应变。

　　应变是分析试体破坏机理的重要参数,一般采用电阻应变计量测。应变测点一般布置在受力关键部位或受力复杂位置,如梁的端部和跨中截面、柱的端部截面、节点区和变截面处等。

　　⑤裂缝。

　　裂缝是钢筋混凝土结构或构件拟静力试验中的一个重要的测量内容,要求测量试体出现裂缝时的位置、开裂时的荷载值、裂缝发展过程和最后破坏时的裂缝形式。正确测定的初始裂缝即为开裂荷载,也可通过记录所得的位移－荷载曲线上的转折点来发现并确定开裂荷载。

　　(2)测试仪器要求

　　拟静力试验选用的测量仪器应根据试验的目的来决定,同时还应考虑设备条件。一般来说,主要根据试体极限破坏估算值来确定适宜的仪表,既要能满足量程的要求,又要能满足最小分辨能力的要求。仪表量程宜为试体极限破坏计算值的 1.5 倍,分辨率应满足最小荷载作用下的分辨能力。

　　位移测量仪表的最小分度值不宜大于所测总位移的 0.5%。示值允许误差应为满量程的 ±1.0%。各种应变式传感器最小分度值不宜大于 $\mu\varepsilon$,示值允许误差为满量程的 ±1.0%,量程不宜小于 3 000 $\mu\varepsilon$;静态电阻应变仪的最小分度值不宜大于 1 $\mu\varepsilon$。数据采集系统的 A/D 转换精度不得低于 12 位。

　　(3)安全措施

　　拟静力试验的门架、反力架、反力墙、反力地板等加载架应有足够的承载力和刚度。进行大型试体试验时,不能在试验中不加选择拿来就用,应对所使用的加载架进行承载力和刚度验算,验算时应考虑加载架能否承受全部试验荷载可能的冲击。

　　在拟静力试验接近试体最大承载能力时,试体承受的荷载和因此产生的变形都很大,试体有产生局部破坏甚至倒塌的可能。因此应设置安全托架、支墩和保护拦网,防止崩落块体和试体倒塌砸伤人员和设备。

试验中出平面外的非试验目的破坏往往容易被忽视,同时出平面外破坏也是一个非常大的安全隐患,应予以注意。因此对试体高度较高易发生试体出平面破坏时,应设置侧向保护装置。

在试验安装就绪后开始进行试验前,除检查有关的加力设备的安全之外,还应检查安装测试的所有仪表是否都有保护措施。在接近破坏阶段,应进一步检查被保留下的仪表以便能对其进行有效的保护,防止仪表损坏。

5.2.2 拟静力试验数据处理

荷载-位移滞回曲线是拟静力试验主要的试验数据,典型的滞回曲线如图5.15。将滞回曲线中各级加载第一次循环的峰值点所连成的包络线称为骨架曲线,如图5.16所示。滞回曲线综合反映了任意加载时刻试体的强度、刚度、能量耗散,也反映了试体的开裂、屈服、损伤等工作性能。通过骨架曲线也可确定试体的开裂荷载、屈服荷载、极限荷载和破坏荷载,以及试体的强度、变形和延性等。

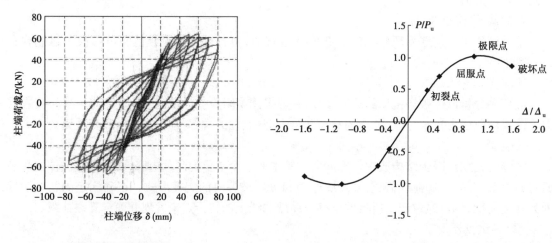

图5.15 滞回曲线　　　　　　　　　　　图5.16 骨架曲线

本节以滞回曲线和骨架曲线为基础,分析试体的滞回曲线特性和滞回曲线的模型化。

1) 滞回曲线特性

下面从强度、刚度、延性和耗能等角度分析试体的恢复力特性。

(1) 强度

由骨架曲线可以确定不同阶段的强度和变形。骨架曲线可大致分为4个阶段,即试体开裂前的线性阶段、接近屈服时的屈服阶段、达到荷载峰值前的极限阶段和达到荷载峰值后的退化阶段,对应开裂、屈服、极限和破坏4个特征点。4个特征点按以下规定取值:

①开裂荷载 F_c 及变形 X_c 应取试体受拉区出现第一条裂缝时相应的荷载和相应的变形。

②对于有明显屈服点的试体,当试验荷载达到屈服荷载后,试体的刚度将出现明显的变化,骨架曲线上出现明显的拐点,该点对应的荷载和变形即为屈服荷载 F_y 及屈服变形 X_y。

对于无明显屈服点的试件,可采用骨架曲线的能量等效面积法近似确定屈服荷载和屈服位移。具体做法(图5.17)是由最大荷载点 A 作水平线 AB,由原点 O 作割线 OD 与 AB 线交于 D 点,由 D 点引垂线与曲线 OA 交于 E 点,使面积 $ADCA$ 与面积 $CFOC$ 相等,则此时的 E 点即为构件的屈服点,E 点对应的荷载和变形即为屈服荷载 F_y 及屈服变形 X_y。

对钢筋屈服的钢筋混凝土试体,屈服荷载 F_y 及变形 X_y 应取受拉区纵向受力钢筋达到屈服应变时相应的荷载和相应的变形。

③试体承受的极限荷载 F_{max} 应取试体承受最大荷载时相应的荷载。

④破坏荷载及极限变形 X_u 应取试体在荷载下降至荷载最大的85%时的荷载和相应的变形。

各特征点及其对应的荷载和变形值如图5.18所示。

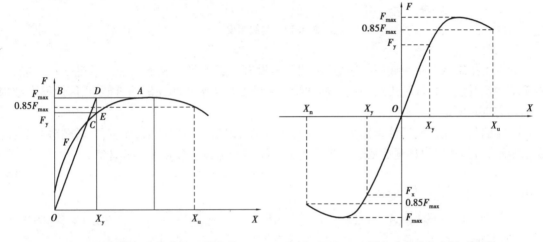

图5.17　无明显屈服点试体的屈服荷载　　图5.18　骨架曲线特征点及对应值

结构进入屈服后其强度随往复加载次数的增加而逐渐降低,一般用强度退化系数表示。试体的强度退化系数 λ_i 可按下式计算:

$$\lambda_i = F_j^i / F_j^{i-1} \tag{5.12}$$

式中　F_j^i——第 j 级加载时,第 i 次循环峰值点的荷载值;

　　　F_j^{i-1}——第 j 级加载时,第 $i-1$ 次循环峰值点的荷载值。

(2)刚度

在进行刚度分析时,可取每一循环峰点的荷载及相应的位移与屈服荷载及屈服位移之比,即可得到每一循环无量纲化的滞回曲线。由各循环无量纲化的滞回曲线或各循环的滞回曲线,均可以得到不同受力阶段的刚度,如弹性刚度、弹塑性刚度和塑性刚度等。试体的刚度与应力水平和反复次数有关,在加载过程中刚度为变值,为了地震反应分析的需要,常用割线刚度代替切线刚度,即图5.19中直线 AB 的斜率 K_i,按下式计算:

$$K_i = \frac{|+F_i| + |-F_i|}{|+X_i| + |-X_i|} \tag{5.13}$$

式中　$+F_i$、$-F_i$——第 i 次正、反向峰值点的荷载值;

　　　$+X_i$、$-X_i$——第 i 次正、反向峰值点的位移值。

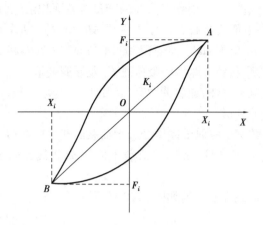

图 5.19　割线刚度

（3）延性

延性是指结构在达到屈服状态后,承载能力没有显著下降情况下的继续承受变形的能力。由于结构抗震设计允许利用结构进入塑性阶段后的变形来吸收和耗散地震能量,因此要求结构必须具有良好的延性。

结构的延性通常用延性指标来表示。延性指标可以用不同的参数,如位移、转角、曲率或应变来表示,而其中以位移延性系数 μ 最为常见。试体的延性系数 μ 按下式计算:

$$\mu = \Delta_u / \Delta_y \tag{5.14}$$

式中　Δ_u——试体的极限变形;

$\quad\Delta_y$——试体的屈服变形。

（4）耗能

结构的耗能能力是衡量结构抗震性能的另一个重要指标,常用等效粘滞阻尼系数、功比系数等指标来表示。

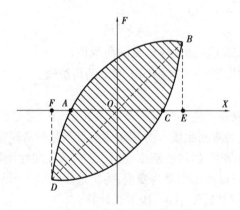

图 5.20　面积法求等效黏滞阻尼系数

等效黏滞阻尼系数等于结构滞回耗散的能量与等效弹性体产生同样位移时输入的能量之比,再除以 2π。该系数充分体现了结构在往复荷载下其滞回耗能能力受到强度和刚度退化的影响。试体的等效黏滞阻尼系数 ζ_{eq} 按下列公式计算:

$$\zeta_{eq} = \frac{1}{2\pi} \cdot \frac{S_{(ABC+CDA)}}{S_{(OBE+ODF)}} \qquad (5.15)$$

式中 $S_{(ABC+CDA)}$——图 5.20 中滞回曲线所包围的面积；

$S_{(OBE+ODF)}$——图 5.20 中三角形 OBE 与 ODF 的面积之和。

功比系数也可能反映耗能能力的大小,其可按下式计算:

$$I_w = \sum_{i=1}^{n} \frac{P_i \Delta_i}{P_y \Delta_y} \qquad (5.16)$$

式中 P_i, Δ_i——第 i 级循环的荷载和位移；

P_y, Δ_y——试体的屈服荷载和屈服位移。

2)滞回曲线模型化

滞回曲线模型是建立结构构件非线性地震反应分析的基础。根据滞回曲线特征,经简化后用数学表达式表达后可得到滞回曲线模型,即恢复力模型。

根据对各种构件的滞回曲线特性分析,构件的滞回曲线可归纳为如图 5.21 所示的四种基本形态。其中(a)为梭形,如受弯、偏压及不发生剪切破坏的弯剪构件等;(b)为弓形,它反映了一定的滑移影响,有明显的"捏缩"效应,如剪跨比较大、剪力较小且配有一定箍筋的弯剪构件和偏压剪构件等;(c)为反 S 形,它反映了更多的滑移影响,如一般框架、有剪刀撑的框架、梁柱节点和剪力墙等;(d)为 Z 形,它反映了大量的滑移影响,如小剪跨且斜裂缝可充分发展的构件,以及锚固钢筋有较大的滑移的构件等。在许多构件中,往往开始是梭形,然后发展到弓形、反 S 形或 Z 形。因此,有时将后 3 种都算为反 S 形,后 3 种形式主要取决于滑移量,滑移的量变将引起曲线形状的质变。

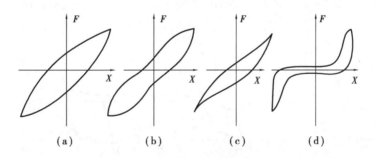

图 5.21 四种典型的滞回环

滞回曲线的形态反映了不同构件的破坏机制,正截面破坏的滞回曲线一般呈梭形,剪切破坏和主筋粘结破坏将引起弓形状的"捏缩效应",并随着主筋在混凝土中滑移量的增大及斜裂缝的张合而向 Z 形发展。

根据试体的滞回曲线的形状和特征,可构建相应的恢复力模型。目前地震反应分析中常用的恢复力模型有如图 5.22 所示的几种形式。(a)双线型和(b)三线型均是表达稳定的梭形滞回曲线的模型,区别在于后者考虑了开裂对构件刚度的影响,与试验曲线更吻合;但它们都不能反映钢筋混凝土和砌体构件的刚度退化现象。(c)Clough 模型是表达刚度退化效应的一种双线型模型,而(d)D-TRI 模型则是考虑了刚度退化效应的一种三线型模型,因此这两种模型都较好地反映了刚度退化的特点。(e)NCL 模型为标准特征滞回曲线模型,日本谷资信教授通过对有剪刀撑框架的拟静力试验发现,在极限荷载的 60% ~ 70%,同一位移幅值在 2 ~ 3 次循环加载下,出现的滞回曲线(环)比较稳定,若将这些滞回环用无量纲形式表示,在上述荷载范围内滞回环将趋于标准特征滞回环。改变 NCL 模型的曲线方程系数可以得到一系列从梭形到反 S 形的滞回曲线。(f)为滑移型模型,这些滑移型模型能不同程度地反映弓形、反 S 形和 Z 形滞回曲线的特点,但对退化效应则考虑得不够。

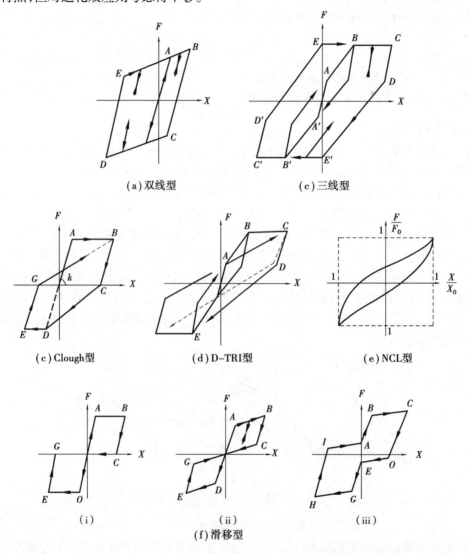

图 5.22 几种常用的恢复力模型

5.2.3 实例

1)试验模型概况

为了研究钢筋混凝土吊脚框架结构的抗震性能,依据现行的抗震规范设计了一栋典型的 7 层钢筋混凝土吊脚框架结构,结构顺坡向为 2 跨,横坡向为 3 跨,抗震设防烈度为 8 度(0.2g),场地类别为Ⅱ类,设计地震分组为一组,框架抗震等级为二级。考虑试验场地条件,从该结构中提取顺坡向中榀框架的下部3层为试验对象。按1/3比例制作试验子结构,该试验模型跨度为2.0 m,吊脚层柱高度分别为0.8 m、1.5 m、2.2 m,上部楼层层高1.0 m。为了考虑楼板对梁刚度的贡献,框架梁采用T型截面,梁高150 mm,翼缘厚40 mm,宽640 mm。吊脚层柱截面尺寸为200 mm×200 mm,上部楼层柱截面尺寸为150 mm×150 mm。结构底部采用3级台阶状混凝土底座以模拟岩质边坡,坡度约19°。模型制作时采用C30级的细石混凝土,实测混凝土立方体强度为31 MPa,弹性模量为$3.0×10^4$ MPa。梁柱纵筋选用HRB400级钢筋,箍筋采用镀锌铁丝。试验前对钢筋及镀锌铁丝进行了材料性能试验。吊脚框架子结构试验模型如图5.23所示。

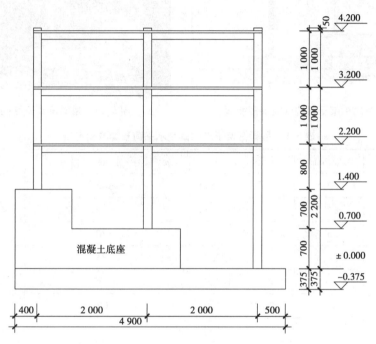

图5.23　吊脚框架子结构试验模型

2)试验加载装置及加载制度

试验加载装置如图5.24所示,试件安装后的加载装置如图5.25所示。为模拟梁上的线荷载,每层沿梁长方向配钢块960 kg。为控制子结构的柱轴压比与原型结构的一致,利用3个千斤顶在3层柱顶施加轴向荷载,将竖向荷载按等比例分成4级逐级加载到预定值,加载到每级荷载时保持压力值3 min。试验过程中,控制竖向荷载保持预定值不变。两个边柱顶竖向荷载预定值均为82 kN,中柱顶的竖向荷载预定值为144 kN。因试体是7层结构中选取的底部3层平面框架,分析发现该子结构顶部集中加载与3层分层加载产生的结构反应误差在可接受范围内,本试验采用试体顶部集中加载,并采用位移控制模式,以3层柱顶相对于吊脚长柱底端($\Delta h = 4\ 200$ mm)的广义位移角为加载控制指标。初始循环的位移角为1/1 500,以确保结构处于弹性的工作状态。后续循环的位移角为上一级的1.25~1.5倍。在位移角达到1/500前,每级荷载循环一次,其后每级荷载循环2次。第一个循环采用7点加载(加载-卸载均为三等分步长),第二个循环采用3点加载(只加载零点值和峰值)。试验过程中,以结构受推(向左)为正方向,加载制度见表5.1。

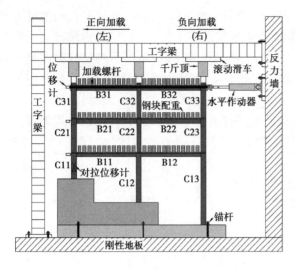

图 5.24　吊脚框架子结构试验加载装置　　　　图 5.25　吊脚框架子结构试验现场

表 5.1　吊脚框架子结构试验水平荷载加载制度表

m	Δ/mm	n	θ	m	Δ/mm	n	θ
1	±2.8	1	1/1 500	8	±42	2	1/100
2	±4.2	1	1/1 000	9	±56	2	1/75
3	±5.6	1	1/750	10	±70	2	1/60
4	±8.4	2	1/500	11	±84	2	1/50
5	±14	2	1/300	12	±105	2	1/40
6	±21	2	1/200	13	±140	2	1/30
7	±28	2	1/150				

注:m 为加载等级;Δ 为顶层位移值;n 为循环次数;θ 为广义位移角。

3)试验量测内容及测点布置

竖向荷载和水平往复荷载由千斤顶前段安装的力传感器量测,各层梁端水平位移由拉线式位移计测得。另在吊脚短柱的侧面布置一对对拉位移计,测量其剪切变形。位移测点的布置可见图 5.24。为监控梁柱纵向钢筋的应力变化,在距梁端或柱端端部 2 cm 处布置钢筋应变片。为监控剪力作用下吊脚短柱处箍筋应力的发展情况,沿柱高方向在各截面中心线处布置箍筋应变片。试验中,荷载及位移数据、钢筋应变数据分别由 DEWE3816 型、DH3616 型数据采集仪记录。

4)安全措施

为了保护试验的安全,试验过程中采取以下安全措施:①沿试体平面外加设水平梁且在两者间设置摩擦阻力非常小的高分子材料,以防止试体出平面外破坏并减小对试体的影响;②在附加质量块的各层梁板处设置柔性防护网以防止试验大变形阶段附加质量块的掉落;③竖向加载器和水平作动器均采用钢缆绳与反力墙和反力架相连以保护加载器和作动器;④试验过程中要求所有试验人员配套安全帽以保证试验人员的安全。

5）试验结果分析

（1）试验现象

在加载过程中，二层的梁端先形成塑性铰，其次是吊脚短柱的接地端、与该柱相邻的梁端以及三层中柱的顶端。试件最终破坏状态如图5.26所示。

根据裂缝的开展情况，结合试验实测钢筋应变，得出各部位出铰顺序，并绘于图5.27。图中各构件上的圆圈表示出铰部位，圆圈旁的数字代表出铰顺序，括号内数字代表出铰时荷载循环对应的顶点位移峰值，"*"表示第二个位移循环时出铰的部位。由柱端的出铰顺序可知，结构吊脚层的破坏路径为由吊脚短柱沿斜坡向下发展，2层的破坏路径为从中柱向两侧发展，如图5.27虚线所示。吊脚层塑性铰开展不均匀，吊脚短柱下端及与其相邻的梁端塑性铰开展时间明显早于该层其余梁端和柱端的塑性铰开展时间。结合结构的破坏形态可知，结构吊脚层的破坏集中于吊脚短柱及与其相邻的梁端。在罕遇地震作用下，吊脚短柱及与其相邻的梁端将会遭受到更为严重的破坏。为防止因吊脚层破坏分布不均匀所引发的局部严重损伤，进而导致整体结构的严重破坏或倒塌，宜适当提高吊脚短柱及与其相邻梁端的延性。从试验现象来看，吊层框架结构在低周往复荷载试验时呈梁柱混合出铰模式。

图5.26　吊脚框架子结构最终破坏图

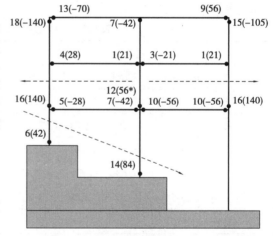

图5.27　吊脚框架子结构出铰顺序图

（2）滞回曲线特征

将试验所得结构的荷载-顶点位移和荷载-层间位移滞回曲线绘于图5.28。图中 P 对应顶层梁端的水平荷载，Δ 对应顶点位移或层间位移，P_y、P_m、P_u 分别对应屈服、峰值、破坏3个特征点的荷载值。由图可知，结构的滞回曲线具有以下主要特点：结构开裂前，滞回曲线呈线性变化，滞回环所包围的面积很小，结构刚度无明显退化，说明结构基本处于弹性工作状态。结构开裂后，随着荷载的增加，梁端弯曲裂缝进一步开展，骨架曲线逐渐朝位移轴倾斜，结构的刚度逐渐降低。滞回曲线所包围的面积不断加大，滞回曲线呈梭形，卸载时结构出现较大残余变形，结构从弹性阶段进入到弹塑性阶段。随着位移峰值的不断加大，滞回曲线由梭形发展为弓形，滞回曲线所包围的面积进一步增大，并出现一定的"捏缩"现象；循环荷载增加到一定程度时，滞回曲线"捏缩"现象更加明显，逐渐呈现为反S形，循环荷载为0时的残余变形接近加载侧移的一半或更多。在同级广义"位移角"下，第二个循环的承载力和斜率都是低于第一个循环的，这体现出了结构在循环荷载作用下的累计损伤。

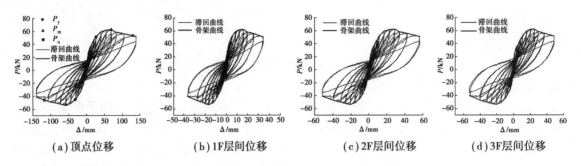

(a)顶点位移   (b)1F层间位移   (c)2F层间位移   (d)3F层间位移

图5.28　荷载-顶点位移(层间位移)滞回曲线

(3)强度、变形和延性性能

表5.2中给出了屈服、峰值荷载以及破坏3个主要特征点所对应的荷载值。因混凝土结构的非线性,试验所得骨架曲线无明显屈服点,采用能量等效原理确定屈服点的荷载和位移。破坏点的荷载和位移值取荷载下降至峰值荷载的85%时所对应的值。由表可知,结构正向加载的承载力为62.30 kN,负向加载的承载力为53.64 kN,正向加载的承载力约为负向的1.16倍。正负加载工况承载力的差异主要是受结构在平面内的非对称性、正负加载工况加载点的不一致和加载装置摩擦力的影响。

表5.2　试件的强度、变形及延性性能

位置	加载方向	屈服点			峰值荷载点			破坏点			μ
		Δ_y(mm)	P_y(kN)	θ_y	Δ_m(mm)	P_m(kN)	θ_m	Δ_u(mm)	P_u(kN)	θ_u	
顶点	正向	27.38	51.75	1/153	69.09	62.30	1/61	130.25	52.96	1/32	4.76
	负向	31.97	45.29	1/131	57.17	53.64	1/73	116.78	45.59	1/36	3.65
3层	正向	9.99	38.42	1/100	24.65	62.30	1/41	44.44	52.96	1/23	4.45
	负向	10.39	44.68	1/96	20.3	53.64	1/49	43.52	45.59	1/23	4.19
2层	正向	9.18	45.59	1/109	28.81	62.30	1/35	51.23	52.96	1/20	4.34
	负向	10.95	45.2	1/91	20.52	53.64	1/49	42.73	45.59	1/23	3.9
1层	正向	6.93	52.22	1/317	17.16	62.30	1/128	32.03	52.96	1/42	4.51
	负向	8.46	44.76	1/260	15.21	53.64	1/144	35.16	45.59	1/63	3.38

注:以1层顶相对于吊脚长柱C13接地端的位移角为1层的层间位移角。

表5.2列出了屈服、峰值荷载以及破坏3个主要特征点所对应的整体结构广义位移角以及各层层间位移角。其中,整体结构广义位移角计算对应高度均为吊脚长柱的下端至3层的顶端。由表可知,在破坏点时,结构正向加载整体结构广义位移角为1/32,负向加载整体结构广义位移角为1/36,结构正向加载极限层间位移角为1/20,负向加载极限层间位移角为1/23,结构破坏点所对应的位移角值均超过规范的限值,说明按现行规范设计的RC吊脚框架结构具有较强的变形能力。

表5.2列出了计算的结构延性系数值,可知正向加载整体结构位移延性系数和层间位移延性系数分布于4.34 ~ 4.76,负向加载整体结构位移延性系数和层间位移延性系数分布于

3.38～4.19,均大于3,表明按现行规范设计的 RC 吊脚框架结构具有较好的延性性能。

（4）耗能能力

根据试验所得荷载-顶点位移滞回曲线,由每级荷载循环下滞回环的面积求得结构的累计耗能曲线见图 5.29。累积耗能曲线反映了累积耗能值随着循环数的变化情况,结构试验过程中共有 23 个循环。当循环数小于 10 时,结构的破坏程度较小,累积耗能数值不大。当循环数大于 10（位移值达到 28 mm）后,梁端和柱端的裂缝开展明显,结构破坏程度加大,累积耗能不断增加,并且随着循环数的增加,曲线的斜率逐渐加大,说明每级荷载循环下结构滞回环所包围的面积有所增大,耗能愈充分。

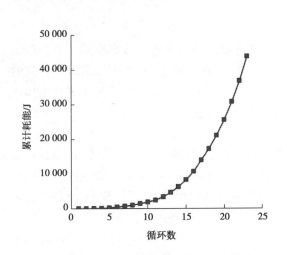

图 5.29 吊脚框架子结构的累计耗能　　　　图 5.30 吊脚框架子结构的整体刚度

（5）刚度退化

采用割线刚度来描述每级荷载下结构的整体刚度,将结构的整体刚度随顶层位移的变化关系绘于图 5.30。由该图可见,试验过程中,正负加载工况下结构的割线刚度曲线呈现不对称性,其主要原因是吊脚框架结构吊脚层柱不等高嵌固引起的顺坡向刚度的不均匀以及正负加载工况下加载点的不一致。随着顶层位移的加大,吊脚层内的吊脚短柱和吊脚中柱逐渐发生破坏,并形成塑性铰,其柱端刚度减小,导致层内刚度不均匀性有所改善。因此在顶点位移大于84 mm 后,正负加载工况下刚度曲线较为对称。顶层位移加载至 21 mm 之前,梁端和柱端新增裂缝不断出现,已有裂缝逐渐延伸,导致结构整体刚度衰减较快;随着顶点侧向位移逐渐增大,结构逐渐进入屈服阶段,梁端和柱端新增裂缝开展较少,并形成梁铰和柱铰,导致结构刚度衰减速度变慢。

（6）主要结论

通过该子结构的拟静力试验,对子结构的破坏形态、滞回性能以及延性能力等抗震性能指标进行了分析,并探讨了吊脚层的破坏形态,得到了以下主要结论:

①子结构呈梁柱混合出铰的破坏模式,在加载过程中,二层的梁端先形成塑性铰,其次是吊脚短柱的下端、与该柱相邻的梁端以及三层中柱的顶端。最终破坏以吊脚短柱的混凝土压溃、梁端混凝土脱落以及 3 层中柱的顶端两侧混凝土的剥落为标志。结构吊脚层的破坏路径为由吊脚短柱沿斜坡向下发展,2 层的破坏路径为从中柱向两侧发展。

②子结构吊脚层的破坏分布不均匀,破坏集中于吊脚短柱的下端以及与其相邻的梁端,为

防止局部严重损伤,进而导致整体结构的严重破坏甚至倒塌,宜适当提高吊脚短柱及与其相邻梁端的延性,并控制刚度分布的不均匀程度、改善刚度分布的不均匀性。

③试验中,按现行规范设计的 RC 吊脚框架子结构整体抗震性能较好,其滞回曲线较为饱满,并具有较强的变形能力(结构正向加载极限层间位移角可达 1/20,负向加载极限层间位移角可达 1/23)及较优的延性性能(结构的整体结构位移延性系数在 3.65 以上,层间位移延性系数在 3.38 以上)。吊脚层短柱的破坏仍以弯曲破坏为主,说明经合理的设计,吊脚框架结构可实现短柱的强剪弱弯破坏模式。

5.3 拟动力试验

拟动力试验方法是计算机-加载器联机的试验,是将结构动力学的数值解法同电液伺服加载有机结合起来的试验方法。拟动力试验是由计算机进行结构非线性动力分析,将计算得到的位移反应作为输入数据以控制加载器对试体进行试验,而试验结果再返回到计算机进行结构非线性分析。对所加载的地震波每一荷载步都重复以上计算-试验过程,就可以得出某一实际地震波作用下的结构连续反应的全过程。

拟动力试验的优点是将结构分为计算子结构和试验子结构,试验成本大大降低,并且可直接得到结构在动力荷载下的响应。但受计算效率和加载器响应频率的影响,早期的拟动力试验难以实现荷载步与地震作用同步,人为放大了地震作用的时间尺度,降低了试验的加载速度,无法反映加载速率和材料反应速度对结构地震响应的影响。近年来随计算机硬件性能的提升、高效计算技术的出现、高速动态加载作动器的应用,拟动力试验发展为实时混合模拟力试验(Real-time Hybrid Simulation),该试验方法具有真实时间尺度内同步计算、同步加载、同步信息交互的能力,试体在真实地震作用下的动力行为可被准确再现。

拟动力试验实际上是计算机与加载器联机求解结构动力学方程的方法,试验设备包括计算机系统、结构分析软件和试验装置。除加载器的响应频率有差异外,拟动力试验的加载装置与拟静力试验相近。拟动力试验除必要的装置外,试验前还应根据结构所处的场地类型选择具有代表性的地震加速度时程曲线,并准备好计算机的输入数据文件。

5.3.1 拟动力试验方法

1)拟动力试验原理和步骤

拟动力试验的方法是对子结构通过计算机进行数值分析并控制加载,即根据给定的地震加速度记录,通过计算机进行非线性结构动力分析,将计算得到的位移反应作为输入数据,以控制加载器来对结构进行试验。拟动力试验原理如图 5.31 所示。图中左侧框图部分是用计算机计算试验结构地震反应的一般过程,需要在试验前假定结构的恢复力特性模型。图中右侧框图部分是试验过程,在解微分方程的同时,平行地进行试验结构的加载试验,同时测定试验结构各质点集中点的恢复力,并进行计算机分析。因此用实测的恢复力替代了经简化假设的恢复力特性模型,从而使具有复杂恢复力特性的结构或考虑结构实际构造特征的影响在地震反应计算中成为可能,把计算机分析和恢复力实测进行了结合。

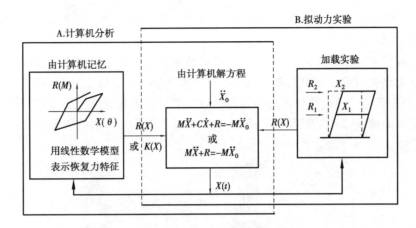

图 5.31　拟动力试验原理图

拟动力试验具体步骤如下：

①给定输入地震加速度时程。

在计算机系统中输入某一确定的地震地面运动加速度时程,为便于利用数值积分方法来计算求解线性或非线性的运动方程,将实际地震加速度的时程曲线离散为步长 Δt 的荷载步。

②计算第 $n+1$ 步的指令位移 X_{n+1}。

由计算机按输入的第 n 步的地面运动加速度 $\ddot{X}_{0n}$,求得第 $n+1$ 步的指令位移 X_{n+1}。当输入 $\ddot{X}_{0n}$ 后,由运动方程 $M\ddot{X}_n + c\ddot{X}_n + R = -M\ddot{X}_{0n}$ 在 Δt 时间内由第 $n-1$ 和 n 步的位移 X_{n-1} 和 X_n 以及第 n 步的恢复力 R 求第 $n+1$ 步的位移 X_{n+1}。

③按指令位移 X_{n+1} 对结构施加荷载。

由加载控制系统的计算机将位移值 X_{n+1} 转换成电压信号,输入加载系统的电液伺服加载器,用准静态方法对结构施加与 X_{n+1} 的位移相应的荷载。

④量测结构的恢复力 R_{n+1} 和加载器的位移值 X_{n+1}。

由电液伺服加载器的荷载传感器和位移传感器直接测量结构的恢复力 F_{n+1} 和加载器活塞行程的位移反应值 X_{n+1}。

⑤重复上述步骤,按输入第 $n+1$ 步的地面运动加速度 X_{0n+1} 求位移 X_{n+2} 和恢复力 R_{n+2},连续进行加载试验。

将实测的 R_{n+1} 和 X_{n+1} 的数值输入到计算机,利用位移 X_n,X_{n+1} 和恢复力 R_{n+1},按上述同样方法重复运行并进行计算、加载和测量,求得位移 X_{n+2} 和恢复力 F_{n+2},连续对结构进行加载试验,直到输入地震加速度时程所指定的时刻。

2) 拟动力试验系统

拟动力试验系统由试体、试验台座、反力墙、加载设备、计算机、数据采集仪器仪表等组成,其中试验台座、反力墙、加载设备、计算机等试验装置的能力应满足试体对试验加载的需求。

由于非闭环控制的加载设备的加载控制精度较难保证,拟动力试验的加载设备宜采用闭环自动控制的电液伺服试验系统,且具备监控结构多点加载动态恢复力特性和滞回曲线的功能。

拟动力试验采用的计算机系统应满足实时控制与数据采集、数据处理、图形输出等功能要求。

　　拟动力试验测量仪器仪表在量程、精度等方面与拟静力试验所采用的类似,但应采用自动化数据采集设备,数据采样频率不低于 1 Hz。

　　拟动力试验装置与拟静力试验装置类似,应符合本书第 5.2.1 节中 1)的要求。图 5.32 为框架结构拟动力试验装置。图中水平加载伺服作动器两端应有球铰支座且应分别与反力墙、试体连接,水平集中荷载应通过拉杆传力装置作用在节点上。垂直恒载作动器宜采用短行程的伺服作动器并配装能使试体产生剪弯反力的装置,当垂直加载采用一般液压加载设备装置时应采用稳压技术措施。

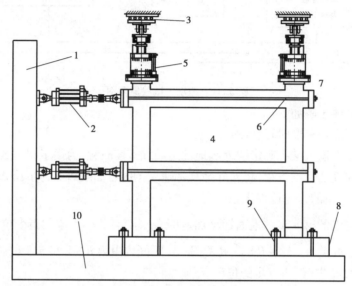

图 5.32　框架结构拟动力试验装置
1—反力墙;2—水平加载伺服作动器;3—导轨;4—试体;5—垂直恒载伺服作动器;
6—拉杆;7—压梁;8—锚固梁;9—锚杆;10—试验台

3)拟动力试验实施和控制方法

(1)试验准备

　　拟动力试验前确定初始计算参数,包括各质点的质量和高度、初始刚度、自振周期、阻尼比等。质量和高度可通过实测或计算确定。初始侧向刚度应在拟动力试验前通过对模型进行小变形静力加载试验来确定,可采用在模型顶部施加单位水平荷载并量测水平位移所得的荷载-位移关系来确定;如果根据前次试验中的荷载与位移的关系进行折算时,应注意试验前几级加载时的刚度是否正确,若误差较大时应及时修正;多质点结构体初始侧向刚度矩阵是柔度矩阵的逆矩阵。自振周期、阻尼比等动力特性可采用结构动力特性测试确定。

　　拟动力试验的过程控制程序应采用实时控制,并通过人-机交互控制完成试验全过程。控制程序中一般应具有:读取地震加速度记录数据文件;联接试验参数文件;控制计算机和作动器的联机;完成试验初始状态的检查;通过数值积分算法求解结构动力方程,输出试验数据等功能。试验用地震加速度记录或人工模拟地震加速度时程曲线的数据处理需注意峰、谷值的保留。为适应试体的从弹性到破坏各阶段试验过程,宜采用比例系数将原始地震加速度扩大或缩小,但波形不应改变。

（2）试验控制

拟动力试验的加载控制应为试体各质点在地震作用下的反应位移，试验中宜直接采用位移控制加载。当结构刚度较大且处于弹性阶段时，直接采用位移控制加载有较大困难，可以采用力控制逼近控制位移的间接加载方法，但最终控制量必须是试体各质点的位移量。为避免一次加载到位对试体产生冲击（多质点时为连续冲击）而导致试体非试验性破坏，可以将每步加载量分解为若干子步，各子步增量加载到试验控制值。

拟动力试验中，应对仪表布置、支架刚度、荷载加载量、限位等采取消除试验系统误差的措施。拟动力的试验控制量是各质点的位移，因此应保证试验所测得的位移是试体的真正的位移，则位移测试仪器应有足够的精度要求，位移测点布置、量测和取值应满足要求，量测仪器支架应有足够的刚度。支架在外界扰动干扰作用下，顶部自变形量应小于量测仪器最小值的1/4。试验量测仪器的不准确度和数值转换的误差应低于试验中可能的最小加载量。应根据试验中试体可能出现的最大加载量进行限位以保证试验的安全，防止在操作失误或其他异常情况下对试体造成非试验性破坏。

5.3.2 拟动力试验数据处理

拟动力试验数据通常采用图形体现，包括时程曲线和最大地震加速度对应的图形。主要包括：基底总剪力-顶端水平位移曲线图；层间剪力-层间水平位移曲线图；试体各质点的水平位移时程曲线图和恢复力时程曲线图；最大地震加速度对应的水平位移图、恢复力图、剪力图、弯矩图；抗震设计的时程分析曲线与试验时程曲线的对比图等。

试体开裂时的基底总剪力、顶端位移和相应的最大地震加速度，应按试体第一次出现裂缝且该裂缝随地震加速度增大而开展时的相应数值确定，并记录此时的地震反应时间。

试体屈服、极限、破坏状态的基底总剪力、顶端水平位移和最大地震加速度，可按下列方法确定：

①应采用同一地震加速度记录按不同峰值进行的各次试验得到的基底总剪力-顶端水平位移曲线，考虑各次试验依次使结构模型产生的残余变形影响，将各曲线中最大反应滞回环绘于同一坐标图中，得到如图 5.33 所示的基底总剪力-顶端水平位移包络线。

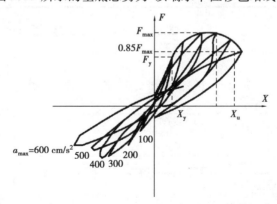

图 5.33 基底总剪力-顶端水平位移包络线

②取包络线上出现明显拐弯点处，正、负方向绝对值较小一侧的数值为试体的屈服基底总剪力 F_y、屈服顶端水平位移 X_y 和屈服状态地震加速度。

③取包络线上基底总剪力最大处正、负方向绝对值较小一侧的数值,作为试体极限基底总剪力 F_{max} 和极限剪力状态的地震加速度。

④取包络线上沿顶端水平位移轴、基底总剪力下降为极限基底总剪力 85% 点处的正、负方向绝对值较小一侧的数值,作为试体破坏基底总剪力 $0.85F_{max}$、极限顶端水平位移 X_u 和破坏状态的地震加速度。

5.3.3 实例

1)试验概况

为了研究预应力混凝土框架的抗震性能,设计了如图 5.34 所示的试体开展拟动力试验。该试体的轴线跨度为 3.0 m,层高 1.5 m。试体的框架柱截面为 250 mm × 300 mm,梁截面尺寸为 450 mm × 200 mm。在梁端(加载侧)设置 300 mm × 450 mm × 700 mm 的加载端,通过拉杆将试件与水平作动器相连。为保证柱底端为固定端,框架底部设置为刚度较大的基础梁,其截面尺寸为 300 mm × 450 mm。框架梁的预应力配筋为 2φ15,采用无黏结预应力筋,固定端采用挤压锚,张拉端采用夹片锚,如图 5.35 所示。混凝土强度等级为 C40。

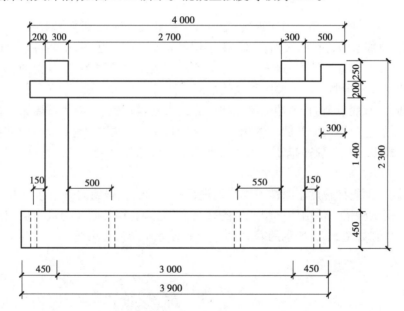

图 5.34 预应力混凝土框架拟动力试验试体

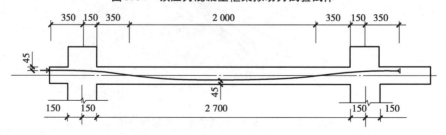

图 5.35 混凝土框架梁中预应力筋的布置

2)试验加载装置

拟动力试验的预应力混凝土框架的轴压比选用 0.3,框架梁上的竖向集中荷载为 20 kN。柱顶竖向荷载 N 由固定在柱顶的两个油压千斤顶施加。梁中竖向集中荷载 F 由固定在梁三分点处的千斤顶施加。竖向荷载加载满载后由液压系统保持荷载不变,然后在梁端施加水平荷载,进行拟动力试验,水平荷载由电液伺服系统作动器施加。作动器的静态(非冲击)承载能力为 ±750 kN,额定加载能力为 ±500 kN,最大行程为 ±250 mm。预应力混凝土框架拟动力试验加载装置如图 5.36 所示。

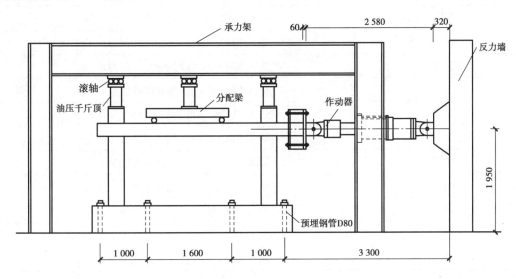

图 5.36　预应力混凝土框架拟动力试验加载装置图

3)试验方案

(1)地震波的选择

选取 El-Centro 波作为试验的地震动加载(图 5.37)。El-Centro 波是 1940 年 Imperil Valley 地震的强震记录,是第一次完整记录到的最大加速度超过 300 gal 的地震地面加速度记录。

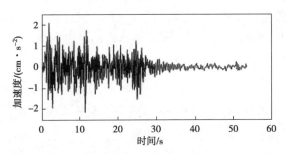

图 5.37　预应力混凝土框架拟动力试验地震动 El-Centro 波

(2)试验主要参数的确定

本拟动力试验将框架结构简化为单自由度体系,结构质量视为集中在楼层标高处,其值在综合考虑了框架结构的几何尺寸、实际工程的荷载情况及试验的相似条件之后,取为 150 kN。

阻尼是振动体系的重要动力特征之一。本次试验中,考虑到结构损伤引起的结构阻尼特性的变化,采用动载试验的方法量测试体的阻尼。

正式试验前先施加反复荷载两次,以检查试验装置及各测量仪表的反应是否正常,然后开展拟动力试验,具体的试验加载方案详见表5.3。

表5.3 预应力混凝土框架拟静力试验加载方案

试验编号	试验内容
FLT-1	在框架梁截面高度中心处的水平加载试验
DL-1	框架结构水平方向的动载试验
PDT-1	输入 El-Centro 波(加速度峰值为 $0.05g$)
PDT-2	输入 El-Centro 波(加速度峰值为 $0.1g$)
PDT-3	输入 El-Centro 波(加速度峰值为 $0.2g$)
PDT-4	输入 El-Centro 波(加速度峰值为 $0.4g$)
PDT-5	输入 El-Centro 波(加速度峰值为 $0.8g$)
PDT-6	输入 El-Centro 波(加速度峰值为 $1.2g$)
PDT-7	输入 El-Centro 波(加速度峰值为 $1.6g$)
PDT-8	输入 El-Centro 波(加速度峰值为 $2.0g$)
PDT-9	输入 El-Centro 波(加速度峰值为 $2.4g$)
PDT-10	输入 El-Centro 波(加速度峰值为 $3.0g$)
PDT-11	输入 El-Centro 波(加速度峰值为 $4.0g$)

试验中框架梁截面高度中心处的水平加载试验,是为了获得试验框架的初始刚度,为拟动力试验分析计算提供必要的数据。在每次拟动力试验前后各进行一次试验,前后两次试验是为了比较框架经过弹塑性阶段前后刚度退化的性质。试验方法是根据结构刚度的基本定义,在框架梁截面高度中心处水平施加单位位移并根据所需的水平荷载值,最终得到计算框架刚度。而水平方向的动载试验则是为了测试框架结构的周期、频率及阻尼。而拟动力试验主要是为了获得试件从开裂到屈服后的变形、裂缝出现及发展等性态;同时,也可了解试验框架在不同加速度峰值、频谱组成及其时间历程的地震加速度记录输入后的反应大小,变形累积及其能量耗散、刚度退化、周期变长等性质。

4)试验结果分析

在加速度峰值 $A_{max}=0.05g$ 和 $A_{max}=0.1g$ 这两个工况的地震作用下,框架结构基本上处于弹性阶段,并未发现任何裂缝出现。当加速度峰值 $A_{max}=0.2g$ 的地震作用下,肉眼观察并未发现有裂缝出现,但是从框架结构的其他反应可以察觉到结构已开裂,分析可能是裂缝尚小,在反复荷载的作用下,裂缝又闭合,故肉眼未发现裂缝的出现。当输入加速度峰值 $A_{max}=0.4g$ 时,柱脚两侧均出现肉眼可见的细小水平裂缝,在反向荷载作用时,裂缝尚可闭合。当输入加速度峰值 $A_{max}=0.8g$ 时,柱脚的部分钢筋进入屈服状态。在随后进行的试验工况中,原有裂缝继续扩展延伸,同时,梁端顶面、底面及侧面均出现了许多裂缝。当输入加速度峰值 $A_{max}=2.4g$ 时,框架结构达到极限荷载,结构损伤不断加剧。随着输入加速度峰值的继续增大,结构的承载能力进入下降阶段。当输入加速度峰值 $A_{max}=4.0g$ 时,结构承载能力下降至极限荷载的 90% ,由于此时框架结构破坏较为严重,柱脚混凝土已经压碎破坏,试验结束。

以下选择用极限荷载阶段工况(加速度峰值 $A_{max}=2.4g$)的主要结果来比较预应力混凝土框架结构在地震波作用下的反应情况,包括试体的加速度反应、位移反应和恢复力特性。

(1)加速度反应

图 5.38 为 $A_{max}=2.4g$ 时预应力混凝土框架结构在地震动荷载下的加速度反应的实测值与输入值的比较。从图中可看出:框架结构的加速度时程反应与输入地震波并不是同时达到最大值。在输入的 El-Centro 波中,最大的加速度峰值出现在 $t=0.648$ s(考虑模型相似比,时间间隔进行了压缩)时,且出现在正向;而加速度反应最大的峰值点出现在 $t=0.654$ s 时,且出现在正向。这主要是由框架结构自振周期与输入地震波的频率的差异所导致的不同。而且加速度反应幅值则随着结构的损伤积累及结构刚度的退化而有所改变。

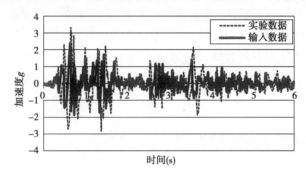

图 5.38　拟动力试验加速度时程($A_{max}=2.4g$)

(2)位移反应

图 5.39 为 $A_{max}=2.4g$ 时预应力混凝土扁梁框架结构在输入地震波荷载作用下的位移反应实测数据,即位移时程曲线。从图中可以看出:结构位移反应的最大值与输入波加速度的最大值并不发生在同一时刻,这是由于输入波的频谱与结构的自振周期决定的,只有当结构当前的自振周期与输入波的频谱相近时,其位移反应才会达到最大值。与结构加速度反应一样,结构的位移反应也会随着结构的损伤积累及结构刚度的退化而有明显的改变。

(3)滞回曲线

图 5.40 为 $A_{max}=2.4g$ 时框架的荷载-水平位移曲线,即框架结构在反复荷载作用下的恢复力特性的表现,这也是框架结构抗震性能研究的主要问题之一。

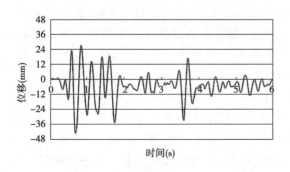

图 5.39　拟动力试验位移时程($A_{max}=2.4g$)

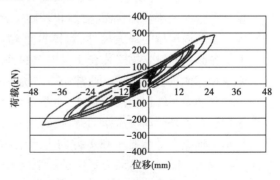

图 5.40　拟动力试验滞回曲线($A_{max}=2.4g$)

5.4　地震模拟振动台试验

地震模拟振动台试验是通过振动台台面对试体输入地面运动,模拟地震对试体作用的抗震试验。地震模拟振动台可以再现各种地震波的作用过程,还可以进行人工地震波模拟试验,它是在试验室中研究结构地震反应和破坏机理最直接的方法。地震模拟振动台试验是一项综合有土建、机械、液压、电子、计算机控制技术以及振动量测技术的系统工程。通过向地震模拟振动台输入地震波,激励起地震模拟振动台上结构的反应,可以测得不同结构的动力特性、地震响应、震害特征、破坏机理,可以验证结构本构关系、健康诊断技术、抗震加固技术等,为地震设防和抗震设计提供依据,提高综合抗震水平。

一般来说,地震模拟振动台试验研究的主要任务是验证理论和计算方法的合理性和有效性、确定弹性阶段的应力与变形状态、寻求弹塑性和破坏阶段的工作性状。地震模拟振动台试验的具体内容包括:确定结构的动力特性,主要是结构各阶段的自振周期、阻尼和振型等动力特性参数;研究结构在地震作用下的破坏机理和破坏特征;在给定的模拟地震作用下测定结构的地震反应,验证理论试验模型和计算方法的合理性和可靠性;验证所采取的抗震措施或加固措施的有效性。

5.4.1　地震模拟振动台试验方法

1)地震模拟振动台

随着科学技术的发展,形成了机械式、电磁式、电液伺服式等多种类型的地震模拟振动台。早期主要为机械式振动台,多数只能进行正弦波试验,个别的可以进行随机波试验,且只能进行固定位移格式的波形输入。电磁式可以开展任意波形试验,且波形失真小,但难以实现大位移、大出力的试验,主要应用于小型地震模拟振动台。目前应用最广泛的是电液伺服地震模拟振动台,其台体激励机构简单,易于形成多向控制,出力大,位移大。下面主要介绍电液伺服地震模拟振动台。

(1)振动台组成

电液伺服地震模拟振动台主要由台面系统(台面、支撑、基础)、动力系统(液压泵站、伺服作动器、油路系统)、控制系统和数据采集处理系统等部分组成(图5.41)。

振动台台面系统包括台面、支撑和基础。台面是有一定尺寸和刚度的平板结构,其尺寸的规模确定了结构模型的最大尺寸,台体自重和台身结构与承载的试件质量及使用频率范围有关。振动台必须通过支撑安装在质量很大的基础上,这样可以改善系统的高频特性,并减小对周围建筑和其他设备的影响。通常动力系统中的伺服作动器兼作支撑。

振动台动力系统包括液压泵站、油路系统和伺服作动器。动力系统给振动台以巨大推力,由电液伺服系统来驱动液压作动器,控制进入作动器的液压油的流量大小和方向,从而推动台面能在垂直轴或水平轴的 X 和 Y 方向上产生相位受控的正弦运动或随机运动,实现地震模拟和波形再现的功能。液压动力部位是一个巨大的液压功率源,能供给所需要的变压油流量,以满足巨大推力和运动速度的要求。

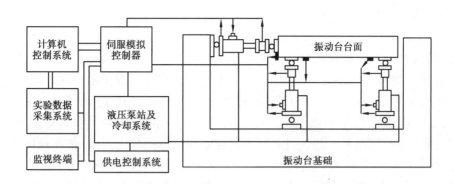

图 5.41　地震模拟振动台系统组成示意图

振动台控制系统可在台面实现所给定的地震波。为了提高振动台的控制精度,可采用计算机进行数字迭代的补偿技术,实现台面地震波的再现。试验时,振动台台面输出的波形是期望再现的某个地震记录或是模拟设计的人工地震波。由于包括台面、试体在内的系统的非线性影响,在计算机给台面的输入信号激励下所得到的反应与输出的期望波形之间必然存在误差。这时,可由计算机将台面输出信号与系统本身的传递函数(频率响应)进行比较,求得下一次驱动台面所需的补偿量和修正后的输入信号。经过多次迭代,直至台面输出反应信号与原始输入信号之间的误差小于预先给定的量值,完成迭代补偿并得到满意的期望地震波形。

振动台数据采集系统除了对台身运动进行控制而测量位移、加速度等外,对试件模型也要进行多点测量,一般量测的内容为位移、加速度、应变及频率等,总通道可达数百点。数据采集系统将反应的时间历程记录下来,经过模数转换送到数字计算机储存,并进行分析处理。

(2)振动台主要技术参数

地震模拟振动台的技术参数决定了振动台设备的性能。应根据振动台的技术参数合理地设计地震模拟振动台试验,或根据地震模拟振动台试验所需的设备参数选取合适的振动台。地震模拟振动台主要技术参数包括:

①台面尺寸和台面最大负载。

台面尺寸决定了试验模型的平面尺寸,台面尺寸越大,结构模型的尺寸就可以越大,试验结构的性能也就越接近真实结构的性能。台面的最大负载决定了试验模型的重量,台面负载小则只能开展较轻模型的试验,而台面负载大则可以开展比较重的模型的试验。因此,振动台试验中,试验结构模型的平面尺寸受振动台平面尺寸限制,试验结构模型的重量也要受到振动台最大负载能力的限制。目前建成的最大台面振动台是日本的 E-DEFENSE,其台面尺寸为 20 m × 15 m,最大载重量 1 200 t。目前在建的最大台面振动台是天津大学大型地震工程模拟研究设施,其台面尺寸为 20 m × 16 m,最大载重量 1 350 t。

②台面运动自由度。

由于地震动是空间运动,包括 3 个平动分量和 3 个转动分量。则理想的地震模拟振动台应是三向六自由度的地震模拟振动台。振动台仅在一个水平方向运动时,为水平单向振动台。如果振动台有两个自由度,可以有两种组合,一种组合为一个自由度为水平方向,另一自由度为竖向方向;另一种组合中,两个自由度均为水平方向,两个水平运动方向相互垂直。三自由度的振动台包括两个水平方向的自由度和一个竖向方向的自由度。目前,有的已投入运行的地震模拟振动台虽然具有在全部 6 个自由度上模拟地震地面运动的能力,但在结构抗震试验中,一般仍以水平方向和垂直方向的振动为主。

③频率范围、最大位移、速度和加速度。

地震波的频率范围一般在 0.25 ~ 10 Hz。由于振动台试验大多是缩尺模型试验,考虑到模型相似关系,模型的频率会增大。因此地震模拟振动台的频率范围大多为 0 ~ 50 Hz,有的振动台的最高频率响应可以达到 80 ~ 120 Hz,主要用于较小比例的结构模型的振动台试验。

振动台最大位移一般为 ±100 mm。采用电液伺服系统的振动台,其动态特性由电液伺服作动器所决定。电液伺服系统的流量和压力决定了作动器的最大速度,按照速度与位移的关系,振动圆频率越高,振动位移幅值就越小。另一方面,振动台的加速度与振动圆频率和加速度成正比,当速度一定时,振动频率越高,加速度越大。振动台的最大加速度可以达到 20 m/s^2($2g$,g 为重力加速度)。

④输入波形。

地震模拟振动台试验的主要目的是检验结构在遭遇地震时的性能。一般要求振动台能够模拟地震地面运动,输入的振动波形应为不规则的地震波。此外,振动台可以用来对结构施加各种振动激励,输入的波形还包括正弦波、三角波等规则波,以及随机的不规则白噪声波等。

国内外典型振动台参数如表 5.4 所示。应根据试体的尺寸、质量以及试验要求并结合振动台的台面尺寸、承载能力、频响特性和动力性能等参数选择使用合适的振动台。对大缩尺比例模型应选用高频小位移的振动台,对足尺、小缩尺模型应选用低频大位移的振动台。

表 5.4　国内外典型振动台技术参数

序号	单位	台面尺寸（m）	最大荷载（t）	频率范围（Hz）	最大位移（mm）	最大速度（mm/s）	最大加速度 g	驱动方式	建成时间
1	同济大学（四平校区）	4.0×4.0	25	0.1~50	X：±100 Y：±50 Z：±50	±1 000 ±600 ±600	±1.2 ±0.8 ±0.7	电液伺服	1983
2	中国水利水电研究院	5.0×5.0	20	0~120	X：±40 Y：±40 Z：±30	±400 ±400 ±300	±1.0 ±1.0 ±0.7	电液伺服	1987
3	中国建筑科学研究院	6.1×6.1	60	0.1~50	X：±150 Y：±250 Z：±100	±1 000 ±1 200 ±800	±1.5 ±1.0 ±0.8	电液伺服	2004
4	重庆交通科学研究院	2×3.0×6.0	35	0.1~80	X：±150 Y：±150 Z：±100	±800 ±800 ±600	±1.0 ±1.0 ±1.0	电液伺服	2005
5	中国核动力研究院	6.0×6.0	60	0.1~50	X：±250 Y：±250 Z：±250	±800 ±800 ±800	±1.0 ±1.0 ±1.0	电液伺服	2005
6	同济大学（嘉定校区）	4×4.0×6.0	30+70+ 70+30	0.1~50	X：±500 Y：±500	±1 000 ±1 000	±1.5 ±1.5	电液伺服	2014

续表

序号	单位	台面尺寸（m）	最大荷载（t）	频率范围（Hz）	最大位移（mm）	最大速度（mm/s）	最大加速度 g	驱动方式	建成时间
7	西安建筑科技大学	4.1×4.1	20	0.1~50	X：±150 Y：±250 Z：±100	±1 000 ±1 250 ±800	±1.5 ±1.0 ±1.0	电液伺服	2014
8	中国地震局工程力学研究所（北京）	5.0×5.0 + 3.5×3.5	30 +6	0.5~40 0.1~80	X：±500 Y：±500 Z：±250	±1 500 ±1 500 ±1 000	±2.0 ±2.0 ±1.0	电液伺服	2015
9	苏州电器科学研究院股份有限公司	4.0×10.0 + 2.5×2.5	80 +10	0.1~100	X：±300 Y：±300 Z：±150		±1.5 ±1.5 ±1.0	电液伺服	2015
10	重庆大学	6.1×6.1	60	0.1~50	X：±250 Y：±250 Z：±200	±1 200 ±1 200 ±1 000	±1.5 ±1.5 ±1.0	电液伺服	2015
11	西南交通大学	8.0×10.0	160	0.1~50	X：±800 Y：±800 Z：±400	±1 200 ±1 200 ±800	±1.5 ±1.5 ±1.0	电液伺服	2017
12	北京建筑大学	5.0×5.0	60	0.1~50	X：±400 Y：±400 Z：±200	±1 000 ±1 000 ±1 000	±1.5 ±1.5 ±1.2	电液伺服	2019
13	天津大学	2×3.6	20	0.1~100	X：±300 Y：±300 Z：±200	±1 000 ±1 000 ±800	±1.5 ±1.5 ±1.2	电液伺服	2019
14	日本防灾科学技术研究院	20.0×15.0	1 200	0~50	X：±1 000 Y：±1 000 Z：±500	±2 000 ±2 000 ±700	±0.9 ±0.9 ±1.5	电液伺服	2005
15	美国加州大学圣地亚哥分校	7.6×12.2	400	0~33	X：±750	±1 800	±1.2	电液伺服	2004
16	美国纽约州立大学布法罗分校	2×3.6×3.6	50 +50	0~50	X：±1 500 Y：±1 500 Z：±750	±125 ±125 ±50	±1.15 ±1.15 ±1.15	电液伺服	
17	美国伊利诺伊大学	3.65×3.65	4.5	0~50	X：±75	38	±5.0	电液伺服	
18	加州大学伯克利分校	6.1×6.1	45	0~50	X：±152 Z：±51	±63.5 ±25.4	±0.67 ±0.22	电液伺服	

续表

序号	单位	台面尺寸（m）	最大荷载（t）	频率范围（Hz）	最大位移（mm）	最大速度（mm/s）	最大加速度 g	驱动方式	建成时间
19	罗马尼亚建筑科学院	15.0 × 15.0	80	0.25 ~ 12	X: ±250		±0.7	水压伺服	
20	阿尔及利亚 CGS 实验室	6.1 × 6.1	60	0 ~ 100	X: +150 Y: +250 Z: +100	±110 ±110 ±100	±1.0 ±1.0 ±0.8	电液伺服	
21	法国地震工程研究中心	7.6 × 12.2	100	0 ~ 100	X: +125 Y: +125 Z: +100	±100 ±100 ±100	±1.0 ±1.0 ±1.0	电液伺服	
22	意大利欧洲地震工程研究中心	5.6 × 7.0	140	0 ~ 50	X: +500	±220	±5.9	电液伺服	
23	葡萄牙国家工程实验室	5.6 × 5.6	40	0 ~ 20	X: +175 Y: +175 Z: ±175	±20 ±20 ±20	±1.8 ±1.1 ±0.6	电液伺服	
24	俄罗斯工程科学研究所	5.0 × 5.0	50	0 ~ 40	X: ±70 Y: +70 Z: ±40	±60 ±60 ±60	±2.0 ±2.0 ±2.0	电液伺服	

（3）振动台控制原理

输入波形的时域和频域内的重现能力是评价地震模拟振动设备性能的重要参数,性能好的地震模拟振动台设备可以在台面上实现所需要的输入波形。输入波形的重现能力与振动台的控制方式相关。对于电液伺服控制的地震模拟振动台,早期主要采用位移控制方式,近年来主要采用以位移、速度和加速度组成的三参量反馈控制方式。

三参量控制原理是利用加速度、速度和位移三个参量的反馈对地震模拟振动台的振动进行控制,其原理如图 5.42 所示。运用三参量反馈控制方法对显著提高系统的动态特性和系统的频带宽度,其中加速度反馈可以提高系统阻尼,速度反馈可以提高油柱共振频率。一个典型的三参量控制过程为:控制系统给出地震波,经过三参量发生器,与由台面上的反馈控制位移、加速度传感器经归一放大后的三参量反馈信号形成闭环控制、经伺服放大、象限控制合成后形成各个激振器的控制信号,经阀控器驱动电液伺服阀,在液压源高压液流的推动下,由激振器带动地震模拟振动台台面运动。

2）试体设计与试验准备

（1）试体的设计及制作

地震模拟振动台试验的试体为原型结构或模型结构。若采用模型结构,则可参考第 3.4 节选取合适的模型材料,并按第 3.2 节的相似理论和第 3.3 节的模型设计来设计合理的试验模型。模型试验应按第 3.5 相关要求制作模型,并严格控制模型制作精度。如果模型试验需要预

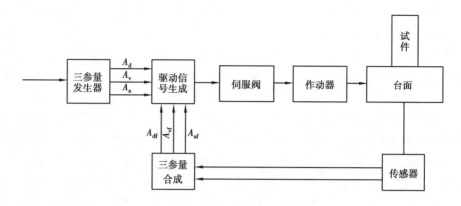

图 5.42　地震模拟振动台系统三参量控制原理

埋传感器,则应在预埋位置预先安装相应的传感器,做好防潮、固定等防护措施,保证传感器能够正常地工作的情况下才可进行一下步制作,并避免制作过程对预埋传感器的影响。

(2)试体安装

试体安装前应检查振动台各部分及控制系统,确认试验系统处于正常的工作状态。

试验前应将试体安装于振动台台面。一般情况下,试体是直接采用试验室的吊车进行就位安装,对于特别高大的模型可能超过吊车起吊高度,可采用水平牵引方式将模型移放至振动台上。不管采用何种方式,均应在运输和安装过程中控制起吊和运输速度,防止模型受到过大的冲击或振动而受损。

考虑到模型底板、振动台台面的平整度不一,模型就位固定前应先在台面上铺设找平垫层,一般可在台面上先铺设一层塑料薄膜,再在上面铺 2 cm 左右的水泥砂浆,然后将模型就位,采用螺栓通过底梁或底板上的预留孔与台面螺栓孔连接,待砂浆初凝后再将螺栓拧紧。试体就位后,在试验过程中应随时检查,防止螺栓松动。

(3)测点布置

试体安装完成后,需将加速度、位移、应变等类型传感器布置在试体相应的位置,然后与数据采集系统相连,并在数据采集系统中设置好各类传感器的参数。传感器与被测试体间应粘结牢固,其连接导线也应捆绑在试体上。传感器与试体间尚应使用绝缘垫隔离,且应防止隔离垫与被测试体发生谐振。试验前应检查各类传感器所测数据的可靠性。

3)加载方法

地震模拟振动台试验前后应测定试体的动力特性,特别是试体的自振频率。可以采用白噪声激振法或正弦波扫频法测定试体的自振频率。白噪声激振法是通过振动台在试体上施加白噪声激励,得到试件的频率响应函数,通过频率响应函数上的共振峰值对应的频率确定试体的各阶频率。当采用白噪声激振法时,要求白噪声的频段应能覆盖试体要求测试的自振频率,加速度幅值宜取 $0.5 \sim 0.8 \ \mathrm{m/s^2}$,有效持续时间不宜少于 120 s。白噪声激振法的优点是测量速度快,尤其适用于复杂的试件。正弦波扫频法是通过振动台在试体上施加频率相同的强迫振动,当输入的正弦波频率与结构频率一致时,试体处于共振状态,随着变频率正弦波的连续扫描,可测得试体的各阶自振频率。目前多采用白噪声激振法测定试体的自振频率。

地震模拟振动台试验一般采用地震地面运动的加速度时程作为台面输入,可以是实际地震记录,也可以是根据结构和场地特征拟合的人工地震波动。台面输入的地面运动加速度时程曲线应考虑试验结构的周期、拟建场地类别、抗震设防烈度和设计地震分组的影响。选用人工地震波时,其有效持续时间不宜少于试体基本周期的10倍。模型试验时,台面输入的加速度时程曲线的加速度幅值和持续时间应按第3章模型试验的相似关系进行修正。

模拟地震振动台试验时,宜采用多次分级加载方法,加载可按下列步骤进行:应按试体模型理论计算的弹性和非弹性地震反应,逐次递增输入的台面加速度幅值,加速度分级宜覆盖多遇地震、设防烈度地震和罕遇地震对应的加速度值;弹性阶段试验,应根据试验加载工况,每次输入某一幅值的地震地面运动加速度时程曲线,测量试体的动力反应、加速度放大系数和弹性性能;非弹性阶段试验,逐级加大台面输入的加速度幅值,使试体由轻微损坏逐步发展到中等程度的破坏,除应采集测试的数据外,尚应观察试体各部位的开裂和破坏情况;破坏阶段试验,继续加大台面输入的加速度幅值,或在某最大的峰值下进行反复输入,直到试体发生整体破坏,检验结构的极限抗震能力;每级加载试验完毕后,宜采用白噪声激振法测试试体自振频率的变化。

4)测量内容和测试仪器要求

(1)数据量测

地震模拟振动台试验时,试体的加速度、速度、位移和应变是试验要求主要量测的结构动力反应,是提供试验分析的主要数据。因此应量测试体的加速度、速度、位移和应变等主要参数的动态反应。

加速度传感器是振动台试验中的主要量测仪器,布置的数量也最多。加速度传感器的布置数量应根据测量研究需要、可用传感器数量和数据采集通道的情况来综合确定,其布置位置宜符合下列规定:

①优先布置在加速度反应较大的部位。

②在试体的底梁或底板上宜布置测点以校验试体底部相对于台面的运动。

③整体结构模型宜在试体顶部、模型体型或刚度发生变化的楼层进行布置,其他楼层可根据需要沿试体高度均匀布置。

④测点应布置在楼层两主轴方向的质心处;当需量测扭转分量时,尚应在楼层的端部布置测点。

位移传感器分接触式和非接触式两种。一般宜采用非接触式位移计,并布置在变形反应较大的部位。当采用接触式位移计量测试体位移时,固定于台面或试验室地面上的仪表架应有足够的刚度。

应变片应布置在试体中受力复杂、变形较大以及有性能化设计要求的构件或部位。

试验逐级加载的间隙中,应观测试体裂缝出现和扩展、构件挠曲等情况,并应按输入地震波过程在试体上进行描绘与记录。试验的全过程宜录像以作动态记录。对于试体主要部位的开裂、失稳屈曲及破坏情况,宜拍摄照片并做记录。

(2)测试仪器要求

地震模拟振动台试验时应根据测试要求选取合适的测试仪器。测试仪器应根据试体的动力特性、动力反应、模拟地震振动台的性能以及所需的测试参数来进行选择。地震模拟振动台试验的测试仪器应满足下列要求:

①测试仪器的使用频率范围,其下限应低于试验用地震记录的最低主要频率分量的1/10,上限应大于最高有用频率分量值。

②测试仪器动态范围应大于60 dB。

③测量信号分辨率应小于需采集的最小振动幅值的1/10。

④量测用的传感器应具有良好的机械抗冲击性能,且便于安装和拆卸。附着于试体上的传感器,其质量和体积不应明显影响试体的动力特性。

⑤量测用传感器的连接导线应采用屏蔽电缆。量测仪器的输出阻抗和输出电平应与记录仪器或数据采集系统相匹配。

5)安全措施

地震模拟振动台试验时由于试体在整个试验过程处于运动状态,特别是在试验的最后阶段试体有倒塌的危险,因此整个试验过程应采取有效的安全措施以保证振动台设备及试验人员的安全。试验时试体外围应挂上防止附加荷载移位或甩出伤人的防护网,宜利用试验室吊车通过吊钩及钢缆绳与试体相连,或在试体外围设置防护钢架。试体吊下振动台的吊装方案应考虑试体破坏的影响。

试验过程中,一切人员不得上振动台,破坏试验阶段应要求所有人员远离事先标识的危险区。

振动台控制系统应设有加速度、速度和位移三个参量的限位装置,当台面反应超过限位幅值时应有自动停机的功能。同时应有各种故障报警指标装置、试验系统,或在与振动台基坑可能的碰撞点处设有缓冲消能装置。振动台数据采集系统应设有不间断电源。

5.4.2　地震模拟振动台试验数据处理

地震模拟振动台试验后,试验数据分析前,应对数据进行处理。当数据采集系统不能对传感器的标定值及应变计的灵敏系数等进行自动修正时,应在数据处理时作专门的修正。为了消除噪声、干扰和漂移,减少波形失真,应采用滤波、零均值化、消除趋势项等减小测量误差的措施。

当采用白噪声激振法确定试体的动力特性时,自振频率和阻尼比宜通过自功率谱或传递函数分析求得,试体振型宜通过互功率谱或传递函数分析确定。

试体的位移反应可对实测加速度反应时程进行两次积分求得,但应在积分前消除趋势项和进行滤波处理。

处理后的试验数据,应提取测试数据的最大值及其相对应的时间、时程反应曲线以及结构的自振频率、振型和阻尼比等。

当地震模拟振动台试验为模型试验时,还应根据模型的地震响应按相似关系反演出原型结构的地震响应。

5.4.3 实例

1)工程背景和试验目的

该地震模拟振动台试验所依据的工程项目是一幢大型复杂超高层建筑,地下 2 层,地上建筑 41 层。结构以地下室底板为嵌固,嵌固端以上结构总层数为 43 层,结构计算总高度为 213.9 m。整体结构采用钢管(型钢)混凝土框架-钢筋混凝土核心筒混合结构体系,其中框架由钢管混凝土(CFST)柱与型钢混凝土(SRC)梁组成。本工程抗震设防烈度为 6 度,设计基本地震加速度为 0.05g,设计地震分组为第一组,场地类别为 Ⅱ 类,特征周期为 0.35 s。

塔楼结构竖向布置中,1~2 层为地下室,3~35 层为塔楼主体,36~42 层结构平面南侧(Y 向)收进为偏置的矩形平面顶部塔楼,43 层为停机坪。塔楼平面近似为两个约 40 m × 20 m 的矩形交错连接,结构典型平面布置如图 5.43 所示。本项目建筑外观整体扭转,东西两侧外立面随高度实现了 90°扭曲旋转,呈弧面变化,竖向构件与建筑立面相协调,外框架中形成空间扭曲斜柱(图 5.44)。竖向构件局部不连续,在斜柱弯曲及角度变化处,竖向荷载传递过程中产生的水平分力对外框架梁及框筒连梁形成了较大的轴力。结构在中部楼层形成细腰形,为了增强框架的整体性和斜柱之间的联系,在每侧斜柱间设置 3 道钢管混凝土斜撑,用于分担上部荷载产生的竖向力,形成了空间扭曲的斜交柱网。塔楼的竖向构件主要包括 RC 核心筒剪力墙和外围框架的 CFST 柱,主要尺寸见表 5.5。外围框架的 SRC 梁主要截面尺寸为 450 mm × 1 200 mm,内置型钢为 H800 × 250 × 18 × 24。钢管混凝土柱与筒体相连的梁采用普通钢筋混凝土梁,主要截面尺寸为 450 mm × 850 mm。

本项目外框架柱网间距较大,最大值达到 13.5 m。同时外围框架柱随立面弯曲而倾斜,部分柱通过交叉斜杆传递竖向力,竖向传力不直接、不明确,受力较复杂。塔楼结构 36 层及以上平面收进尺寸较大,刚度突变,易发生鞭梢效应。该结构属于平面、竖向不规则超限的复杂超高层建筑结构。通过缩尺模型的振动台试验,研究该结构在 6 度多遇、设防、罕遇地震作用下的动力特性和结构的动力反应,评价其抗震性能,对结构设计提出相应建议。

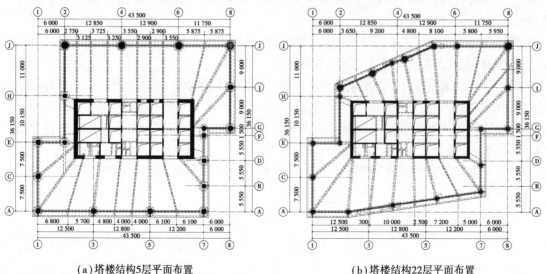

(a)塔楼结构5层平面布置　　　　　　(b)塔楼结构22层平面布置

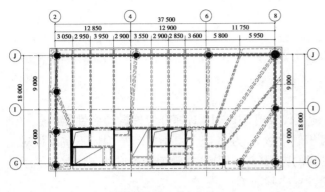

（c）塔楼结构38层平面布置

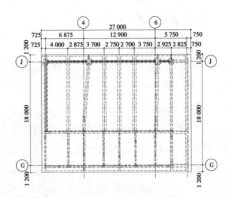

（d）塔楼结构43层（停机坪）平面布置

图5.43　原型结构平面布置图

图5.44　工程项目效果图

表5.5　原型结构主要竖向构件尺寸　　　　　　　　单位:mm

结构楼层	主要竖向构件尺寸		
	RC核心筒外壁墙厚	CFST外框柱截面尺寸	CFST斜柱截面尺寸
1—4层	X向:700;Y向:800	D1900×50;D1600×40	—
5—10层	X向:700;Y向:800	D1100×24;D900×24	D1500×40;D900×24
11—17层	X向:600;Y向:700	D1000×24;D800×24	D1400×40;D800×24
18—24层	X向:500;Y向:600	D900×24;D800×24	D1300×30;D800×24
25—32层	X向:400;Y向:500	D900×24;D800×24	D1200×30;D800×24
33—36层	X向:300;Y向:400	D900×24;D800×24	D1100×24
37—39层	X向:300;Y向:400	D800×24	D900×24
40—41层	X向:300;Y向:400	D900×24;D800×24	—
42—43层	X向:300;Y向:400	D700×24	—

注:D700×24指外径为700 mm、钢管壁厚24 mm的圆形钢管混凝土柱。

2)地震模拟振动台试验

本次地震模拟振动台试验在重庆大学振动台试验室完成。振动台台面尺寸为 6.1 m × 6.1 m,台面最大承载模型总质量 60 t,最大倾覆力矩 1 800 kN·m,三向 6 自由度,工作频率范围为 0.1 ~ 50 Hz。

(1)模型设计

工程主体结构高 214.3 m,结构重力荷载代表值 $116 × 10^3$ t,综合考虑振动台性能参数和试验室空间等因素后,确定模型结构的几何相似常数 S_l 为 1/25。由于原型结构地下室顶板对上部塔楼的嵌固能力有限,难以作为上部塔楼的嵌固部位,因此,在模型结构设计制作时考虑了地下室相关范围内结构的影响,并将嵌固端设置在基础顶面。

试验探讨原型结构在不同水准地震作用下结构的抗震性能,因此着重考虑满足主要抗侧力构件的受弯、受剪相似关系。其次,模型设计微粒混凝土与原型混凝土之间的强度关系通常为 1/3 ~ 1/5,确定模型结构的应力相似常数 S_σ 为 0.35。另外,在动力试验中加速度相似比 S_a 是施加动力荷载的主要控制参数,考虑到振动台噪声、台面承载力等因素和根据以往加速度相似比控制在 2 ~ 3 之间的试验经验,本次试验 S_a 确定为 2.5。基于 S_l、S_σ、S_a 即可根据方程分析法和量纲分析法确定其他相似关系,见表 5.6。

为了满足相似关系,在模型材料的选择上,尽可能地选用低弹性模量和大比重的材料,同时,在应力-应变关系方面尽可能与原型材料相似。因此,模型采用微粒混凝土模拟原型混凝土;仍选用钢材模拟钢管和型钢;钢筋混凝土构件中的钢筋及箍筋均采用镀锌铁丝来模拟,面积根据强度等效原则进行换算。模型结构材料性能测试结果见表 5.7。

原型结构主要构件包括 RC 核心筒、CFST 柱、SRC 梁等,均按照以上相似关系进行缩尺设计,主要结构构件缩尺情况如表 5.8 和图 5.45 所示。根据原型结构体系特点,在保证试验精度的前提下,对模型结构的一些局部细节进行简化,使模型施工制作方便、可行。

表 5.6 模型主要物理量相似关系

主要物理量	相似关系式	相似常数
长度	S_l	1/25
弹性模量	S_E	0.35
应力	S_σ	0.35
应变	S_σ / S_E	1
质量密度	$S_\sigma / (S_a \cdot S_l)$	3.50
质量	$S_\sigma \cdot S_l^2 / S_a$	$2.24 × 10^{-4}$
集中力	$S_\sigma \cdot S_l^2$	$5.60 × 10^{-4}$
周期	$S_l \cdot (S_\rho / S_E)^{0.5}$	0.126
频率	$(S_E / S_\rho)^{0.5} / S_l$	7.936
水平加速度	S_σ	2.5

表 5.7　模型结构材料性能　　　　　　　　单位:MPa

材料	强度 f	弹性模量 E
微粒混凝土 MC20	20.7（立方体抗压强度）	1.55×10^4
微粒混凝土 MC17	18.2（立方体抗压强度）	1.51×10^4
微粒混凝土 MC13	12.6（立方体抗压强度）	1.40×10^4
微粒混凝土 MC10	11.5（立方体抗压强度）	1.26×10^4
镀锌铁丝	310（抗拉屈服强度）	2.06×10^5
钢管	250（抗拉屈服强度）	2.00×10^5

表 5.8　主要竖向构件缩尺后尺寸　　　　　　单位:mm

RC 剪力墙厚度		CFST 柱截面尺寸	
原型	模型	原型	模型
800	32	D1900 × 50	D70 × 1
700	28	D1600 × 40	D58 × 0.9
600	24	D1300 × 30	D47 × 0.8
500	20	D1100 × 24	D38 × 0.7
400	16	D900 × 24	D31 × 0.7
300	15	D800 × 24	D28 × 0.7
250	15	D700 × 24	D24 × 0.7

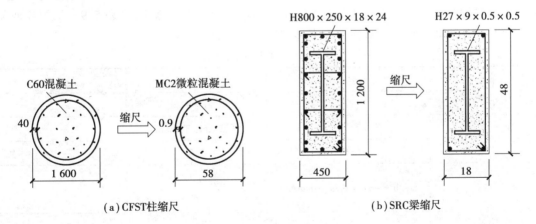

（a）CFST柱缩尺　　　　　　　　　（b）SRC梁缩尺

图 5.45　主要构件截面缩尺

（2）模型制作

由于模型尺寸较小,施工过程较为复杂。在模型制作过程中,采用木板作为外模,内膜、底膜采用易切割拼接的泡沫塑料,可形成构件所需的内部空间,易拆模,即使核心筒内部某些内膜无法拆除,也基本不会影响结构的动力特性,不会对试验结果造成明显影响。通过泡沫塑料,将柱、梁、墙的位置切成所需形状后再放置提前捆绑好的钢筋笼以及钢筋网,然后进行浇筑,边浇筑边振动密实,每次浇筑一层,隔日安置上一层的模板和配筋,重复该过程,直至完成整个结构模型的制作。模型施工完成后吊装就位(图 5.46),通过螺杆将模型固定在振动台面之上,并在模型结构各层布置所需的附加质量块,之后对模型结构进行一次白噪声测试,测得模型结构试验前的自振频率。

按表 5.6 所示的相似关系,制作完成的模型结构高度为 8.556 m,加配重后总质量为 28.13 t。模型嵌固端底座结构形式采用钢筋混凝土板式底座,尺寸为 4.5 m×4.5 m×0.25 m,质量为 12 t。含底座模型总高度达到 8.806 m,总质量为 40.13 t。

(a)模型东北视角   (b)模型正北视角

图 5.46 振动台试验模型

(3)试验加载

根据 6 度抗震设防、设计基本地震加速度为 0.05g、第一组 Ⅱ 类场地的要求,场地特征周期为 0.35 s,选用 2 组天然波和 1 组人工波作为振动台台面的激励输入,见表 5.9。根据相似关系,时间压缩比为 0.126,多遇地震工况下地震波反应谱如图 5.47 所示。

表 5.9 地震动信息

编号	天然波 1	天然波 2	人工波
发生年份	1971	1999	—
地震名称	San Fernando	Chi-Chi, Taiwan	—
震级	6.61	7.6	—
台站	South Fremont Ave, Alhambra	桃源小学 (STY)	—
持时	45 s	70 s	40 s
峰值	NS:112.3 cm/s² EW:119.4 cm/s²	NS:39.7 cm/s² EW:41.3 cm/s²	18 cm/s²

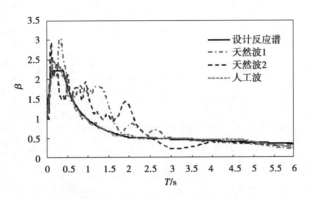

图 5.47   地震波加速度反应谱

台面输入的地震动持续时间按相似关系压缩为原地震波的 0.126 倍,根据试验工况输入方向分为单向或双向水平输入。各水准地震下台面输入加速度峰值按工程项目所在地的设防要求和试验的动力相似关系确定,见表 5.10。

表 5.10   振动台模型试验工况表

工况类别	工况序号	台面激励	峰值加速度 a_{pg}/g
自振特性	1	第一次白噪声	0.030(X 向) + 0.030(Y 向)
6 度 多遇地震	2	天然波 1	0.046(Y 向)
	3		0.046(X 向)
	4		0.039(X 向) + 0.046(Y 向)
	5		0.046(X 向) + 0.039(Y 向)
	6	天然波 2	0.046(Y 向)
	7		0.046(X 向)
	8		0.039(X 向) + 0.046(Y 向)
	9		0.046(X 向) + 0.039(Y 向)
	10	人工波	0.046(Y 向)
	11		0.046(X 向)
	12		0.039(X 向) + 0.046(Y 向)
	13		0.046(X 向) + 0.039(Y 向)
自振特性	14	第二次白噪声	0.030(X 向) + 0.030(Y 向)
6 度 设防地震	15	天然波 1	0.110(X 向) + 0.128(Y 向)
	16		0.128(X 向) + 0.110(Y 向)
	17	天然波 2	0.110(X 向) + 0.128(Y 向)
	18		0.128(X 向) + 0.110(Y 向)
	19	人工波	0.110(X 向) + 0.128(Y 向)
	20		0.128(X 向) + 0.110(Y 向)

续表

工况类别	工况序号	台面激励	峰值加速度 a_{pg}/g
自振特性	21	第三次白噪声	$0.030(X$向$) + 0.030(Y$向$)$
6度罕遇地震	22	天然波1	$0.271(X$向$) + 0.319(Y$向$)$
	23		$0.319(X$向$) + 0.271(Y$向$)$
	24	天然波2	$0.271(X$向$) + 0.319(Y$向$)$
	25		$0.319(X$向$) + 0.271(Y$向$)$
	26	人工波	$0.271(X$向$) + 0.319(Y$向$)$
	27		$0.319(X$向$) + 0.271(Y$向$)$
自振特性	28	第四次白噪声	$0.030(X$向$) + 0.030(Y$向$)$

（4）测点布置

本次试验采用2种传感器，即加速度传感器和应变片。为了得到结构的整体和关键部位的反应，加速度传感器沿结构高度方向大致均匀布置。

模型结构共布置加速度传感器39个，分别在底座和模型2层顶楼面处各布置3个加速度传感器；在模型3、11、19、27层和36层顶楼面处各布置4个加速度传感器，在模型42和43层顶楼面处各布置了5个加速度传感器，在35层顶楼面处布置7个加速度传感器，用来测试模型结构相应部位在地震作用下的加速度反应，并通过积分得到位移反应。加速度传感器测点位置如图5.48所示。

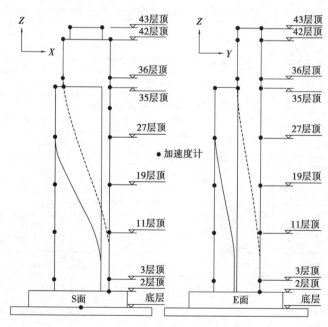

图5.48　加速度传感器测点位置

通过粘贴应变片，测量地震作用下关键部位或构件的受力情况。试验共布置66个应变测点，主要位于塔楼底部（3层）核心筒根部混凝土、3层角柱根部钢管、特殊节点区柱端部钢管、平面收进层核心筒根部混凝土等部位。

（5）安全措施

为保证试验时设备和人员的安全，采取以下安全措施：①试体外围挂防柔性防护网以防止附加荷载产生移位或甩出伤人；②将试体与试验室吊车通过吊钩及钢缆绳相连，考虑吊车安全和倒塌风险并预留合理的钢缆绳长度；③试验过程中禁止人员上振动台；④在破坏试验阶段要求所有人员远离事先标识的危险区。

3）试验结果分析

（1）试验现象

模型结构经历了相当于 6 度多遇地震到罕遇地震的地震时程输入过程，台面峰值加速度从 $0.046g$ 开始逐渐增大到 $0.319g$。

在 6 度多遇地震以及设防地震的地震作用下，模型结构基本处于弹性阶段，结构未出现明显的裂痕；在 6 度罕遇地震作用下之后，结构层高较大的 3 层顶板以上（4 层底）处剪力墙出现通长裂缝；竖向结构收进后的 36 层 2/T-C 轴、1/T-4 与 1/T-5 轴间 RC 核心筒剪力墙底部出现两条水平裂缝，并在剪力墙连梁端部出现一条斜裂缝；39 层 2/T-C 轴、1/T-4 与 1/T-5 轴间 RC 核心筒剪力墙连梁端部出现一条斜裂缝；35 层 T-F 轴与 T-8 轴 KZ4 节点处、9 层 T-A 轴与近 T-7 轴 KZ15 交叉节点处以及 5 层 T-A 轴与 T-1 轴 KZ12 节点处，CFST 柱与 SRC 框架梁端部出现斜裂缝；底部及顶部部分楼层 CFST 柱与 SRC 梁框架节点环梁处，SRC 梁端出现裂缝。模型结构损伤情况如图 5.49 所示。

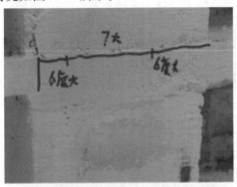
（a）结构37层南侧核心筒剪力墙底部裂缝

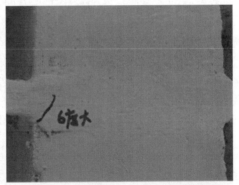
（b）结构39层南侧核心筒剪力墙顶部裂缝

（c）结构9层顶东南角交叉节点处梁端裂缝

（d）结构35层顶东北角柱节点处梁端裂缝

图 5.49　6 度罕遇地震作用下模型结构的损伤情况

从模型结构在不同地震动输入下的破坏特征可以看出,在6度多遇地震以及设防地震作用下,结构基本处于弹性工作阶段,自振周期基本保持不变;模型结构在6度罕遇地震作用下反应较大。

在6度罕遇地震作用下,模型结构上部结构不规则收进,刚度发生突变,地震响应变大,RC核心筒内连梁端部以及筒体墙身先产生裂缝;其次,CFST柱与SRC梁节点环梁及梁端部位在多个楼层处产生裂缝。

综上所述,模型结构产生裂缝破坏的部位主要集中在上述两类梁端以及刚度突变位置。因此,CFST柱-SRC梁-RC核心筒的连接节点构造及核心筒连梁对该类结构整体抗震性能起到关键作用。可以看出,随着输入地震动强度的增加,该结构体系的破坏始于CFST柱-SRC梁节点环梁和SRC梁端,进而扩展到核心筒内连梁端部,继而发展到筒体墙身。在试验过程中,未发现CFST柱出现明显破坏。可见,SRC梁端混凝土因开裂破坏而基本退出工作,但其型钢与柱相焊,仍可连接各CFST柱形成整体框架,保证外框架继续承载,随后再通过RC核心筒的连梁以及墙身损伤释放能量。在水平地震作用下可形成多道抗震防线,提高整体结构的抗震性能,满足结构功能要求。

(2)模型自振频率

在不同水准地震作用前后,均采用白噪声对模型结构进行扫频试验。通过对各加速度测点的频谱特性分析,可得到模型结构在不同水准地震作用前后的自振周期,由表5.11可知:

①模型结构X、Y方向一阶周期分别为0.377 3 s(X向平动)和0.500 0 s(Y向平动),Y方向一阶周期比X方向的大32.5%,相差较大。虽然塔楼两个主方向的总尺寸比较接近,但是由于核心筒剪力墙的Y方向尺寸明显小于X方向,导致模型结构Y方向刚度小于X方向,使得两个主方向的周期相差较大。

②模型结构X、Y方向在6度多遇地震及6度设防地震后的结构周期各仅增大了0.58%与0.74%,近似视为结构处于弹性阶段,周期未发生过大变化;当结构经历6度罕遇地震后,X向周期增大了3.5%,同时Y向周期增大了1%,结构发生一定损伤,使结构整体抗侧刚度不断降低,模型结构周期增大。

表5.11 不同水准地震作用后模型结构自振周期

振型方向	模型状态	自振周期/(s)
X向	试验前	0.377 3
	6度多遇地震后	0.377 3
	6度设防地震后	0.379 5
	6度罕遇地震后	0.390 6
Y向	试验前	0.500 0
	6度多遇地震后	0.500 0
	6度设防地震后	0.503 7
	6度罕遇地震后	0.505 0

(3)模型加速度反应

根据模型结构各加速度测点的数据,采用水平加速度放大系数K(各测点峰值加速度值与基底输入加速度峰值之比)表征结构的加速度反应。总体而言,模型结构X方向的加速度反应

小于 Y 方向的。这是因为,核心筒剪力墙 X 方向尺寸大于 Y 方向尺寸,使得 X 方向的抗侧刚度大于 Y 方向的抗侧刚度。

①X 向加速度反应。如图 5.50 所示,35 层以下各层动力放大系数变化不大,基本介于 1~2。结构上部楼层(36 层及以上)动力放大系数开始增大,在顶层达到最大值,这与结构上部抗侧刚度减小有关。

②Y 向加速度反应。如图 5.51 所示,结构在 35 层以上沿 Y 轴收进,形成竖向不规则、刚度突变的复杂结构,导致结构上部塔楼鞭梢效应显著,因而动力放大系数突变,增大了模型结构 Y 方向的加速度反应。

综上可知,随着台面输入地震波加速度峰值的提高,塔楼收进部位以下楼层的加速度放大系数有所下降,说明结构刚度有所下降,结构进入非线性,结构阻尼有所增加。但结构收进部位以上楼层由于鞭梢效应,加速度放大系数没有明显降低。

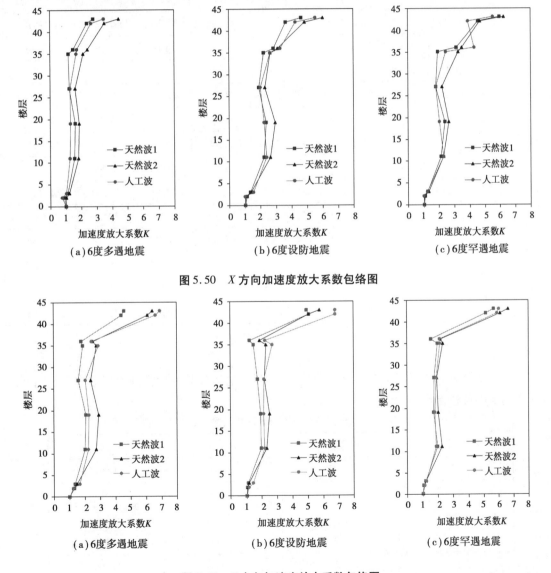

图 5.50 X 方向加速度放大系数包络图

图 5.51 Y 方向加速度放大系数包络图

（4）位移反应

通过对测点的加速度时程进行两次积分可以获得加速度测点的绝对位移，继而得到相对振动台台面的位移响应时程。模型结构顶层水平向位移和最大层间位移角反应见表5.12。

可以看出，6度多遇地震作用下，X向最大层间位移角为1/1 576，Y向为1/1 391，均出现在天然波2的双向地震作用工况下；6度设防地震作用下，X向最大层间位移角为1/805，Y向为1/390，同样出现在天然波2的工况下；6度罕遇地震作用下，X向最大层间位移角为1/180，Y向为1/110，同时出现在天然波1的工况下。显示罕遇地震作用后结构整体性保持尚好，无倒塌趋势，最大层间位移角均小于规定的1/100的限值，满足我国现行抗震规范"小震不坏"及"大震不倒"的抗震设防目标。

表5.12　模型顶层位移和结构最大层间位移角

工况	X向		Y向		工况	X向		Y向	
	位移（mm）	位移角	位移（mm）	位移角		位移（mm）	位移角	位移（mm）	位移角
2	—	—	2.26	1/1 424	15	4.3	1/1 022	7.59	1/348
3	1.69	1/2 022	—	—	16	5.62	1/957	4.24	1/520
4	1.19	1/3 321	2.53	1/1 497	17	5.7	1/805	7.33	1/409
5	2.13	1/2 339	1.92	1/2 386	18	4.66	1/811	6.46	1/405
6	—	—	1.94	1/1 742	19	3.99	1/1 094	7.73	1/518
7	1.27	1/2 407	—	—	20	5.6	1/949	8.89	1/390
8	1.8	1/1 576	2	1/1 631	22	14.2	1/180	23.54	1/110
9	1.5	1/2 117	2.34	1/1 391	23	15.15	1/306	12.59	1/166
10	—	—	2.94	1/1 454	24	15.09	1/345	20.24	1/144
11	1.73	1/2 568	—	—	25	12.25	1/294	18.23	1/132
12	1.85	1/2 821	3.07	1/1 171	26	16.7	1/239	24.41	1/272
13	1.8	1/2 324	4.29	1/1 858	27	15.07	1/374	21.83	1/166

（5）扭转反应

根据各楼层测点相对振动台台面的位移响应时程，通过计算处理得到模型结构在不同水准地震作用下的各楼层最大扭转角，见表5.13。

表5.13　各楼层最大扭转角

结构楼层	多遇地震	设防地震	罕遇地震
43	1/718	1/260	1/64
42	1/796	1/347	1/93
36	1/258	1/88	1/34
35	1/1 457	1/478	1/188
27	1/1 540	1/597	1/199

结构楼层	多遇地震	设防地震	罕遇地震
19	1/1 487	1/608	1/237
11	1/2 198	1/806	1/316
3	1/2 800	1/1 722	1/690

可以看出,试验模型结构最大扭转角沿结构高度由下到上不断增大,并随着地震作用的增大而增大。在结构底部扭转角较小,在中部外立面扭转区段各层间扭转角增大但相互接近,在上部收进区段各楼层扭转角显著增大,其中在结构收进起始的 36 层突然急剧增大。以上试验结果说明,外立面扭转区段结构竖向构件不连续,平面布置不断变化、不规则,引起了扭转角的显著增大;在结构顶部区段 Y 向的突然收进导致结构平面布置突变,两个主方向的抗侧刚度不均匀布置,导致顶部收进区段楼层扭转角突然增大,其中收进层扭转角突变为各层中的最大值。

(6)应变反应

试验过程中通过应变片测量了模型结构关键部位在不同水准地震作用下的应变响应,见表 5.14。总体上可以看出,模型结构各部位的最大应变随着台面输入地震波加速度峰值的提高而增大。在同一水准地震作用下,双向输入时结构各部位应变普遍比单向输入时的大。

其中,3 层核心筒角部混凝土的应变反应较大,且应变反应增幅明显,说明结构底部核心筒剪力墙承受了较大的水平地震作用。罕遇地震作用下 43 层核心筒角部反应明显增大,说明结构顶部停机坪地震响应较大,鞭梢效应明显。外框架柱钢管在较大地震作用下应变增加明显,说明外框架起到了二道防线的作用。17 层斜柱应变反应最大,说明地震作用下空间斜柱不但需要承担重力荷载,还将直接传递地震作用产生的部分侧向力,使其受力更加不利。

表 5.14　模型结构关键部位应变

位置	多遇地震	多遇地震	设防地震	罕遇地震
	单向输入	双向输入	双向输入	双向输入
	最大应变 $\varepsilon_{max}/10^{-6}$	最大应变 $\varepsilon_{max}/10^{-6}$	最大应变 $\varepsilon_{max}/10^{-6}$	最大应变 $\varepsilon_{max}/10^{-6}$
3 层墙底	37	45	133	303
36 层墙底	28	26	96	230
43 层墙底	22	25	70	288
3 层角柱底	45	67	190	423
17 层框柱底	37	44	121	273
19 层框柱底	40	38	236	315
17 层斜柱底	67	88	241	543
19 层斜柱底	39	57	154	385

4)原型结构地震反应

根据表 5.6 相似关系,分别可反演出原型结构在各加载工况下的自振频率、加速度、位移、应变等反应量,根据这些反应量可以判断原型结构的抗震性能。

5)主要结论

①从模型试验结果以及按相似关系推算得到的原型结构地震反应数据表明该结构具有较好的抗震性能,能够满足预设抗震性能目标,能够满足我国现行规范"小震不坏、大震不倒"的抗震设防目标。

②该结构体系在地震作用下的破坏主要集中在 CFST 柱-SRC 梁框架的 SRC 梁端、环梁,以及 RC 核心筒连梁,并随着地震动输入强度的增加逐步向核心筒墙体发展,而外框架柱未产生明显的破坏,在罕遇地震作用下结构仍能表现较好的抗震性能。表明该结构体系中 RC 核心筒连梁等梁端仍是主要耗能构件;外部 CFST 柱-SRC 梁框架在该结构体系中充分起到了第二道防线作用,确保整体结构安全可靠。

③6 度罕遇地震作用下,结构 4 层核心筒剪力墙底部出现通长裂缝,表明虽然通过设计加大了层高较大的结构 3 层竖向构件截面尺寸,提高了该层抗侧刚度,但由于在其与上层间局部发生刚度突变,应力及破坏集中,形成薄弱部位的转移。可通过适当调整结构 3 层、4 层墙、柱的截面相对变化程度,尽量使截面变化程度减小,楼层抗侧刚度分布更加合理。

④试验过程中,由于 36 层及以上结构不规则收进明显,尤其是 Y 向,结构鞭梢效应明显,造成顶部加速度放大系数、位移、扭转角突变增大。建议加强顶部塔楼结构周边竖向构件,减少结构扭转效应;加大顶部塔楼结构 Y 向抗侧刚度,使结构竖向刚度突变减小,有利于提高整体结构的抗震性能。

思考题

5.1　简述结构抗震试验方法的类型和各试验类型的特点。

5.2　简述动态信号测试系统的组成及各部分的功能。

5.3　请按测量物理量与电量间的转换原理对传感器进行分类,并给出其适用范围。

5.4　拟静力试验方法与静力试验方法有何区别与联系?

5.5　简述拟静力试验加载制度及不同加载制度的适用性。

5.6　如何从拟静力试验的滞回曲线上确定开裂、屈服、极限和破坏 4 个特征值?

5.7　简述拟动力试验的工作原理。

5.8　简述拟动力试验过程控制程序。

5.9　简述地震模拟振动台组成及控制原理。

5.10　简述地震模拟振动台试验前的准备工作。

5.11　简述地震模拟振动台的加载方法。

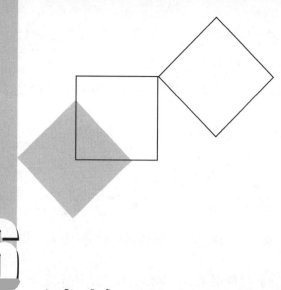

6 结构风洞试验

高层建筑、大型空间结构、大跨度桥梁结构等重大工程结构,不断朝着轻质、高柔、小阻尼方向发展,且此类结构的自振周期与风速的卓越周期较接近,因此该类结构对风荷载十分敏感,属于典型的风敏感建筑结构。目前,对于一般形式的建筑物,我国《建筑结构荷载规范》(GB 50009—2012)已给出其相应的体型系数和风振系数,而对于体型复杂的高层建筑或大跨结构等重要的工程结构,为确保风敏感工程结构设计的科学性、安全性、经济性,规范建议须进行风洞试验确定风荷载,为结构抗风设计提供关键依据和重要参考。风洞试验是风工程研究的主要方法之一,也是确定工程结构风荷载、优化结构抗风性能的重要手段。

在国内,有大量的建筑工程需要进行风洞试验研究,这些工程既包括一些外形独特、结构形式复杂、受周边建筑气动干扰显著的建筑物,也包括一些风荷载和风致响应突出的构筑物。一方面,为确定这些建筑物和构筑物的风荷载取值需要进行风洞试验;另一方面,国家倡导的绿色建筑及宜居城市建设,对风环境的要求也在不断提升,与风环境相关的风洞试验的需求也在逐年增加。建筑工程风洞试验结果直接影响结构设计过程中风荷载的取值,对建筑结构的安全性和经济性有重要影响,因此要求试验结果具有很高的准确性和可靠性。

本章主要介绍建筑结构风洞试验方面的基础知识,主要包括建筑风洞试验类别、边界层风洞发展历程、风洞试验相似原理、风洞试验设计方法、建筑模型测压测力试验等。

6.1 风洞试验的分类及发展历程

风洞试验依据运动的相似性原理,将实验对象(如大型建筑、桥梁等)制作成缩尺模型放置于风洞内,利用驱动装置(如风机)在试验段流道产生人工可控制的气流,模拟实验对象在实际气流作用下的性态,从而测得相关的参数,以确定实验对象的安全性、稳定性等性能。

实际建筑物的风荷载及风效应特性是十分复杂的,很大程度上取决于建筑物所处位置的地形条件及周边建筑物的影响。从理论上讲,要在风洞中真实再现建筑周围的风场状态,必须在风洞中设计较长的辅助风路,因此对实验室的空间有较高的要求。这种在测量位置前具有长辅助风路,并以被动模拟装置生成边界层的风洞被称为大气边界层风洞。在这种风洞中,高度方向的风速大小并非均匀不变的,而是从风洞地板向上,风速呈指数率逐渐增加,用以模拟真实的大气边界层流动。

本节主要介绍大气边界层风洞试验的分类及发展历程。

6.1.1 试验种类

(1)结构风效应试验

建筑结构风荷载风洞试验主要包括测压试验、测力试验和气弹试验等,下面将逐一进行介绍。

测压试验需要利用高频压力传感器同步测量模型表面各测压孔位置的风压信号。通过缩尺刚性模型的测压风洞试验,能够获得墙面(幕墙)和屋盖等结构的表面风压时程序列,通过进一步的数据分析获得风压系数统计特性,包括平均、脉动及极值风压系数等。

测力试验是指通过高频测力天平测得作用于模型整体上的风荷载(阻力、升力、倾覆力矩等),再根据线性振型假定计算结构的响应,进而得到主要受力结构设计时应采用的风荷载。

气弹试验采用的模型需模拟建筑物或构筑物的动力特性,试验时利用位移计和加速度传感器测量模型的风致响应,包括位移、扭转角和加速度等。

体型复杂、风敏感或者周边建筑气动干扰效应明显的重要建筑物和构筑物,应通过风洞试验确定其风荷载。主体结构的风荷载及风致响应,应通过测压试验并结合风振计算或高频测力天平试验确定。高频测力天平试验结果可用于估算基本振型接近直线工程结构的风致响应。围护结构及其他局部构件的风荷载,应通过刚性模型测压试验确定。有明显气动弹性效应的建筑工程,宜开展气弹试验。

(2)建筑风环境试验

风环境舒适度、风致介质输运、风致积雪漂移等,可采用风洞试验或数值模拟方法来进行评价。

(3)其他试验

其他试验包括地形模拟试验、流动显示试验、污染扩散试验等,其试验设备、实验要求可按《建筑风洞试验方法标准》(JGJ/T 338—2014)相关规定执行。

6.1.2 大气边界层风洞发展历程

边界层理论最初是由德国流体力学专家 Prandtl 为了计算飞行器的阻力问题于 1904 年提出的。由于空气是低黏性的流体,因此雷诺数往往较大,Prandtl 发现当流体在高雷诺数条件下流过静止物体壁面时,与壁面接触的流体会黏滞在物体壁面上,其运动速度为零;而在与壁面相邻的一个薄层内,随着与壁面距离的增加流速迅速增大并很快达到与远处相近的值,且雷诺数越大,这一薄层的厚度就越小,这一薄层称为边界层。在边界层内,气流的黏性力与惯性力保持同一量级。在地球的表面也存在这样的一个薄层,称为大气边界层。绝大部分土木结构都在大气边界层内。要想模拟得到真实的大气边界层的风场特征,就必须明确风洞模拟大气边界层风场的基本原理。

自 20 世纪中叶开始,陆续有人对大气边界层风洞被动模拟方法进行研究,由于被动模拟原理尚不明确,使得难以准确模拟大气边界层风场特性。20世纪70年代,Counihan对边界层风洞被动模拟原理进行了系统阐述,提出了较为完整的被动模拟装置和设计方法。随后Cook和Irwin等人分别对这一套被动模拟装置做出了不同程度的改进,逐渐形成了一套成熟的大气边界层风洞被动模拟装置系统。这套系统通常包括格栅、挡板、尖劈以及粗糙元等装置,人为地加快大气边界层的发展,同时能够使得气流从层流向湍流发生转变,并造成初始动量缺损,可在较短的风路发展距离下获得具有理想湍流特征的边界层剖面特性。目前得到广泛使用的是Irwin(1981)提出的边界层被动模拟装置系统,如图6.1所示。

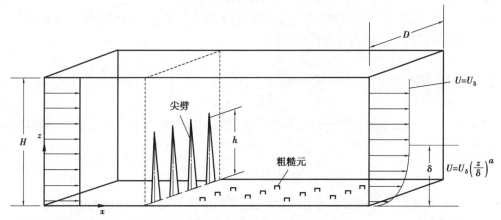

注:H和D表示风洞的高度和宽度,h表示尖劈高度,δ表示缩尺后的梯度风高度;
U表示来流风速,U_δ表示梯度风高度处风速,a表示风剖面指数。

图6.1　大气边界层风洞被动模拟示意图

6.2　风洞实验中的相似条件

当对某一流动现象进行研究时,最可靠的方法就是进行现场实测,但这样往往周期长、耗费大,有时甚至是不可能的。于是,用缩尺模型试验来模拟真实情况就成为一种重要的研究手段。但是由于很多物理量并非随几何尺度线性变化,而且不同物理量的变化规律也不尽相同,这就导致模型试验结果可能存在与真实情况不相符的地方。为使模型试验能反映真实大气边界层风场的主要现象和特性,并从模型试验预测出真实情况的结果,就必须使两者满足一定的相似条件,即两个现象的对应时刻及对应位置点上的相同物理量具有相应的比例关系。

在建筑风洞试验中,首先要考虑的是使试验模型的几何形状与实物保持一致,称为"几何相似",其次是保证实际建筑周围的绕流特性与缩尺模型周边风场特性一致,称为"运动相似";此外还必须满足研究对象的控制作用力相似,称为"动力相似"。

6.2.1　几何相似

几何相似就是要求模型与原型的外形相同,各对应部分尺寸均成一定比例。这方面的相似参数有

$$\lambda_l = \frac{l}{l^*} \tag{6.1}$$

$$\lambda_A = \frac{A}{A^*} = \frac{l^2}{l^{*2}} = \lambda_l^2 \tag{6.2}$$

$$\lambda_V = \frac{V}{V^*} = \frac{l^3}{l^{*3}} = \lambda_l^3 \tag{6.3}$$

式中　l——长度；

　　　A——面积；

　　　V——体积；

　　　λ_l、λ_A、λ_V——长度相似比、面积相似比、体积相似比。

式(6.1)—式(6.3)中，带 $*$ 的变量为模型变量，不带 $*$ 的变量为原型变量。只要相似比 λ_l 维持一定，就能保证两个流动现象的几何相似。

6.2.2　运动相似

要求模型与原型的流动速度场相似，即两个流动在对应时刻对应点的速度方向相同，大小成比例，即

$$\lambda_u = \frac{u}{u^*} = \lambda_l \lambda_t^{-1} \tag{6.4}$$

运动相似是建立在几何相似基础上的，因此运动相似只需确定时间比例系数 λ_t，故运动相似也被称为时间相似。

根据运动相似条件，在风洞试验中必须按建筑物所处位置模拟风剖面变化规律。此外，大气边界层气流中具有复杂的湍流结构，其湍流强度随高度的变化、湍流尺度及风速功率谱规律都应满足几何相似的要求。

6.2.3　动力相似

两个流场各对应位置的作用力之比为常值，且方向相同，则称为"动力相似"。

结构风工程中考虑的空气流动问题通常为低速、不可压缩的牛顿流体，其运动的控制方程为：

$$\frac{\partial u_i}{\partial t} + u_j \frac{\partial u_i}{\partial x_j} = f_i - \frac{1}{\rho} \frac{\partial p}{\partial x_i} + \nu \frac{\partial}{\partial x_j}\left(\frac{\partial u_i}{\partial x_j} + \frac{\partial u_j}{\partial x_i}\right), (i,j=1,2,3) \tag{6.5}$$

式中 ν 为空气的运动黏度系数，$\nu = \mu/\rho$，其中 μ 为空气动力黏度系数，ρ 为空气密度。

将原型和模型物理量之间的关系表示如下：

$$t = \lambda_t t^*, x_i = \lambda_l x_i^*, u_i = \lambda_u u_i^*, p = \lambda_p p^*, f = \lambda_f f^*, \nu = \lambda_\nu \nu^*, \rho = \lambda_\rho \rho^* \tag{6.6}$$

式中，带 $*$ 的变量为模型变量，不带 $*$ 的变量为原型变量，λ_t、λ_l、λ_u、λ_p、λ_f、λ_ν、λ_ρ 分别为时间、几何、速度、压力、附加外力、动力黏度、密度的比值，且均为常数。

将式(6.6)代入式(6.5)，可得

$$\frac{\partial u^*}{\partial t^*} \frac{\lambda_u}{\lambda_t} + u_j^* \frac{\partial u_i^*}{\partial x_j^*} \frac{\lambda_u^2}{\lambda_l} = f_j^* \lambda_f - \frac{1}{\rho^*} \frac{\partial p^*}{\partial x_i^*} \frac{\lambda_p}{\lambda_\rho \lambda_l} + \frac{\lambda_\nu \lambda_u}{\lambda_l^2} \nu^* \frac{\partial}{\partial x_j^*}\left(\frac{\partial u_i^*}{\partial x_j^*} + \frac{\partial u_j^*}{\partial x_i^*}\right) \tag{6.7}$$

对式(6.7)中各项乘 $\dfrac{\lambda_l}{\lambda_u^2}$，得

$$\frac{\partial u^*}{\partial t^*}\frac{\lambda_l}{\lambda_u\lambda_t}+u_j^*\frac{\partial u_i^*}{\partial x_j^*}=f_j^*\frac{\lambda_f\lambda_l}{\lambda_u^2}-\frac{1}{\rho^*}\frac{\partial p^*}{\partial x_i^*}\frac{\lambda_p}{\lambda_\rho\lambda_u^2}+\frac{\lambda_\nu}{\lambda_u\lambda_l}\nu^*\frac{\partial}{\partial x_j^*}\left(\frac{\partial u_i^*}{\partial x_j^*}+\frac{\partial u_j^*}{\partial x_i^*}\right) \tag{6.8}$$

式(6.5)表示原型中流体的运动方程,为保证原型和模型流体运动的相似性,各物理量的比值必须满足

$$\frac{\lambda_l}{\lambda_u\lambda_t}=\frac{\lambda_f\lambda_l}{\lambda_u^2}=\frac{\lambda_p}{\lambda_\rho\lambda_u^2}=\frac{\lambda_\nu}{\lambda_u\lambda_l}=1 \tag{6.9}$$

由此得到黏性不可压缩流的下列相似准则:

$$\frac{\lambda_l}{\lambda_u\lambda_t}=1,即\frac{l}{ut}=\frac{l^*}{u^*t^*}=St \tag{6.10}$$

式中,St 为斯托罗哈数(Strouhal Number)。若两种流动的斯托罗哈数相等,则流体的非定常惯性力是相似的,对周期性非定常流动,如卡门涡街,须反映其周期性漩涡脱落特性的流动相似。对定常流动,可不必考虑斯托罗哈数。

$$\frac{\lambda_\nu}{\lambda_u\lambda_l}=1,即\frac{ul}{\nu}=\frac{u^*l^*}{\nu^*}=Re \tag{6.11}$$

式中,Re 为雷诺数(Reynolds Number)。若两种流动的雷诺数相等,则流体的黏性力是相似的。对于雷诺数很大的湍流,惯性力起主导作用,黏性力相对较小,雷诺数要求可相对放松。

$$\frac{\lambda_p}{\lambda_\rho\lambda_u^2}=1,即\frac{p}{\rho u^2}=\frac{p^*}{\rho^*u^{*2}}=Eu \tag{6.12}$$

式中,Eu 为欧拉数(Euler Number)。流体中的压力不是流体固有的物理性质,其数值取决于其他参数,因此欧拉数并不是相似准则,而是其他相似准则的函数,即它不是相似条件,而是相似结果。

$$\frac{\lambda_f\lambda_l}{\lambda_u^2}=1,即\frac{u^2}{fl}=\frac{u^{*2}}{f^*l^*}=Fr \tag{6.13}$$

式中,Fr 为弗劳德数(Froude Number),若流体所受的质量力只有重力,即 $f=f^*=g$,则

$$Fr=\frac{u^2}{gl} \tag{6.14}$$

Fr 数相等,表示流动的重力作用相似,反映了重力对流体的作用。

动力相似包括运动相似,而运动相似又包括几何相似,所以动力相似包括力、时间和长度3个基本物理量相似,而满足这3个相似条件时,说明两个流场在力学上是相似的。以上3个相似条件是有联系的,几何相似是运动相似和动力相似的前提和依据;动力相似是决定两个流体运动相似的主导因素,运动相似是几何相似和动力相似的表象。三个相似条件是密切相关的整体,缺一不可。常用的相似参数汇总见表6.1。

表6.1 相似比汇总表

几何相似	长度相似比	$\lambda_l=\dfrac{l}{l^*}$	满足长度相似比 λ_l 一致
	面积相似比	$\lambda_A=\dfrac{A}{A^*}=\dfrac{l^2}{l^{*2}}=\lambda_l^2$	
	体积相似比	$\lambda_V=\dfrac{V}{V^*}=\dfrac{l^3}{l^{*3}}=\lambda_l^3$	

续表

运动相似	速度场相似	$\lambda_u = \dfrac{u}{u^*} = \lambda_l \lambda_t^{-1}$	在几何相似的基础上,运动相似也被称为时间相似
动力相似	斯托罗哈数相似	$\dfrac{l}{ut} = \dfrac{l^*}{u^* t^*} = St$	对定常流动,斯托罗哈数要求可以放松
	雷诺数相似	$\dfrac{ul}{\nu} = \dfrac{u^* l^*}{\nu^*} = Re$	对于钝体建筑物,雷诺数要求可以适当放松
	欧拉数相似	$\dfrac{p}{\rho u^2} = \dfrac{p^*}{\rho^* u^{*2}} = Eu$	其数值取决于其他参数
	弗劳德数相似	$\dfrac{u^2}{fl} = \dfrac{u^{*2}}{f^* l^*} = Fr$	对于需要考虑重力因素影响的结构,则需考虑 Fr 差别所带来的影响

6.2.4　决定性相似准则

由于实际流动的复杂性,同时满足上述所有相似准则十分困难,而且有些相似准则要同时满足也不可能。例如在建筑模型风洞试验中,若几何缩尺比 $\lambda_l = 1/100$,根据雷诺数相似条件,考虑实验中采用空气作为流体,则 $\lambda_u = \dfrac{1}{\lambda_l}$,意味着要把风速提高 100 倍。显然,这是不现实的。此外,由于风速超过声速后其流动性质会发生改变,也没有相似的物理意义。不仅如此,如果同时考虑弗劳德数相似条件,则意味着 $\lambda_u = \lambda_l^{0.5}$,即要把风速降低为原来的 1/10。显然,上述两个条件无法同时满足。

在实际的流体流动中,尽管重力、黏性力、压力和惯性力等作用总是同时存在的,但通常只有一、两种力起主要作用,决定着流动的性质。因此在风洞试验中,只要找到起决定作用的相似准则并准确模拟就可以了。

Fr 数反映了重力对流体的作用。对于钝体(即非流线物体)高层及高耸建筑物或构筑物(例如高层建筑、输电线塔、观光塔、通信塔、烟囱、冷却塔、风力发电机组结构等),不考虑重力的影响,因此可以不考虑 Fr 数相等的要求;但对于像大跨结构这类需考虑重力因素的结构,则需要考虑 Fr 数差别所带来的影响。

流动有层流状态、过渡状态和湍流状态三种,它由临界雷诺数 Re_{c1}(称为第一临界值)决定,当试验流体的 Re 在小于 Re_{c1} 范围内时,流体处于层流状态(亚临界状态),这时模型与原型的流速分布彼此相似,与 Re 数无关,这种现象称为"自模性"。当 Re 大于 Re_{c1} 时,流动发展为湍流状态(超临界状态)。起初,随 Re 数的增加,流动的紊乱程度和流速分布变化较大;但随着 Re 数继续增大,这种变化逐渐减小,当 Re 数大于某临界值 Re_{c2}(称为第二临界值)时,流体的紊乱程度和流速分布已不再随 Re 数的增加而变化(高超临界状态),此后流体又处于自模化状态,称为第二模化区。当模型和原型处于同一模化区时,模型试验的 Re 数可不必与原型中的 Re 数严格相等。显然,这对模型设计和试验带来了很大方便。

雷诺数的影响主要反映在流态(即层流还是湍流)和流动分离上。对于钝体建筑物,其分离点是固定的,流态受雷诺数的影响比较小。因此,一般的工程结构风洞试验中,如果模型边缘具有分明的棱角(如矩形、方形等),当缩尺模型雷诺数大于临界雷诺数时,可不考虑雷诺数的差别所带来的影响。

6.3 模型缩尺比的确定方法

本节主要介绍风洞模型缩尺比的确定方法,包括一般原则、限制条件、风速缩尺比和时间缩尺比等。

6.3.1 一般原则

风洞中的试验模型按一定比例缩放,模型缩尺比 λ_l 可通过湍流积分尺度确定,满足几何相似条件,按下式计算

$$\lambda_l = \frac{L}{L_u} \tag{6.15}$$

式中　L_u——风洞来流湍流积分尺度,m;

　　　L——大气边界层湍流积分尺度,m。

实际情况中,为避免某些因素对结果造成明显影响,模型缩尺比还应满足一些限制条件,此时不再由上式确定。

6.3.2 限制条件

试验模型的尺寸按照设计缩尺比确定后,需满足以下几点:

①试验模型应足够大。风洞来流的湍流积分尺度有时数值较小,若模型按式(6.15)计算得到的缩尺比进行缩放后太小,会给测量带来困难。

②阻塞率 η 宜小于5%。阻塞率 η 按下式计算:

$$\eta = \frac{A_m}{A_c} \tag{6.16}$$

式中　A_m——风洞试验段的横截面面积,m^2;

　　　A_c——全风向下模型的最大迎风面积,m^2。

若模型迎风面积过大,周围的气流受到影响,会使得作用在模型上的风荷载偏大。

③建筑结构试验模型到风洞边壁的最短距离,不应小于风洞横截面宽度的15%;到风洞顶壁的最短距离,不应小于风洞横截面高度的15%。若模型与洞壁距离过近,会让建筑周围的流动受到壁面效应的影响,与实际情况和原型结构的周边流场情况不同。

6.3.3 风速缩尺比

理论上,确定风速缩尺比应满足雷诺数的一致性。风洞试验与实际中的动力黏性系数相同,而模型缩尺比通常为几百分之一,所以试验风速必须是实际风速的几百倍,这是无法实现的。但钝体外形的建筑模型在临界雷诺数以上,在很广的雷诺数范围内,绕流特性都不会有大的变化,此时可以放松雷诺数一致的条件。但要特别注意,不带尖角的圆形、弧形等截面的建筑

绕流特性对雷诺数变化敏感。

风速缩尺比的确定应考虑测量设备的敏感性。在测压试验中,为确保压力传感器所采集的数据具有较高的信噪比,需选较高的风速;在测量建筑物周边气流时,由于风速计的灵敏度很好,可以选择较低的风速,特别是在污染物扩散等环境风洞试验中;在测量脉动风荷载时,需要考虑风荷载传感器的灵敏度和频率特性来选择适当的采样频率和采样时间。

对于气弹试验,在分析特定模态的振动分析时,还应保证该模态频率 n 对应的 St 数相似,即

$$\frac{n^* l^*}{u^*} = \frac{nl}{u} \tag{6.17}$$

此时风速缩尺比 λ_u 可通过无量纲频率确定,按下式计算:

$$\lambda_u = \frac{nl}{n^* l^*} \tag{6.18a}$$

式中 n^*——模型固有频率,s^{-1};

   n——实际结构固有频率,s^{-1}。

实际情况中,一般根据风洞的风机功率或最大风速先确定风速缩尺比,再确定模型的固有频率。此外,对于自重作用对气弹影响大的结构,如悬索桥、拉索等结构,速度缩尺由 Fr 数相等的准则确定,即

$$\frac{u^{*2}}{gl^*} = \frac{u^2}{gl}$$

因此,速度缩尺比计算公式满足下式:

$$\lambda_u = \sqrt{\frac{gl}{gl^*}} = \sqrt{\frac{l}{l^*}} \tag{6.18b}$$

此时,先通过模型缩尺比得到速度缩尺比,再确定模型的固有频率。

6.3.4   时间缩尺比

时间缩尺比 λ_t 根据模型缩尺比和风速缩尺比确定,按下式计算:

$$\lambda_t = \frac{\lambda_l}{\lambda_u} \tag{6.19}$$

此外,进行风洞试验要考虑采样时间长度,包括以下两方面:

①计算风速、风压、风荷载、位移的平均值所需的统计时间(采样时长)。根据时间缩尺比计算得到,但为了考虑长周期脉动分量的影响,实际中的采样时长应取为时间缩尺比后时长的 $5 \sim 6$ 倍。

②计算风压、风荷载、位移、加速度的瞬时最大值所需的统计时间(平均化时间)。按测量目的选取,同时要考虑测量系统的响应特性及信号处理方法。

6.4 大气边界层风场的模拟

6.4.1 平均风和湍流度剖面

风洞试验在模拟的大气边界层风场中进行,模拟的来流风应具有自然风,尤其是强风的基本特征。强风特性主要受风吹过的地表状态控制,地表状态可根据地面粗糙度分成四种地貌类型,每种地貌对应有各自的平均风速剖面(图6.2)和湍流度剖面。

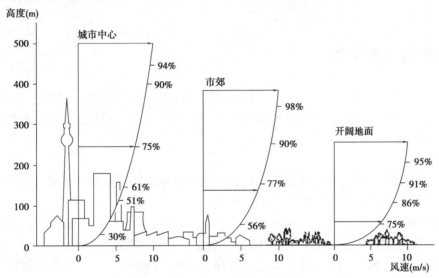

图 6.2 不同地貌对应的平均风速剖面

中国现行国家标准《建筑结构荷载规范》(GB 50009—2012)中,平均风速剖面的目标曲线按下式计算:

$$U_z = U_{10}\left(\frac{z}{10}\right)^{\alpha}, z_g \geq z \geq z_b \tag{6.20}$$

式中 U_z——离地面高度 z 处平均风速,m/s;

      U_{10}——10 m 高度处平均风速,m/s;

      α——风剖面指数;

      z_g——梯度风高度,m;

      z_b——零位移平面,m。

湍流度剖面的目标曲线按下式计算:

$$I_z = I_{10}\left(\frac{z}{10}\right)^{-\alpha}, z_g \geq z \geq z_b \tag{6.21}$$

式中 I_z——离地面高度 z 处湍流度;

      I_{10}——10 m 高度处名义湍流度。

式(6.20)和式(6.21)中的部分参数按表6.2取值。

表 6.2　风剖面参数

粗糙度类别		A	B	C	D
风剖面指数	α	0.12	0.15	0.22	0.30
梯度风高度(m)	z_g	300	350	450	550
剖面起始高度(m)	z_b	5	10	15	30
名义湍流度	I_{10}	0.12	0.14	0.23	0.39

风洞内的平均风速剖面和湍流度剖面应按原剖面的一定比例缩放后得到,缩尺比与上节的模型缩尺比保持一致。

6.4.2　被动模拟装置

为获得所需的大气边界层风场,应当根据地貌类型确定平均风速剖面和湍流度剖面的目标曲线。通过设置尖劈、粗糙元、格栅或挡板等装置,在边界层风洞中模拟出与目标曲线相吻合的风场剖面。各装置的作用如下:

(1)尖劈

尖劈依据边界层内的风速分布让来流速度作相应衰减。形式包括三角形、曲柄三角形、平面椭圆形、椭圆楔形和三角锥形等,不同形式产生的湍流特征不同。

①椭圆楔形尖劈(图6.3)——能在横向产生更为均匀的尾流。顶点与来流方向平行,其侧面是四分之一椭圆,椭圆的长轴是短轴的两倍。楔角在任何平截面上都是恒定的常数值,半楔角取值宜为5°~6°。尖劈高度近似取为边界层厚度。尖劈的横向间距对尾流的横向均匀性影响较大,取所模拟的边界层厚度的0.5~0.6倍。

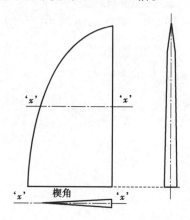

注:任何水平剖面x-x处的楔角均保持不变

图6.3　椭圆楔形尖劈

②三角锥形尖劈(图6.4)——由垂直于来流方向的锥形平板和顺风向的分流板组合而成。尖劈的横向间距为尖劈高度的1/2。尖劈高度 h 按下式确定:

$$h = \frac{1.39\delta}{1 + \frac{\alpha}{2}} \tag{6.22}$$

式中 δ——边界层厚度,m;

       α——风剖面指数。

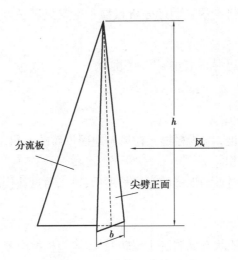

图 6.4   三角锥形尖劈

由于该公式中考虑了粗糙度和边界层厚度的影响,其模拟结果在风洞实验中更容易被复制,使三角锥形尖劈的应用更为广泛。

(2)粗糙元

粗糙元使地面附近的流场更符合实际大气近地层的湍流特性。作为最重要的模拟装置,粗糙元对于测试区段近地面风场的影响尤为显著。

粗糙元种类包括硬木立方块、毛毯、碎石层、乐高块和乐高板等。硬木立方块粗糙元(图6.5)的几何外形相对简单,不同的组合形式能够模拟出多种地貌状态,因此是最常采用的类型。

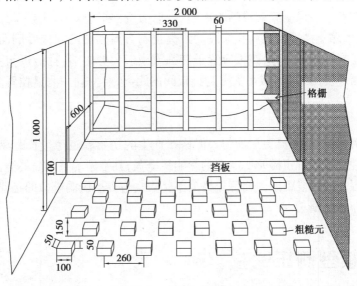

图 6.5   粗糙元布置

粗糙元的布置方式有菱形布置、网格形布置以及伪随机布置。在菱形布置中,气流不会从粗糙元间的间隙中流过,而是会被交错排列的粗糙元阻碍,会造成更大的初始动量缺损,并且能够产生逆压力梯度,从而促进边界层的生长。此外,在模拟城市地形时,由于城市中的建筑大多是交错排列的,菱形布置更为合理。

粗糙元设计需确定几何参数。通过分析粗糙长度与风区长度的拟合关系曲线,有如下关系式:

$$\frac{\bar{z}_0}{h} \approx 1.08\frac{A_R}{A} - 0.08\left(0.1 < \frac{A_R}{A} < 0.25\right) \tag{6.23}$$

式中 $\bar{z}_0$——粗糙长度,m;

  h——粗糙元高度,m;

  A_R/A——粗糙元密度,A_R 为粗糙元在风洞地面投影的面积,A 为风洞地面在风区长度范围内的面积。

在预先知道风洞模型附近的地形的粗糙长度后,可以通过迭代的方法算出粗糙元的高度以及粗糙元的密度。

(3)挡板

挡板促进边界层从层流状态到湍流状态转变,在风洞模拟中不是必需的装置。挡板设计目前在风洞被动模拟技术中缺乏成套的理论,主要采用试错法根据所需的风速剖面和湍流度剖面来调整挡板的各参数,具有一定的随机性和不可复制性。

挡板形式包括城垛形、穿孔形和锯齿状等。城垛形的挡板能加强尖劈间隔处的气流混合程度;穿孔挡板能产生指数值稍高的风剖面以及较大的雷诺数,并且可以提高气流的空间均匀性。

挡板高度是极其重要的参数,确定其数值大小较为复杂。挡板高度增加会使得湍流积分尺度增加,但存在一个峰值点。此外,挡板高度相对于粗糙元高度的比值是影响零平面位移与粗糙长度的重要因素,如果比值较大,有可能会出现负的零平面位移。对于城垛形挡板,高度建议取为所模拟边界层厚度的1/8。

挡板位置通过挡板与风洞收缩段的距离确定,取为所模拟边界层厚度的1/3。若风洞的试验段长度较短,略微缩小挡板与风洞收缩段的距离也不会对预期的湍流度剖面造成显著影响。如果同时还设置了椭圆楔形尖劈,挡板应置于椭圆或楔形尖劈之前,且挡板与尖劈的间距应取为所模拟的边界层厚度的5/6。减小尖劈与挡板间的距离,会使同一测量位置处的湍流强度明显降低。

(4)格栅

格栅产生湍流,同时让来流更加均匀。但格栅产生的初始湍流经过长距离的发展,在一定程度上其湍流特性已被下游粗糙元所产生的影响所掩盖,且格栅木条后面的湍流度和网格中心的湍流度仅会在很短的一段距离内相等。格栅不是大气边界层风洞模拟的必要装置,应视实际情况来选择是否布置格栅。

6.5 建筑模型测压试验

测压实验是通过测压计测得作用于模型上风压力的试验。这种实验多用于获得围护结构上的风荷载,也可用于得到主体结构上的风荷载,有时也用于建筑的风致响应分析来评价其居住性能。作用于围护结构上的风荷载是由外表面所受压力与内压之差而得到。作用于建筑物整体或局部的风荷载可以通过对建筑物表面上作用的风压力进行积分来求得。此外,当建筑物受风致振动产生的附加气动力影响较小时,建筑物的响应可以用测压实验得到的脉动风荷载直接计算得到。

6.5.1　测量装置

建筑物的风压测量简图如图6.6所示。一般作用于建筑物模型上的风压力信号是由表面的测压孔经测压管到达测压计而获得,测量得到的数值与参考静压之差即为风压值。

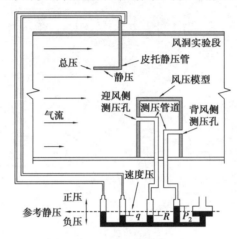

图6.6　风压测量简图

通过测压管道测得风压的测压装置有以下几种类型(图6.7):

①各测压孔处的风压力经由测压管到达测压计的测量方式[图6.7(a)]。

②各测压孔处的风压力经由测压管通过机械压力扫描阀(图6.8)转换的测量方式[图6.7(b)]。

③各测压孔处的风压力经由测压管到各测压计,各测压计采集的电信号通过电子压力扫描阀(图6.9)高速转换的测量方式[图6.7(c)]。

④各测压孔的风压力经由多通道管路(图6.10)将气动力平均化后的风压力经由测压管到达测压计的测量方式[图6.7(d)]。

从测压计采集的电信号是由模拟数字转换器处理而得到的。

以建筑物为对象的测压实验其测压点数通常多达数百个,为提高测量效率,上述的几种测量方法都常用到。测量作用于建筑物整体的脉动风荷载或屋面板、墙面板上的脉动风荷载时,多用③或④的方法。测量脉动风压时,必须对测压管的脉动特性进行修正。测压计多采用测压范围在正负数百帕到正负一千帕的仪器。此外,测量脉动风压时必须采用动响应性能好的测压计,一般采用具有1 kHz以上采样精度的测压计。并且,这种测压计测量时必须经过标定校准。

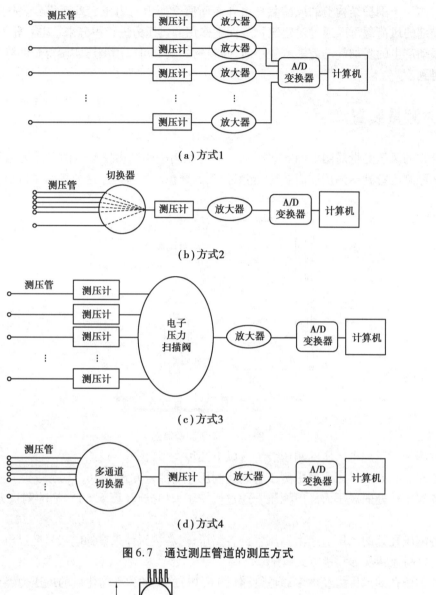

（a）方式1

（b）方式2

（c）方式3

（d）方式4

图6.7　通过测压管道的测压方式

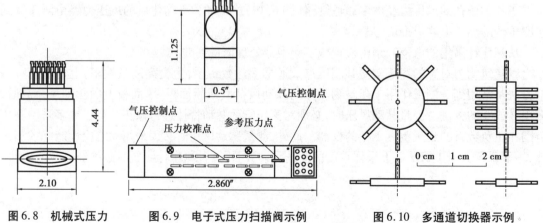

图6.8　机械式压力
　　扫描阀示例

图6.9　电子式压力扫描阀示例

图6.10　多通道切换器示例

6.5.2 实验模型

一般的测压实验模型是由 ABS 塑料及有机玻璃等轻质高强材料制作成的刚性模型,并在上面布设测压孔。通过测压孔将模型表面受到的风压力信号通过测压管传导到压力扫描阀(图 6.11)。测压实验模型的大小及周边状况的模型化范围是由风洞来流的几何缩尺比及风洞的阻塞率确定的。测压实验的堵塞率多为 5% 以下。理想情况下最好能准确地制作测压实验模型,但由于模型缩尺比的制约,不可能将模型的细部构造都精确地再现。由于作用于曲面上的风压力受表面凹凸状况的影响较大,因此对曲面部分进行模型制作时要加以充分考虑。此外,如果墙面等处有间隙或建筑物存在百叶,测量其内侧的风压力(室内压)时,除了注意间隙或百叶的建模外,还需要充分考虑墙面模型的刚性、气密性、开口率等。与模型测压孔相连的测压管,多使用内径为 1 mm 的塑料管。设置风压测点前要首先预测作用于被测面上的风压分布情况,在可能会产

图 6.11　风压模型示例

生很大局部风压的部位密布测点,例如转角处、屋脊、周边部位、突起物周边等。此外,在测定屋盖或墙面两侧狭小区域的风压时,与模型测压孔相连的钢管及测压管就必须弯折处理,这种急拐的弯折会对测压管道产生相应的影响,但根据研究认为当断面挤压面积在原断面面积的 50% 以下时可忽略这种影响。在加工模型时,最好在钢管中插入细针来进行弯折处理。

6.5.3 测量条件

(1)风洞来流

风洞来流要模拟建筑物拟建地点的自然风场特性,为此需要通过参考地图等来掌握拟建建筑物周边的地况,以判断地面粗糙度的类型。除此之外,当周边建筑物会对拟建建筑物产生影响时,还应该注意对周边建筑物的模拟。

(2)参考静压及参考速度压

作用于模型上的风压力是测量部位的压力值与参考静压间的差值,以参考速度压为标准可转换为风压系数。参考速度压通常定义为模型屋盖平均高度处的速度压,因此速度压的测量精度对风压系数值影响很大。静压及总压一般采用皮托管测得,速度压由总压和静压的差值确定。该皮托管应该放置在不易受模型及来流湍流影响的位置,例如模型上空处等。有时也在模型位置处的风洞壁面上测量参考静压。

(3)试验风速

实验风速是基于测压计的性能及相似准则设定的。例如,测压计的最小分辨率为 $p = 5$ Pa,风压系数的分辨率为 $C = 0.05$,空气密度假定为 $\rho = 1.2$ kg/m^3,则由 $U \geqslant \sqrt{2p/\rho C}$,从而得到实验风速 $U \geqslant 13$ m/s。此外,测量脉动风压力时,实验风速要根据无量纲风速($U^* = U/nB$)来进行设定。例如,假定设计风速为 $U = 60$ m/s,模型几何缩尺比为 $L^*/L = 1/400$,时间缩尺比为 $T/T^* =$

1/100,则要得到峰值风压力时的实验风速 U^* 为

$$U^* = U \times (L^*/L) \times (T/T^*) = 60 \times (1/400) \times (100/1) = 15 \text{ m/s} \tag{6.24}$$

此外,作用于曲面部分的风压力根据雷诺数的不同有很大差异,必须了解在适当的实验风速范围内其作用风压力的变化趋势,避免雷诺数效应的影响。

（4）试验风向

作用于建筑物上的风荷载随风向角有很大变化,因此设定实验风向时必须充分注意。局部风压很大时,或随风向改变风压有显著变化时,有必要在该风向角附近增加试验风向角来进行测量,通常试验中风向角间隔取 10° 或 15°。

（5）测压管路的影响

通过测压管道测量脉动风压时,需要注意测压管道内由于空气的共振所产生的影响。测压管道系统的动力特性可以通过图 6.12 所示的装置来确定。图 6.13 为压力传递特性的示例,该实验所测量的测压管路在 60 Hz 附近增益变大并产生共振现象。

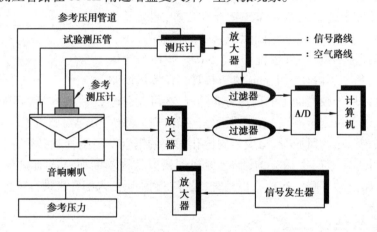

图 6.12　压力传递特性的测量方法

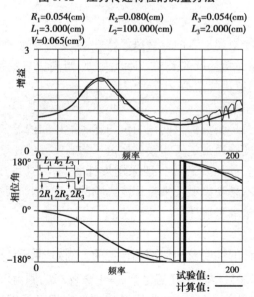

图 6.13　压力传递特性示例

对测压管影响的修正方法有以下3种:

①缩短测压管的长度、增大内径,从而减小影响。

②将限流器(参照图6.14)插入到测压管的适当位置,用以抑制共振现象。

③测定管道的压力传递特性确定频响函数来对试验结果进行修正。

用②中的限制管可以测量的脉动风压频率上限是200 Hz。采用③的方法可以修正测压管对高频信号的影响,修正结果如图6.15所示。

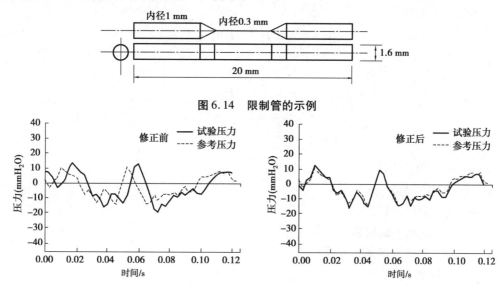

图6.14　限制管的示例

图6.15　修正测压管路影响前后的压力时程

(6)数据采样

从压力扫描阀得到的输出信号为模拟信号,需要由数模变换器(A/D 转换)转换成数字信号,因此需要确定 A/D 转换的采样时间和采样间隔。为了消除噪声,还需要确定过滤器的截断频率(cutoff frequency)。采样时间及采样间隔是由风压的统计时间和风洞试验的时间尺度来决定的。

测量脉动风压时确定其采样时间及采样间隔的方法如下:假设设计风速 $U = 60$ m/s,实验风速 $U^* = 15$ m/s,风速比例为 $U^*/U = 1/4$。实验时的几何缩尺比为1/400,则时间缩尺比为 $T^*/T = 1/100$。因此,统计时间 10 min(600 s)相当于风洞试验中采样时间为 6 s。由于一般 6 s 的采样时间会造成数据的较大波动,为了得到相对稳定的数据时程,需要对多个样本进行样本平均。此外,要得到精度为 100 Hz 的脉动风压力时,由奈奎斯特采样定理可知采样间隔为

$$\Delta t = 1/(2 \times 100) = 0.005 \text{ s} \tag{6.25}$$

但实际上,多数采用 2~4 倍的精度储备来进行采样,此时低通滤波的截断频率一般为 200~400 Hz。

6.5.4　结果分析

建筑结构表面所测得的风压信号一般用以下无量纲的系数来评价:平均风压系数、脉动风压系数、极大及极小瞬时风压系数。在日本建筑学会指南(AIJ)中,极大或极小瞬时风压与平均

风压之比为风压阵风因子。

$$C_p = \frac{\overline{P}}{q_H} : 平均风压系数 \tag{6.26}$$

$$C_P' = \frac{\sigma_P}{q_H} : 脉动风压系数 \tag{6.27}$$

$$\hat{C}_P = \frac{\hat{p}}{q_H} : 最大瞬时风压系数 \tag{6.28}$$

$$\check{C}_P = \frac{\check{p}}{q_H} : 最小瞬时风压系数 \tag{6.29}$$

其中

$$\overline{P} = \frac{1}{N} \sum_{i=1}^{n} P_i \tag{6.30}$$

$$\sigma_P = \sqrt{\frac{1}{N-1} \sum_{i=1}^{N} (P_i - \overline{P})^2} \tag{6.31}$$

式中　$\overline{P}$——风压的平均值;

　　　σ_P——风压的标准偏差;

　　　$\hat{p}$——风压的最大瞬时值;

　　　$\check{p}$——风压的最小瞬时值;

　　　p_i——第 i 测压点的风压采样数值;

　　　N——采样数;

　　　q_H——参考速度压,是参考高度(通常为模型屋面的平均高度)H 处的速度压。

此外,参考风压为离风洞底面高度 z 处的动压 q_z 时,可以通过如下的风速剖面来转换。

$$q_H = q_Z \left(\frac{H}{Z}\right)^{2\alpha} \tag{6.32}$$

式中　α——平均风速剖面幂指数,即地貌粗糙度指数。

为了确定围护结构的设计风荷载,须对整个围护结构受风面积上的风压极值进行积分来确定。但是,由于围护结构范围较大,在进行风洞试验时,不可能在每个围护结构表面设定多个测压点。于是,很难通过空间积分来获取作用于每个围护结构上的风荷载,因此,一般都通过该围护结构附近的测点上的脉动风压力来推算得到。由于围护结构表面的风压脉动主要由小尺度湍流对应的风速高频脉动引起,因此围护结构上脉动风压的空间相关性随着面积增大而减小。即围护结构面积越大越易对表面风压产生低通过率的效果。因此当将围护结构上一个测压点的脉动风压作为整个围护结构的极值荷载时,得到的风压值偏大。此时,围护结构表面上分布的脉动风压空间平均可用一个测点脉动风压的时间平均来等价,考虑这种影响的简易方法有 TVL 法。其等价峰值的平均化时间 T_p 表示为

$$T_p = \frac{k_p L}{U_H} \tag{6.33}$$

式中　k_p——脉动风压的相干函数的衰减指数(decay constant),通常为 4~8;

　　　U_H——建筑物顶部平均风速;

　　　L——围护结构表面的代表长度(通常为 $\sqrt{A}$)。

但是,原本应该用二维的空间来考虑空间平均效果,此时却用基于风压的一维相干函数来

计算,从理论上稍显牵强,因此要注意其实用性。

式 6.33 中的 k_p 并非直接采用相干函数中的衰减指数,也有研究提出建议采用 $k_p=1$。总之,只要采用适当的方法来确定围护结构面积上对应峰值的等价平均时间,就可用平均化时间 T_p 对代表测点的脉动风压进行移动平均处理,将得到的峰值与围护结构受风面积相乘即为整个围护结构的峰值。

当然,当在该围护结构表面布置有多个测压点时,根据测得的各测压点的风压在受载面积上进行积分以得到作用于围护结构上的风力,就可以直接得到风荷载峰值。

6.6 建筑模型测力试验

测力实验是为测得作用在建筑物整体或其中一部分上的风荷载而进行的实验,例如在确定高层建筑主体结构的设计风荷载时可进行测力实验。

测力实验是将对象建筑物的模型固定于测量天平上,测得作用于被固定模型整体上的风荷载(包括阻力、升力、倾覆弯矩等),也可以通过上一节所示的测压实验得到的风压,对风压进行积分来得到作用于建筑物整体或其中一部分上的风荷载。为了正确测得仅由风产生的风荷载,实验模型采用不会产生振动的刚性模型。由测得的风荷载可以进行荷载的设定或将其当作外力施加在建筑物模型上来进行响应分析。测力实验无法预测由于建筑物风致振动而产生的附加气动力。要研究附加气动力的效果,需进行气弹试验。此外,要直接测得附加气动力就必须进行强迫振动实验。但是由于强迫振动实验不是一般的实验方法,因此并未在本书中介绍。当附加气动力效果可被忽略时,多数仅采用测力实验结果进行抗风设计。此外,即使实验对象的结构特性不明确,但只要确定了建筑物的形状,就可以进行实验;计算风振响应时,可以把建筑物的结构特性作为参数进行分析,这些都是测力实验的优点。

6.6.1 测量系统

测量高层建筑风荷载时的实验装置如图 6.16 所示。在风洞地面以下放置称为测力天平的测量仪,上面放着对象建筑物的刚性模型。对于一般的高层建筑,大多测量水平两方向的风荷载(即 X、Y 轴)及绕水平两轴与竖直轴合计三轴的回转弯矩(即绕 X、Y 轴的倾覆弯矩,绕 Z 轴的扭转弯矩)的五分量力。对于大跨结构等还要能测量竖直方向的风荷载,因此需要能测量包括竖向力在内的六分力测量仪。图 6.17 所示的为一般六分量天平的坐标轴定义。

根据测量对象的不同,测力天平有许多种类,一般在建筑领域内使用的是通过应变片来测得由于外力使测量仪的感应部位发生微小变形的仪器(如图 6.18 所示)。该感应部位与刚性模型一起形成整体的振动体系,得到如图 6.19 所示的振动特征曲线。仅以风荷载的平均值为测量对象时毫无问题,但要测量脉动分量时,必须保证测量的频率范围不在天平—模型构成的振动体系的共振范围内。此外,在讨论所测的各分量力间的相关性时也要特别注意其相位特征。

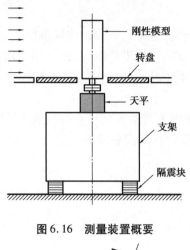

图 6.16　测量装置概要

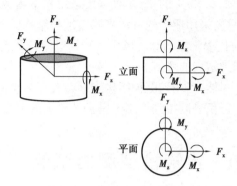

图 6.17　六分力天平的坐标轴定义

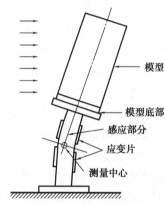

图 6.18　天平的原理

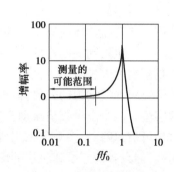

图 6.19　测量体系的振动特征

为了获得更广的测量频率范围,必须使测量体系的固有频率足够高。即必须提高体系的刚度,且减小重量。但值得注意的是,体系的刚度提高了,传感部位的刚度也会随之提高,传感部位的灵敏度也就降低了。一般测量仪器最大量程为 10 kg 左右,多数用于测量数百克左右的力,如此输出的力就容易变小。此外,在测量时也要十分注意由底板、风洞等振动引发的噪声问题。为避免底板及风洞等产生的振动,使用如图 6.16 所示的刚度好、重量大的基座,有时也可根据情况不同使用一些隔震装置等。

其次,如图 6.17 所示,测得的倾覆弯矩的测量中心(弯矩中心)大多不在建筑物底部位置,因此要求得建筑基底弯矩时必须经过修正。

测力仪器通常与回转机构组合在一起使模型随着实验风向变化而旋转。回转方式有两种,一种是使测量仪器的测量轴和建筑物的体轴保持一致,随模型的转动二者一起旋转;另一种方法是使测量轴和风洞轴一致,仅模型旋转。无论哪种方式的测量结果,都可以很容易地通过坐标变换得到另一种结果,但必须事先充分理解测量目的及测量仪器的工作方式。

6.6.2　实验模型

制作测力模型时需要满足的相似条件是几何相似条件,而不一定要满足动力相似条件,此外还应考虑测量仪器、风洞装置等条件的制约。

首先,如前所述,模型—天平测量体系要具有很高的固有频率,因此模型必须要尽可能轻。相反,如果只注意了轻质的问题,却使模型的刚度变得很小,就会产生一些不必要的振动噪声。综上所述,尽可能制作轻质、刚度高的模型。

模型的缩尺比最好根据来流相似条件确定,但从前文提到的限制条件来看,有时也未必能够满足气流的相似条件。例如,对于小尺度建筑物,如果要满足来流相似条件就需要制作非常小的模型,则会由于所受的风荷载很小而出现不能满足测量精度的情况。此时,就必须为了能达到足够的测量精度不得不把模型加大。但是如果把模型加得过大,模型相对风洞断面的投影面积就增大了,就可能存在阻塞度过大的问题,阻塞率通常应该保证在5%以下。还要注意的是,模型加大时质量也增加了,其固有频率也跟着降低了。

为了满足模型的几何相似条件,最好尽可能地真实再现建筑细部,但当限定要做轻质模型或主要目的是掌握整体风荷载时,也常常忽略墙面上小的凹凸。只是由于建筑拐角的形状对漩涡的发生有很大影响进而对整体荷载也有很大影响,所以应尽可能地准确再现建筑拐角的细节。

此外,在相似条件中有时也必须考虑雷诺数的影响,对带有尖角的建筑物,一般认为雷诺数的影响小,但是对于带有圆形拐角的建筑物多数情况下需考虑雷诺数的影响。流体为空气时要实现雷诺数一致是很困难的,为此需在模型表面增加粗糙度以控制漩涡的分离点,以对模拟结果进行修正。

6.6.3　测量条件

测力试验的测量条件主要遵循以下原则:

(1)风洞来流

在风洞中模拟自然风时,要满足湍流尺度等相似条件,多采用1/300～1/600的缩尺比。实际上,受测量仪器精度的限制,模型的缩尺多数不在上述模型缩尺的范围内。此时,最好能满足湍流强度及平均风速剖面的条件。

(2)实验风速

实验风速是根据风洞装置、测量仪器和相似准则来设定的。在设定实际的风洞风速前,对试验中常使用的物理量的无量纲化表示方法进行简单介绍。

首先,无量纲风速 U^* 为

$$U^* = \frac{U}{n_0 B} \tag{6.34}$$

式中　U——风速;

n_0——建筑物的固有频率;

B——代表长度,通常为建筑物的迎风宽度。

此外,其倒数 n_0^* 被称为无量纲频率,有:

$$\frac{1}{U^*} = \frac{n_0 \cdot B}{U} = n_0^* \tag{6.35}$$

求解风致响应时,多采用频域分析方法,用谱表示风力的脉动特性。一般情况下,风洞试验得到的脉动风力谱(通常用功率谱密度表示,简称为谱)的表示方法如下:横轴为前述的无量纲

频率 n_0^*，其中 n_0 用一般频率 n 代替，纵轴为无量纲化的谱值 $n \cdot S(n)/\sigma^2$（其中 n 为频率，$S(n)$ 为谱值，σ^2 为脉动外力的方差），如图 6.20 中所示。

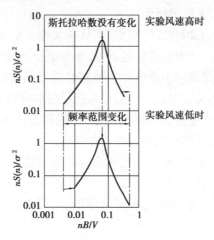

图 6.20　风荷载功率谱

采用上述无量纲化的形式来表示谱，其形状基本不受雷诺数的影响，即使改变风洞风速，谱形状也不会有变化。其中由于考察频率范围及模型的大小是固定的，因此无量纲频率范围会随风速变化而变化。

为了能用统一的谱来探讨风速范围内的响应结果，还要满足在测得的外力无量纲频率范围内含有建筑物无量纲固有频率。

6.6.4　结果分析

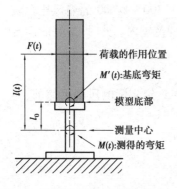

图 6.21　弯矩的修正

在完成结构的测力试验后，通常需要分析结构的三分力系数来获得结构所受的整体风荷载值，对测力试验测量结果可进行如下分析：

（1）对测力天平得到的弯矩进行修正

当建筑物的倾覆弯矩中心与测量中心不同时，按下文方法进行修正，如图 6.21 所示，测量仪的弯矩测量中心在建筑物底部再向下 l_0 处，由测得的整体力 $F(t)$ 及弯矩 $M(t)$，可得到此时力的作用位置 $l(t)$ 为

$$l(t) = M(t)/F(t) \tag{6.36}$$

由此，建筑物基地弯矩 $M'(t)$ 为

$$M'(t) = F(t) \times (l(t) - l_0) = M(t) - F(t) \times l_0 \tag{6.37}$$

用该修正方法对时程数据进行数值计算，即可得到建筑物的倾覆弯矩。

（2）风力系数

对测得的各风荷载多采用无量纲化的风力系数来表示，一般各风力系数定义如下：

$$C_F = \frac{F}{q_H A} \tag{6.38}$$

$$C_M = \frac{M}{q_H AL} \qquad (6.39)$$

式中　C_F, C_M——风力系数(有时称 C_F 为风力系数,C_M 为弯矩系数);

　　　q_H——参考风速压,$q_H = 1/2\rho \cdot u_H^2$;

　　　A——特征面积;

　　　L——特征长度(通常绕 X、Y 轴旋转时取屋盖的平均高度,绕 Z 轴旋转时多取特征宽度);

　　　ρ——空气密度;

　　　u_H——参考风速(通常取屋盖平均高度处的平均风速)。

得到按上述定义的风力系数曲线多表示为如图 6.22 所示,横轴为风向角,纵轴为风力系数。如前所述,在风向角变化时,根据测量方法分为测量轴与建筑物体轴一致和测量轴固定两种情况。测量结果也随着测量方法的不同而有差异,建筑物体轴与测量轴一致时称为"建筑体轴表示法",而测量轴相对于风向固定时称为"风轴表示法"。

用建筑体轴表示时,由于力与结构轴一致,容易用于结构设计。当用风轴表示时建筑体轴与力的方向不一定一致,在设计中使用困难,但力的方向是相对于来流方向来定义的,因此容易理解。根据风向角与风力系数的关系,可基于其变化规律采用准定常假定来推测出产生驰振的临界风速。

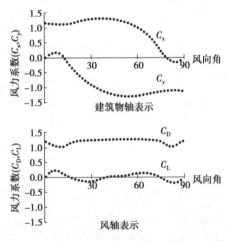

图 6.22　风力系数的测量示例

(3)频域分析

风致响应的计算一般采用频域内的谱分析方法,为此测量结果多采用功率谱来表示。

实际上由实验数据得到功率谱的解析方法也有许多,如 FFT、MEM、AR 法等,都各有优缺点,很难笼统地说哪种方法好,最近像 MEM、AR 法等具有分析率高优点的方法使用较多。

在风振响应求解中很容易使用前文所示的无量纲谱形式,当然直接采用实验得到的值及按实物比例换算得到的值这种用有量纲的表示方法也是可行的。此外,还有 $S(n)/\sigma^2$,$S_F(n)/(q_H A)^2$,$S_M(n)(q_H AL)^2$ 这样的表示方法,后两种是与风力系数相同,将功率谱除以 $q_H \times A$(力的情况)或 $q_H \times A \times L$(弯矩的情况)的二次方,这样表示容易比较脉动荷载的大小关系。

6.7 试验示例

刚性模型测压实验通过在刚性缩尺建筑模型上布置足够数量的测压点,利用压力传感器测量系统来测量建筑结构表面风压(系数)的分布。

本次测压风洞试验采用的缩尺比为1:500,由 ABS 板加工制作而成,几何尺寸为长 120 mm(B)×宽 120 mm(D)×高 1 000 mm(H),如图 6.23 所示。本试验在该模型的表面一共布置了 13 层测点,每层的测点为 36 个,每层每个面设 9 个测点,测点总数为 468 个。在接近模型角部的位置,测点进行了加密,如图 6.24 所示。

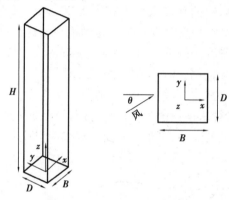

图 6.23 试验模型几何尺寸

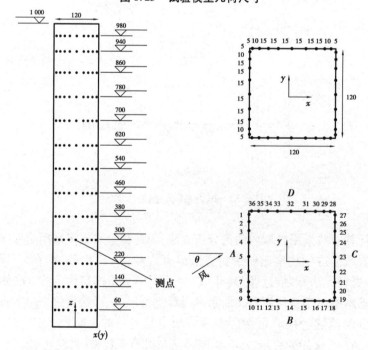

图 6.24 测压模型测点布置(单位:mm)

6.7.1 试验设备

本次刚性建筑模型测压试验在重庆大学 1 号大气边界层风洞(CQU-1)中进行,该风洞为直流吸气式风洞,由进气段、稳定段、收缩段、试验段、出口段等部分组成,试验段截面尺寸为2.4 m × 1.8 m × 15.0 m(宽×高×长),可实现试验风速范围为 0 ~ 40 m/s,如图 6.25 所示。

大气边界层风场模拟采用 TFI 眼镜蛇风速仪(如图 6.26 所示)进行测试,可精确采集和测量风洞中流场的三维脉动风速。测量系统校零后的精度优于 0.5 m/s,频率可达 2 kHz。

试验模型表面压力采用 PSI 高速电子压力扫描阀(如图 6.27 所示)进行测量,基于以太网的 DTC Initium 测压系统可支持 8 个 DTC 系列 ESP 传感器模块同时测量,每个 ESP 传感器模块具有 64 个测压通道,因此最大测量压力通道数为 512 个,测量精度为 0.05% FS。

测压试验采用"L"形皮托管(如图 6.28 所示)对试验总压和静压进行测量,迎风向测压通道为总压测试通道,横风向测压通道为静压测试通道。

图 6.25 重庆大学 CQU-1 风洞实验室

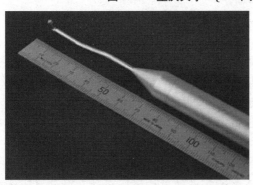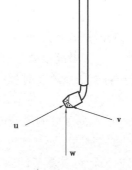

图 6.26 TFI 眼镜蛇风速仪

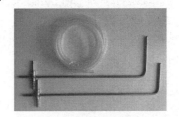

图 6.27 PSI 高速电子压力扫描阀测压系统   图 6.28 "L"形皮托管

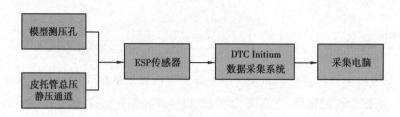

图6.29　仪器设备连接顺序

6.7.2　试验方案

本次刚性测压模型试验在边界层风场中进行,采用被动模拟的方式,通过改变尖劈沿高度方向的挡风面积调整风剖面曲线,以不同大小粗糙元的组合方式模拟地面粗糙度,实现目标风剖面曲线、紊流度曲线的模拟。

试验模型与PSI高速电子压力扫描阀测试系统连接完成后,固定于风洞转盘上,通过转盘的转动改变测试风偏角,本算例仅给出了建筑模型在0°风向角下风荷载的情况。试验模型顶部高度处的风速规定为参考风速。

6.7.3　试验数据处理及试验结果分析

(1)风压数据处理方法

平均风压系数计算公式如式(6.40)所示。

$$\overline{C}_{\mathrm{P}i} = \frac{P_i - P_\infty}{P_0 - P_\infty} = \frac{P_i - P_\infty}{0.5\rho U_{\mathrm{H}}^2} \tag{6.40}$$

脉动风压系数计算公式如式(6.41)所示。

$$\widetilde{C}_{\mathrm{P}i} = \frac{\sigma_{\mathrm{p}i}}{P_0 - P_\infty} = \frac{\sigma_{\mathrm{p}i}}{0.5\rho U_{\mathrm{H}}^2} \tag{6.41}$$

式中　P_i——测压试验得到的各测压点风压时程的平均风压值;

P_∞,P_0——参考高度处的静压和总压;

$\sigma_{\mathrm{p}i}$——各测压点风压时程的均方根值;

ρ——空气密度(一般取$\rho = 1.225\ \mathrm{kg/m^3}$);

U_{H}——参考高度处的风速值;

H——参考高度。

基于上述公式,可计算各试验工况下各测压点的平均风压系数和脉动风压系数,并结合各测点的二维坐标x和y值,绘制风压系数分布云图,如图6.30所示。

(2)体型系数计算

体型系数通过第i个测点的风压系数$\overline{C}_{\mathrm{P}i}$与该测点所属表面面积$A_i$的乘积取加权平均得到,其计算公式如式(6.42)所示。

$$\mu_{\mathrm{s}} = \frac{\sum_i \overline{C}_{\mathrm{P}i} A_i}{A} \tag{6.42}$$

式中　A——所计算表面的总面积。

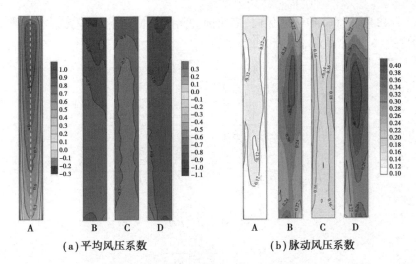

（a）平均风压系数　　　　　　（b）脉动风压系数

图6.30　0°风向角下高层建筑表面平均风压系数与脉动风压系数

基于上述公式,可计算刚性测压模型每层测点的体型系数。

（3）高层建筑模型三分力计算

规定高层建筑气动力系数的正方向和0°风向角的定义如图6.31所示。

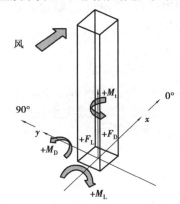

图6.31　气动力系数和风向角的定义

高层建筑各层阻力系数 C_{Di} 和升力系数 C_{Li},脉动风力系数的计算公式如下:

$$C_{Di} = \frac{F_{Di}}{0.5\rho U_H^2 BH_i} = \frac{\sum C_{Pi}A_i \sin \alpha_i}{BH_i} \tag{6.43}$$

$$C_{Di} = \frac{F_{Di}}{0.5\rho U_H^2 BH_i} = \frac{\sum C_{Pi}A_i \sin \alpha_i}{BH_i} \tag{6.44}$$

$$C'_{Di} = \frac{F'_{Di}}{0.5\rho U_H^2 BH_i} \tag{6.45}$$

$$C'_{Li} = \frac{F'_{Li}}{0.5\rho U_H^2 BH_i} \tag{6.46}$$

式中,F_{Di} 和 F_{Li} 分别代表超高层建筑不同层受到的阻力和升力,F'_{Di} 和 F'_{Li} 分别代表超高层建筑不同层受到的脉动阻力和总升力。

高层建筑的平均基底力矩系数 C_{MD}（顺风向）、C_{ML}（横风向）和 C_{MT}（扭转轴向）计算公式见式(6.47)、式(6.48)和式(6.49),顺风向、横风向和扭转轴向的脉动基底力矩系数 C'_MD、C'_ML 和 C'_MT 计算公式见式(6.50)、式(6.51)和式(6.52)

$$C_\text{MD} = \frac{M_\text{D}}{0.5\rho U_\text{H}^2 BH^2} = \frac{\sum C_{Pi} A_i h_i \cos \alpha_i}{BH^2} \tag{6.47}$$

$$C_\text{ML} = \frac{M_\text{L}}{0.5\rho U_\text{H}^2 BH^2} = \frac{\sum C_{Pi} A_i h_i \sin \alpha_i}{BH^2} \tag{6.48}$$

$$C_\text{MT} = \frac{M_\text{T}}{0.5\rho U_\text{H}^2 B^2 H} = \frac{\sum C_{pi} A_i (x_i \sin \alpha_i - y_i \cos \alpha_i)}{B^2 H} \tag{6.49}$$

$$C'_\text{MD} = \frac{M'_\text{D}}{0.5\rho U_\text{H}^2 BH^2} \tag{6.50}$$

$$C'_\text{ML} = \frac{M'_\text{L}}{0.5\rho U_\text{H}^2 BH^2} \tag{6.51}$$

$$C'_\text{MT} = \frac{M'_\text{T}}{0.5\rho U_\text{H}^2 BH^2} \tag{6.52}$$

式中　M_D,M_L,M_T——一定长度的采样时间内的平均基底力矩;

M'_D,M'_L,M'_T——采样时间内三个方向的基底脉动力矩;

A_i——每个测点的附属面积;

h_i——每个测点的高度;

$\sin \alpha_i$ 和 $\cos \alpha_i$——每个测点的方向向量;

x_i,y_i——每个测点投影在基底平面上的平面坐标。

图6.32和图6.33给出了0°风向角下高层建筑平均层间力系数和脉动层间力系数沿高度方向变化的曲线图。图6.34给出了不同风向角下高层建筑平均基础力矩系数和脉动基础力矩系数。

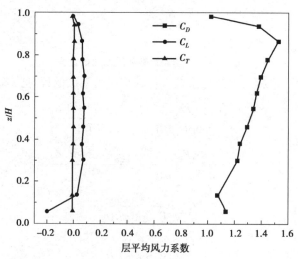

图6.32　层平均风力系数

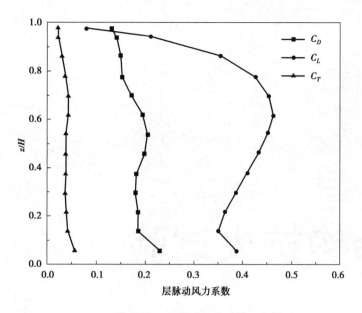

图 6.33 层脉动风力系数

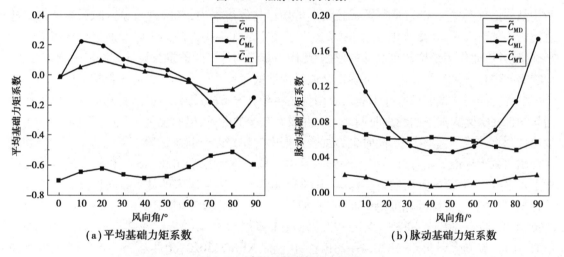

(a) 平均基础力矩系数　　　　　　(b) 脉动基础力矩系数

图 6.34 高层建筑基础力矩系数

思考题

6.1 简述大气边界层风洞的构成、特点和原理。

6.2 建筑风洞试验需要考虑的重要相似条件有哪些?

6.3 简述建筑刚性模型测压试验的基本操作流程。

7 结构抗火试验

为使建筑物内的人员有足够的时间逃生,并让消防人员有足够的时间达到火灾现场灭火,防止结构出现严重破坏或倒塌、造成较大人员伤亡与经济损失,各国建筑设计防火规范都对建筑结构构件耐火时间(耐火极限)的要求做出了规定。如果构件的耐火时间通过标准耐火试验来确定,并以此作为结构抗火设计的依据,此即为基于构件试验的抗火设计方法。采用该方法,往往需要进行一系列的试验,方可确定合适的构件截面尺寸以及相应的防火保护措施。

构件标准耐火试验通常并不能反映构件在实际火灾下的反应,试验所得到的试件的耐火时间与构件在实际火灾下的耐火时间之间也并没有直接的联系,但它仍为工程应用提供了一个衡量构件耐火性能的基本度量,同时也为试验数据库的积累以及共享试验结果创造了条件。建筑构件耐火试验标准的制订最早可追溯到一百多年前。国际标准组织(ISO)在标准统一化方面做了很多努力与工作,其所制订的标准 ISO 834 得到了大多数国家的认可。各国家或组织现行的标准具体如下:①国际标准组织 ISO/CD 834—2014;②美国 ASTM E 119—2018 和 NFPA 251;③英国 BS 476—20, —21, —22, —23:1987;④德国 DIN 4102—1, —2, —4;⑤日本 JIS A 1304:2017;⑥澳大利亚 AS 1530.4—2014;⑦比利时 NBN 713020;⑧丹麦 DS 1051;⑨中国《建筑构件耐火试验方法》GB/T 9978—2008;⑩加拿大 CAN/ULC—S101—14 等。

上述各标准都对试件要求、标准耐火试验条件、试验装置与设备、试验实施、试验观测以及试验结果的判定等作了详细的规定,大体上可分为两大系列。一大系列以 ISO/CD 834 为代表,如①、③~⑨等,各标准之间的差别甚微;另一大系列以 ASTM E 119 为代表,如②、⑩等。限于篇幅,以下仅给出中国标准 GB/T 9978 和英国 BS 476 的耐火试验方法。

7.1 耐火极限及判定条件

构件的抗火性能取决于很多因素,如火灾类型、构件的形式与几何尺寸、材料的类型、支承条件、周围结构(构件)的约束、构件的应力水平等。因此,将试验结果用于预测或评定实际建筑物的耐火性能时,必须对试验条件与实际情况的一致性进行评估,如有不一致时,须进行额外的试验。

建筑构件的耐火极限定义为:在标准耐火试验条件下,建筑构件从受火作用开始到达到极限状态(构件失效)时所经历的时间,一般以小时(h)计,小数点后应保留两位有效数字或是精确至 1 min。所谓的构件失效是指构件无法继续承担其使用功能。对于有承载要求的结构构件,在规定的耐火时间内应保证其稳定性;对于起分隔、防止火灾扩散作用的构件,在规定的耐火时间内应保证其完整性与绝热性。本章主要介绍结构构件的稳定性试验,对于完整性及绝热性试验,读者可参考有关标准及文献。

结构构件的稳定性是指:在标准耐火试验条件下,承重构件在一定时间内能承受试验荷载作用而不出现坍塌或破坏的能力。当试件无法支承试验荷载作用或者试件的变形或变形速率超出如下规定的数值时,则判定试件失去稳定性:

(1)水平承重构件(主要承受弯矩作用,如梁、板等)

最大挠度:

$$\delta \geqslant \frac{L}{20} \tag{7.1a}$$

最大挠度的变形速率:

$$\frac{\mathrm{d}\delta}{\mathrm{d}t} \geqslant \frac{l^2}{900h} \quad (当 \delta \geqslant \frac{L}{30} 后适用) \tag{7.1b}$$

式中　δ——试件的最大挠度,mm;

　　　L——试件的计算跨度(BS 476 取试件的净跨度计算),mm;

　　　h——试件截面的结构高度,即结构顶面到受拉区底部的距离,mm;

　　　t——受火时间,min。

其中,变形速率从试验开始 1 min 后计算,计算时间间隔为 1 min。上述两个判定条件为 ISO 834—2014、BS 476—20:1987 等标准所采用,我国标准 GB/T 9978—2008 只采用式(7.1a)作为判定条件。

(2)竖向承重构件(主要承受轴向压力作用,如承重墙、柱等)

轴向压缩变形:

$$\delta \geqslant \frac{H}{100} \tag{7.2a}$$

轴向压缩变形速率:

$$\frac{\mathrm{d}\delta}{\mathrm{d}t} \geqslant \frac{3H}{1\ 000} \tag{7.2b}$$

式中　δ——试件的轴向压缩变形,mm;

　　　H——试件在加载后、升温开始前的初始受火高度,mm。

上述两个判定条件为 ISO 834—2014、GB/T 9978—2008 等标准所采用。BS 476—20:1987 只采用变形判定条件,规定的最大压缩变形限值为 120 mm。

7.2　试件要求

1)构造与加工

由于抗火试验费用很昂贵,试验数量通常很有限,因此试件应具有足够的代表性。试件设

计应反映实际构件的主要特性,具体应考虑以下几个方面:

①试件设计时,应对构件与支座、支承结构及相连结构之间的相互作用进行分析,并采用适当的连接方式、支座与支承结构,使该相互作用与实际情况一致。如某一相连构件(结构)对试件的抗火性能有不可忽略的影响,则该相连构件(结构)应包含在试验结构中。例如:楼盖(屋盖)体系采用吊顶作为防火保护时,应将楼盖(屋盖)和吊顶作为一个完整的体系进行试验;当楼板与钢梁共同工作承受外部作用荷载时,应按组合梁进行试验;当柱埋于墙体中时,则应将其作为墙体试件的一个部分进行试验。

②构成试验结构的试件及其相连构件(结构)所用的材料、制作工艺、拼接与安装方法等应足以反映相应构件在实际使用中的情况,且在试验开始时应保持其完整性,内部的裂缝宽度等应控制在一定范围内(由探棒试验确定),并在试验报告中予以说明。

③当装修、开洞等对构件的抗火性能的影响不可忽略时,这些构造与细节应予以考虑,例如:楼板下面设有吊顶;楼板或墙体中设有电器盒、给排水穿管、通风穿管、电缆槽穿管或者埋设了导热性良好的材料等。

④构件在实际使用中如果有接缝或接点,则在试验中应予以反映。当接缝或接点的距离大于3 m时,试件至少要包括一个垂直接缝或一个水平接缝。同时,在同一试件上,不允许有不同的接缝方式,而应按每种接缝方式分别做相应的试验。图7.1为有接缝的墙(楼板)试件,(a)试件的中间墙体(楼板)两侧均有接缝,在实际工程中更为普遍,因而比(b)试件更具有代表性。

⑤为使试件适合于试验炉的实际情况以便试验能够进行安装形式的修改,应对试件的性能无重大影响,并应在试验报告中对修改细节作详细说明。

在试验报告中,应对影响试件抗火性能的材料的主要特性予以说明,如结构材料的力学特性(强度、弹性模量等),防火保护材料的热物理特性(密度、热传导系数、比热等)。对于引用的技术数据应注明参考文献,如由试验室试验确定,应说明具体测试方法。为了某一特定的试验目的而对试件进行修改时,在试验报告中应注明试件设计细节以及具体修改情况。

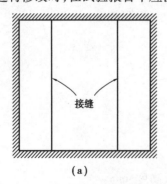
(a)

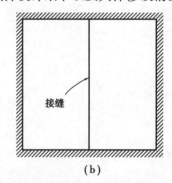
(b)

图7.1 有接缝的墙体(楼板)试件

2)尺寸与数量

试件应与实际使用的尺寸相同(足尺试验)。当构件大于试验炉所能容纳的尺寸时,则该试件的截面规格应与实际使用相同,试件在炉内暴露部分的尺寸不应小于下列规定:

①梁:计算跨度4 m。

②柱:高度3 m。

③楼板、楼盖等:四边支承,长度4 m,宽度3 m。

④承重墙:高度 3 m,宽度 3 m。

当试件的尺寸小于试验炉开口尺寸时,应增加相应尺寸的相连构件(结构)或是增设相应的试验炉隔板。如果试件在试验时含有代表性的接缝、接点等,则两边支承的楼板或屋顶的宽度可以小于 3 m,但不得小于 2 m。

试件数量为 1 个,按实际约束边界条件进行试验。如要确定不同约束、边界条件下试件的耐火极限,则应增加相应数量的试验。

3)养护与干燥

湿法生产或制作的试件,应进行必要的养护与干燥,保证在耐火试验开始时试件内材料的强度、含水率等与实际使用时的状况基本一致。干燥温度不得高于构件材料的使用临界温度,不能改变组合材料的性质。构成试验结构的相连构件的含水率以及试验炉壁、盖板的含水率等也对试验结果有影响,因此也应进行适当的控制。在试验开始之前,应先测定材料的含水率与强度,并在试验报告中列出测试方法及测试结果。当材料特性无法测定时,如完全密封在内的材料,在试验报告中对此也应加以说明。

在常见的建筑材料中,材料性能与养护时间、湿度状况等相关的材料主要有:混凝土、砖砌体、钢结构防火保护涂料(防火板)、石膏制品、木材等。材料内的水分可分为自由水和非自由水。自由水存在于材料的孔隙中或是吸附于孔隙的表面,在高温作用下将受热蒸发。非自由水通常以水化物结晶水的形式存在,一些材料(如石膏制品)在较低的温度下就会出现不可逆的化学反应,分解失去结晶水。在耐火试验中,所谓材料含水率是就材料中的自由水而言,常以质量百分比的形式来表示。材料中的水分,对构件的抗火性能有较大的影响,具体表现在:

①对构件热力学反应的影响。材料内的水分会影响材料的热物理特性,水分蒸发吸热将延缓构件的升温,因此含水率越高,构件升温越慢。

②当含水率较高时,封闭孔隙内的水分受热蒸发会形成高压蒸汽包,材料易出现局部剥落、表面层状剥落甚至爆裂。对于钢构件,当防火涂料出现剥落时,对其抗火性能是十分不利的。而对于混凝土构件,混凝土出现爆裂,甚至可能导致构件在火灾前期就出现整体性破坏。当然,引起材料剥落、爆裂的因素是多方面的,除了上述所说的含水率外,还与材料内部各组分(如水泥浆、骨料)之间不一致的热膨胀所引起的局部高温度应力、高温下材料本身强度的劣化等因素有关。

③当混凝土的含水率不是特别高时,构件一般不会出现爆裂,在此情况下,含水对混凝土构件的抗火性能是有利的。

④非自然的高湿度梯度将会导致木材的扭曲。

⑤对于有接缝的试件,将导致更大的收缩效应。

为了统一标准,BS 476—20:1987 规定了试件的标准湿度条件(平衡含水率),即试件在温度 20 ℃、相对湿度 50% 的大气中养护完全平衡后的含湿状态。在上述条件下,试件达到平衡含水率是非常费时的:厚度小于 20 mm 的湿法生产的试件,干燥时间一般要求不得少于 4 周;每增加 10 mm 厚度,干燥时间需另增加 1 周;而试件局部的干燥受限制时,干燥时间还需增加 2 周。

BS 476—20:1987 规定,当无法确定实际使用情况下材料的含水率时,试件在正常使用条件下的含水率应控制在如下水平:混凝土与砌体为 3% ~5%,石膏制品为小于 2%(质量百分比)。

为了缩短养护与干燥时间,可对试件采用蒸汽养护等其他养护方法,使其先达到要求的强度,然后再进行烘干加速干燥。在烘干处理时,必须严格控制温度,不得改变材料的性质。对于混凝土构件,在混凝土强度未达到要求之前就进行烘干处理是很不合适的,因为如果水泥浆孔隙中的相对湿度降到80%以下,水化过程将停止,导致混凝土的力学性能和热工性能受影响。

7.3 标准耐火试验条件

1)升温条件

(1)炉温控制

标准耐火试验采用明火加热,使试件受到与实际火灾相似的火焰作用,且要求炉内空气平均温度按规定的标准升温曲线进行升温控制。尽管 ISO 834—2014、BS 476—20:1987 和我国 GB/T 9978—2008 等都采用 ISO 834 标准升温曲线所规定的温度-时间函数关系,但在温度控制细节与温度量测方法等方面仍有所差别。ISO 834—2014 和 GB/T 9978—2008 按下式控制炉内温度:

$$T - T_0 = 345 \lg(8t + 1) \tag{7.3}$$

式中 t——试件升温所经历的时间,min;

T——升温 t 时刻的炉内平均温度,℃;

T_0——炉内初始温度,℃,应在 $5 \sim 40$ ℃。

而 BS 476—20:1987 所规定的炉内升温则与炉内初始温度无关(应在 $5 \sim 35$ ℃),即控制的是炉内实际温度,而不是温度升高值,其表达式如下:

$$T = 345 \lg(8t + 1) + 20 \tag{7.4}$$

式(7.4)使得所有试验都采用完全相同的炉温-时间关系。上述两个炉温控制方案的差别很小,但是对于温度十分敏感的材料(如玻璃),式(7.4)更能提供一致的试验结果,而按照式(7.3),构件的耐火极限是与试验时的大气环境温度相关的。

(2)允许控温偏差

试验期间的炉内实际平均温度-时间曲线与标准升温-时间曲线之间的偏差定义为:两个升温曲线下方的面积差与炉内实际平均温度-时间曲线下方的面积之比,以百分比形式表示,即:

$$d = \left| \frac{A - A_s}{A} \right| \times 100\% \tag{7.5}$$

式中 d——偏差,%;

A——炉内实际平均温度-时间曲线下方的面积,min·℃,参见图7.2;

A_s——标准升温-时间曲线下方的面积,min·℃,参见图7.2。面积计算采用数值积分方法,如矩形法、梯形法或是辛普森法(抛物线法)。

炉温允许控温偏差及面积计算时的最大时间间隔 Δt 为:

①0 min $< t \le$ 10 min 时,$d \le 15\%$,$\Delta t \le 1$ min;

②10 min $< t \le$ 30 min 时,$d \le 10\%$,$\Delta t \le 2$ min;

③30 min $< t \le$ 120 min 时,$d \le 5\%$,$\Delta t \le 5$ min;

④$t >$ 120 min 时,$d \le 5\%$,$\Delta t \le 10$ min。

(3)炉内温度均匀性控制

试验炉内的温度不可能完全均匀,即使炉内平均温度严格遵照制定的标准升温曲线,非均

匀温差也会对试件产生严重的局部效应,因此应对炉内温度的均匀性进行控制:

①在试验开始升温 10 min 后的任何时间里,由任何一个热电偶测得的炉温与标准升温曲线所对应的该时刻的温度相差不能超过 ±100 ℃。

②当试件中(包括相连结构或构件)含有可燃性材料时,由于材料燃烧产生的火焰可能导致炉温量测热电偶的热端局部受热或受冷却,在这种情况下,该热电偶测得的炉温与标准升温曲线所对应的温度相差不能超过 ±200 ℃。

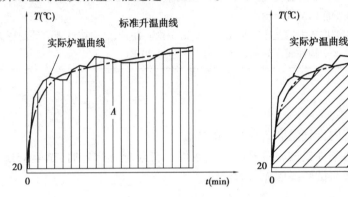

图 7.2 A、A_s 计算示意图

2) 压力条件

炉压定义为试验炉内静压力与炉外大气压力的差值。发生火灾时,室内空气压力对于建筑构件的承载力影响很小,但它对于火焰、热烟气的流通与扩散、蔓延等的影响很大。因此,适当地控制炉内压力,对于准确地测定试件的完整性是非常重要的。表 7.1 为各标准所规定的炉内压力控制条件。这样大小的压力足以使火焰或热烟气穿透试件的缝隙、孔洞等,却又不影响试件的承载力。

表 7.1 炉内压力控制条件(相对于试验室室内空气压力)

耐火试验标准	构件类型	炉内压力控制条件(相对于试验室室内空气压力)
ISO/CD 834—2014	水平构件	正压力 10 Pa
	竖向构件	炉内压力线性分布,试件顶部处的压力为 10 Pa,且至少有 2/3 试件表面受到正压力的作用。
GB/T 9978—2008	水平构件	①试验开始 5 min 后,炉内应达到以下规定的正压条件: 在试件底面以下 100 mm 处的水平面上,炉压为(15 ±5)Pa; ②试验开始 10 min 后,炉内应达到以下规定的正压条件: 在试件底面以下 100 mm 处的水平面上,炉压为(17 ±3)Pa。
	竖向构件	①试验开始 5 min 后,炉内应达到以下规定的正压条件: 在炉内 3 m 高度、离试件表面 100 mm 处,炉压为(15 ±5)Pa; ②试验开始 10 min 后,炉内应达到以下规定的正压条件: 在炉内 3 m 高度、离试件表面 100 mm 处,炉压为(17 ±3)Pa。

续表

耐火试验标准	构件类型	炉内压力控制条件(相对于试验室室内空气压力)
BS 476—20:1987		①在试验开始升温 5 min 后,炉内压力应为正压;竖向压力梯度为 8.5 Pa/m,且中心轴(0 Pa)位于试验炉底面以上 1 m 高度处(对于柱试验,中心轴可为试验炉底面以上不超过 2 m 高度处); ②竖向构件各高度处的压力以及水平构件底面处的压力根据其相对于试验炉底面的高差确定。 ③炉内压力偏差应控制在 ±2 Pa 范围内。并且,竖向构件顶面处的压力以及水平构件底面处的最大压力不能超过 20 Pa。

3)试验室室内空气条件

在升温开始之前,试验室室内空气温度应在 5~35 ℃。

当炉内平均温度条件、压力条件或试验室室内空气条件不符合上述规定时,试验结果仍视为有效,但应在试验报告中对这些试验条件作具体说明。

4)受火条件

各类构件的受火条件如下:

①梁:通常为三面受火(底面、两个侧面),根据实际情况,也可为四面受火。

②柱:通常为四面受火,对于边柱可为三面受火。

③楼板、楼盖等:底面受火。

④墙:一面受火。

5)结构边界约束条件

对于承重构件,试件端部、边缘的约束情况应反映构件的实际使用情况,对于不传递荷载的试件端部或边缘,应保证完全自由:

①水平承重构件(如梁、楼板、屋顶等):按实际约束;当端部约束未知时,按无约束进行试验。

②竖向承重构件(如柱、承重墙等):按实际约束,但竖向应能自由热膨胀。

6)加载条件

(1)试验荷载

承重构件的试验荷载,按以下 4 种方法之一来确定:

①构件的设计荷载,按国家有关设计规范来确定。在某些情况下,设计荷载取决于挠度控制,对此在试验报告中应予以说明。

②构件的工作荷载。按实际使用情况确定试件的试验荷载时,应由设计单位提供正式的技术依据与说明。

③根据试验委托人的要求确定试验荷载。

④当作用于构件上的荷载未知时,可根据材料的实测性能并考虑适当的安全系数来确定试验荷载。

试验荷载的确定依据、形式与分布、大小及作用方向等应在试验报告中予以详细说明。确定试验荷载应遵循一个原则是:在常温下,试件的主要应力状况(包括应力性质、大小)与实际构件的应力状况相一致。试验荷载确定与计算时应考虑以下几个方面:

①应考虑试件端部或边缘处的约束情况,如有可能,提供支座反力的量测方法。

②为了使试件内的主要应力与实际构件相同,可能需要调整加载方法。例如,当试件的尺寸小于实际使用构件时,应对试验荷载的性质、大小及其分布详加考虑,保证试件的主要应力状况(包括应力性质、大小)与实际构件一致。在试验报告中应对这两种情况下的应力状态之间的相互关系予以说明。

③采用试件的实际尺寸进行计算,材料的强度取实测强度。当试件的尺寸、强度等与实际构件不符时,应限制试验结果的应用。

(2)加载形式

根据试验荷载确定加载形式。常见的加载形式如下:

①梁——竖直加载。在试件的计算跨度的 1/8、3/8、5/8 和 7/8 处四点加载,加载点的最小间距为 1 m。荷载应通过荷载分配梁传递到梁上,分配梁的宽度不超过 100 mm。

②柱——竖直加载。中心受压应沿试件轴线方向加载;偏心受压柱应采用偏心加载与轴心加载相结合的方法进行加载。

③楼板、屋顶——均匀加载。单点最大荷载不应超过总荷载的 10%,如果必须模拟集中荷载,加载头与楼板或屋顶表面之间的接触面积不大于 400 cm^2 以及总表面积的 16%。

④墙——竖直加载,通常采用千斤顶加载。荷载沿着试件的整个宽度,通过加载梁均匀施加或用千斤顶在选定的各点上施加。在荷载很小、千斤顶加载不可行的情况下,可采用堆载加载。

⑤组合构件——应根据实际情况(各组件是否各自独立承载)施加荷载。

7.4　试验装置

图 7.3 为承重构件耐火试验装置系统构成示意图,以燃气作为燃料,采用液压千斤顶加载。

1)试验炉炉体结构

试验炉应满足前述规定的升温条件、压力条件、试件最小尺寸等的要求,且应便于试件安装以及试验操作与试验观测。至于试验炉的具体设计与构造细节,目前尚无统一的标准,通常由试验室自行设计与建造。由于各类构件的受火条件、加载条件、约束条件以及试件尺寸等有较大的差别,因此试验炉通常针对某一类型的构件进行相应的设计。要完成上述各种构件的抗火试验,试验室一般应包括以下 3 种试验燃烧炉:

①墙试验炉(图 7.4)。主要用于墙体试验,通常为单面受火。

②梁板试验炉(图 7.5)。主要用于水平构件的抗火试验,如楼板、屋面板、梁、桁架等,通常为底面受火或三面受火。

③柱试验炉(图 7.6)。主要用于柱试验,一般为四面受火。

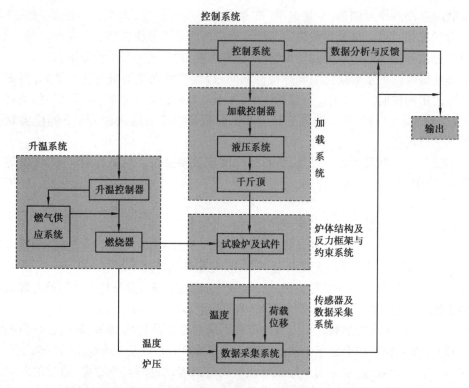

图 7.3　试验炉系统构成示意图

（a）美国UL试验室

（b）加拿大国家研究院(NRC)

图 7.4　墙试验炉

（a）加拿大国家研究院(NRC)

（b）美国UL试验室

(c)同济大学

(d)华南理工大学

图7.5 梁板试验炉

图7.6 柱试验炉(加拿大国家研究院(NRC))

试验炉尺寸除了满足前述规定的试件最小尺寸的要求外,为了保证试件受热均匀,炉内应留有适当的净空,具体如下:

①竖向构件试验炉的净深度。试件受火面到背火一侧炉壁(包括深入炉室的喷嘴及其他开洞装置)的净距离,应在600~1 300 mm。在墙体范围内,试验炉喷嘴及其他开洞的面积之和不超过25%的墙体面积。柱试验炉的最小宽度为1.4 m。

②水平构件试验炉的深度。楼板或梁的底面到试验炉底面(包括深入炉室的喷嘴及其他开洞装置)的净距离,应在1 000~2 000 mm。在楼板范围内,试验炉喷嘴及其他开洞的面积之和不超过33%的楼板面积。

③对于小尺寸的足尺试件,可采用更小的试验炉,但此类试验炉的面积应至少大于1.5倍的试件背火面的面积,试验炉与试件之间的空隙部分通过增加相应尺寸的相连构件(结构)或是增设相应的试验炉隔板来填充。

两个不完全相同的试验炉,即使炉内温度按同一升温曲线进行升温,两个试件的受热形式、加载与约束条件等也完全相同,但试验结果并不会相同。这是因为火的强度取决于试验炉的很多特性,例如:炉室的形状与尺寸、燃料的类型、炉壁的材料等。燃料类型及燃料混合方式会影响火焰的亮度,不同的火焰亮度具有不同的辐射率,进而影响火焰向炉壁和试件表面传递热量。

试验炉内壁通常采用防火砖或陶瓷纤维毡,它们的热工性能差别很大,使得对试件表面热辐射的差别也很大。在以防火砖为内壁的试验炉中,试件升温较慢。为了减小不同试验炉试验结果的差别,BS 476—20:1987 给出了一个试验炉设计建议:试验炉内壁采用热惰性材料,其厚度不小于 50 mm,且在温度 500 ℃时内壁的 $k\rho c$ 不大于 500 $W \cdot s^{0.5}/(m^2 \cdot K)$。(这里的 k,ρ,c 分别为材料的热传导系数、密度和比热)

各国的耐火试验标准有统一的趋向,因此试验炉的差别成了一个突出的问题。作为一种解决方案,有人提议用板式温度计测量试件的受火情况,来代替传统的热电偶测量试验炉的温度。这一方案,得到了大部分欧洲国家的支持。

2)燃烧系统

(1)燃料的选择

可采用天然气、液化石油气、煤气、丙烷气或轻柴油作为燃烧系统的燃料。燃料由贮气(油)罐通过管道输送到喷嘴与高压鼓风机送来的空气混合,喷入炉内燃烧。燃烧产生的烟气由烟道经烟道闸板进入烟囱排出。

气体燃料便于控制和调节,易于同空气混合,且燃烧充分、烟尘少,对大气污染小,在条件允许时,优先选用此类燃料。选用轻柴油作为燃料时,其凝固点要低于最低气温,否则燃油可能会在油管中凝固,有碍于试验的进行。经验表明,油燃料燃烧的火焰对试件的热辐射要大于气燃料。

(2)喷嘴的设置

喷嘴是把燃料喷入炉内燃烧的关键部件,燃料和压力空气在此充分混合,以雾状喷入炉室内燃烧。为了满足炉内升温迅速、温度均匀、便于调节的要求,喷嘴宜小而多,且喷口要相互错开。为了使试验条件符合有关规定,喷嘴应可调节,且在喷嘴的可开合范围内,应保证燃料和空气的混合物成分比例保持不变。

3)炉温和炉压控制

升温控制是试验中的一个重要环节,炉温的控制方法主要是通过增减燃烧喷嘴的数量、调节喷嘴的气(油)压以及风压、调整烟道闸板的位置等来实现。炉内压力可通过控制通风和调节烟道闸板来调节。

4)加载系统

(1)加载设备的要求

①加载设备应能模拟均布荷载、集中荷载、中心荷载和偏心荷载。

②在试验期间,加载设备应可进行手动或自动调节,避免试件变形对试验加载的影响,保持试验荷载的方向、作用点、大小等稳定不变。对于荷载量的变化,应采用仪表或通过测量某点上的液压进行监测。对试验结束后仍需加载的试件,应能保持规定的荷载。

③设备本身变形不应对试件变形测量、热电偶绝缘垫的使用等产生不利的影响。

④应不影响试件背火面的空气流通和冷却以及妨碍其他项目的测量、观察和操作。

⑤采取适当的措施,避免高温对加载设备的影响与损坏。

(2)加载方法的选择

加载可采用下列方法:堆载加载、液压或机械千斤顶加载、或是堆载与千斤顶组合加载。考虑构件的类型、荷载的类型与大小,以便于试验操作为原则确定合适的加载方法,并且加载方法应不影响试件在火灾下的热力学反应与结构反应、不限制试件的位移与变形。

①堆载加载。堆载应尽可能均匀分布于试件表面。采用集中荷载来模拟均布面荷载时,每平方米范围内的集中荷载数量应不少于 4 个,各集中荷载的偏差应不大于名义集中荷载值的 ±2.5%。为了不影响监测,例如棉垫试验的实施、可移动式热电偶的布设等,堆载应通过木头支架传递至试件。堆载与试件之间的接触面积应不超过试件堆载面表面积的 10%;且单个集中荷载的接触面积不应小,以避免造成过大的局部应力。

②液压或机械千斤顶加载。加载系统应能逐步加载,避免冲击荷载;并且,在加载系统内或在试件的荷载作用点处采取适当的构造措施,保证试件能自由滑动。在整个试验过程中,各千斤顶所施加的荷载应保持恒定且不受试件变形的影响(偏差不超过 ±2.5%)。对于水平构件,液压或机械千斤顶加载系统应具有快速响应能力,在试件的挠度增长速率为 50 mm/min 时仍能保持荷载的稳定,且加载系统的行程不小于 250 mm。单点荷载的控制见前述"加载条件"。

5)约束支承系统

试件端部、边缘的约束情况应与实际情况相一致。约束可由液压系统、约束框架或其他加载系统提供。约束框架应足够刚性,能够抵抗试验过程中由于试件热膨胀受到限制而产生的作用力。加载系统作用的试验荷载与试件支座反力自相平衡,因此试验炉或支座反力框架应具备足够的强度与刚度,避免出现对试件的性能以及试验作用荷载有影响的变形。

6)量测设备及精度要求

在试件安装之前,应检查试件的养护与干燥状况,根据有关标准或规范采用适当的仪器与方法测定材料的相关特性。在耐火试验期间,应对试验条件、试件反应等进行测量与监控,其具体测量项目及所需的设备、设备精度要求如表 7.2 所示,各量测设备以及显示记录仪器应具备足够的量程,并采取措施保证仪器的安全。各炉温及试件温度测量热电偶,应避免受到火焰直接冲击,避免因试件变形而出现损坏。

表 7.2　承重构件标准耐火试验(稳定性)测量的项目、所需的设备及设备精度要求

测量项目	测量设备	设备精度要求	
		BS 476—20:1987	GB/T 9978—1999
炉温	炉温测量热电偶	±1 ℃	±15 ℃
炉压	压力传感器	±0.5 Pa	±3 Pa
试验室大气温度	水银温度计	±0.5 ℃	
试件内部温度	固定式热电偶	±1 ℃	±10 ℃
试验时间	计时器	±1 s	±2 s
试验荷载	压力传感器等	应加荷载值的 ±2.5%	应加荷载值的 ±2.5%
试件的变形与挠度	可采用机械、力学、光学或电子技术方式测量	±1 mm	轴向收缩或膨胀 ±0.5 mm;其他变形 ±2 mm

注:表中未列出热电偶、压力传感器等的外部显示记录仪器。

(1)炉温量测热电偶

①炉温测量热电偶可采用裸露的镍铬或镍铝丝线(BS 4937—4),直径为 0.75 ~ 1.50 mm;

丝线在端部熔接或绕接,并将端部引线埋于双孔陶瓷绝热管内[图7.7(a)];热电偶热端暴露于炉室内的长度不小于25 mm,且热端两丝线应相距至少5 mm。此类热电偶累计使用6 h后,应使用热电偶校验机对其进行校验。

②采用相同的丝线,丝线置于直径为1.5 mm的不锈钢护套内[图7.7(b)],热端与不锈钢护套之间应为电绝缘。钢护套外采用陶瓷绝热管进行隔热。此类热电偶累计使用20 h后,应使用热电偶校验机对其进行校验。

热电偶可经温度变送器或直接送到温度记录仪中,要求在试验过程中能随时显示标准温度、单点温度、平均温度以及偏差温度等。

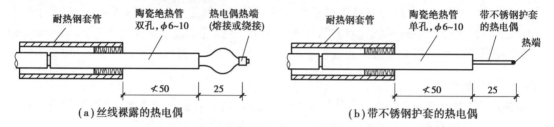

(a)丝线裸露的热电偶

(b)带不锈钢护套的热电偶

图7.7　炉温量测热电偶(单位:mm)

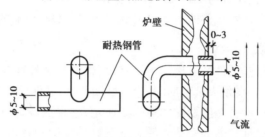

图7.8　炉压量测压力传感器感应头(单位:mm)

(2)炉压量测压力传感器

炉内压力测量可采用压力传感器,传感器应能准确测量静压,传感器不应布置在易受火焰或烟气直接冲击的地方。图7.8为一种常用的炉压压力传感器感应头构造,采用内径为5~10 mm的耐热钢管制作。压力传感器经密封管与压力显示仪相连接。

(3)试件内部温度测量热电偶

试件内部采用与被测温度范围相适应的热电偶。当所测的温度低于400 ℃时,可采用铜/康铜(铜镍合金)丝线制作的热电偶,否则,应采用铬铝丝线制作的热电偶。热电偶安装在试件内部选定的部位,最好在试件制作时布设完成,且不能因此影响试件的性能。热电偶的热端应保证有50 mm以上的一段处于等温区内。

(4)试验室大气温度测量温度计

试验室大气温度测量可采用水银温度计,也可采用试件表面可移动式热电偶。温度计测温包或热电偶热端应避免受到试验炉的高温热辐射。

(5)变形量测仪器

变形量测仪器用于量测试件的变形,包括常温下试验荷载作用后的变形以及受火后的变形,应有足够的量程。变形显示记录仪应放置于远离试验炉与试件处,能随时显示试件的变形或者刷新时间间隔不超过15 s。变形记录时间间隔不大于1 min,以计算试件的变形变化速率。

7.5　试验实施及调整

1）试件检查与试验准备

在试验安装前，试验委托人应提供详细的试件说明文件。试验室依据该文件对试件的有关方面（如试件尺寸、材料的特性等）进行仔细的检查，确定试件是否符合要求。

按照试验要求，安装试件并施加约束，安装测量设备与仪器，完成各项试验准备工作。对于承重构件，应在开始耐火试验前 15 min 加载到确定值，并保持恒定。BS 476—20∶1987 规定，在试验过程中荷载误差不应超过确定值的 ±2%（GB/T 9978—2008 为 5%）。

2）试验的开始与结束

试验开始前要记录环境温度。只有当该温度满足规定的要求时，方可开始耐火试验。耐火试验时按前述有关要求控制炉温与炉压等试验条件。在试验开始前 15 min，所有手动和自动的观察测量系统都应开始工作。

在耐火试验过程中，应按下文所述的规定要求进行测量、记录与观察。当出现下列情况时，即可中止试验：

①出现了有关破坏准则所规定的情况。

②达到了试验委托人或试验室预期的耐火时间（如在试件破坏前即中止试验，该受火时间可作为试件的耐火时间）。

对于承重构件，如果试验结束后试件尚未损坏，应立即卸载。当需要获得试件受火后的性能时，可在耐火试验中止后再进行试件的残余承载力试验。

3）测量与观察

（1）炉内温度测量

炉内温度取为各热电偶的平均值，温度量测按"升温条件"以及"量测设备与精度要求"的有关规定进行，应连续测量或是每隔 1 min 测量一次。热电偶应对称布设于试验炉内，各类构件标准耐火试验的热电偶布设数量及位置要求如下：

①楼板、屋盖、墙等：试件表面每 1.5 m² 至少有 1 个热电偶，热电偶总数不得少于 5 个。试验开始时，热电偶热端与试件受火面的距离应为（100 ± 10）mm，热端距离试验炉墙壁不小于 500 mm，距离其他竖向表面不小于 300 mm。在试验过程中，热电偶热端与试件受火面的距离应控制在 50～150 mm（考虑受火后试件的变形）。

②梁、组合梁等：在每隔 1 m 的长度上至少有 2 个热电偶，对于跨度小于 3 m 的试件，热电偶总数不得少于 6 个。试验开始时，热电偶热端应布置在如下位置处：a. 梁底高度处（梁有防火涂层时，包括涂层厚度），该高度偏差应控制在 ±10 mm 范围内；b. 与试件侧面的距离应为（100 ± 10）mm，且在试验过程中，该距离应控制在 50～150 mm；c. 距离试验炉墙壁至少 500 mm。

③柱子：在每隔 1 m 的高度上至少有 2 个热电偶，热电偶总数不少于 6 个。试验开始时，热电偶热端与试件受火面的距离应为（100 ± 10）mm，且距离试验炉顶面及底面不小于 400 mm；在试验过程中，上述距离的变化值不大于 50 mm。对于柱子试验，GB/T 9978—1999 要求按螺旋形布置，而非对称布置。

（2）炉内压力测量

炉内压力测量按"压力条件"以及"量测设备与精度要求"的有关规定进行,应连续测量或是每隔 2 min 测量一次。各类构件标准耐火试验的压力传感器布设数量及位置要求如下:

①梁、组合梁等水平非分隔构件,试验开始时应至少有 1 个压力传感器感应头布置在以下位置:对于梁,在梁顶面以下 100 mm 高度处;对于组合梁,在板底以下 100 mm 高度处。传感器应不影响试件的变形与位移。

②其他构件:应至少布置 1 个压力传感器。

（3）试件内部温度测量

构件标准耐火试验通常不要求测量试件内部的温度。如出于其他目的,需要量测试件内部温度时,应遵循前述有关规定。测量应连续或是每隔 1min 测量一次。

试件的内部温度,对于理论分析而言是十分重要的,从完善试验数据库资料的角度来看,也是不可或缺的。此外,监控试件的内部温度也有助于判断试件所处的状态、预测试件的失效、了解试件的临界温度。

（4）荷载测量

监控所施加的荷载,记录试件不能承受试验荷载的时间。

（5）试件变形测量

应对试件的特征变形进行连续测量,即从加载前开始直至试验结束。各类构件的变形测量位置如下:

①梁、组合梁:应测量试件的最大挠度。对于截面均匀的简支梁,通常测量其跨中挠度,而当试件截面非均匀或是加载非对称时,应测量多个位置的挠度,以确定试件的最大挠度。

②楼板、楼盖:测量试件中心点的挠度。

③柱子:测量其轴向压缩变形。

④墙:测量竖向变形以及最大侧向挠度,当无法确定试件最大挠度出现的部位时,应布置多个测点。

（6）试验现象观察

观察试件在试验过程中的变形、开裂、熔化或软化、剥落或烧焦等现象。观察试验结束后试件的变形与破坏特征。

4）构件耐火性能的判断

评定构件的耐火性能是一项很重要的工作,因此绝大多数国家都要求试验室必须得到国家有关权威机构的授权或认可。为了降低试验费用,试验委托单位通常会要求试验和认证机构给出一些建议。图 7.9 为 Harmathy 给出的十条经验准则,反映了某些因素对构件耐火性能的影响,这对于利用已有的试验结果来估计类似的构件的抗火性能具有重要意义。Lie 对这些准则做了详细的解释,并予以推广。

5）钢结构防火保护涂料施用厚度的调整

对于火灾下表面受热均匀的采用轻质防火保护层的轻型钢构件,其内部升温可按式(7.6)逐步计算,即

$$T_s(t+\Delta t) - T_s(t) = \frac{1}{\rho_s c_s} \cdot \frac{\lambda_i}{d_i} \cdot \frac{F_i}{V} \cdot [T_g(t+\Delta t) - T_s(t)]\Delta t \tag{7.6}$$

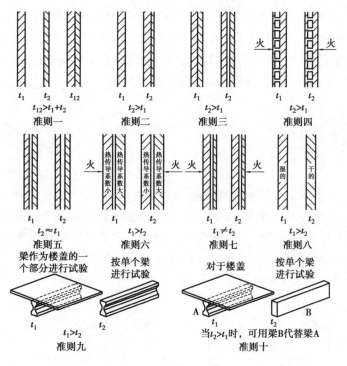

图 7.9 Harmathy 关于构件耐火性能的十条经验准则

由上式可知,在相同的火灾升温条件下,对于采用相同防火保护材料的两个构件,当其有关参数之间有如下关系时,这两个构件的升温过程将完全相同

$$\frac{1}{d_{i1}} \cdot \frac{F_{i1}}{\rho_s V_1} = \frac{1}{d_{i2}} \cdot \frac{F_{i2}}{\rho_s V_2} \tag{7.7}$$

式中,下标 1、2 分别表示第一个构件和第二个构件。

基于式(7.7),若某一钢构件采用与标准耐火试验构件相同的防火保护涂料,并且该构件的耐火极限要求与所试验构件相同时,则该构件所需的防火保护涂料厚度可按下式进行调整

$$d_{i1} = Kd_{i2}\frac{W_2/F_{i2}}{W_1/F_{i1}} \tag{7.8}$$

式中 d_{i1}——所计算构件需要的防火保护涂层的厚度,mm;

d_{i2}——标准耐火试验构件防火保护涂层的厚度,mm;

W_1——所计算构件的重量,kg/m;

W_2——标准耐火试验构件的重量,kg/m;

F_{i1}——所计算构件与其防火保护涂层的接触面周长,mm;

F_{i2}——标准耐火试验构件与其防火保护涂层的接触面周长,mm;

K——系数。当试验构件为钢梁、所计算构件为钢柱时,$K=1.25$;当试验构件为钢柱、所计算构件为钢梁时,$K=0.8$;当二者为同类构件时,$K=1.0$。

式(7.8)的适用条件为:$W_i/F_i \geq 22$,$d_i \geq 9$ mm,且构件的耐火极限要求 $t \geq 1$ h。

7.6 抗火试验示例

为了得到钢筋桁架楼承板钢组合梁考虑栓钉剪切滑移后的抗火性能,采用火灾试验炉对两

个四点加载的足尺钢筋桁架楼承板钢组合梁进行了抗火性能的试验研究,其中一个试件按照完全抗剪设计,另一个试件按照部分抗剪设计。组合梁楼板采用钢筋桁架楼承板现浇混凝土组成,钢梁为焊接 H 型钢梁,抗剪键采用栓钉。试验在 ISO—834 标准升温条件下进行,测量得到了组合梁的温度分布、跨中挠度、端部楼板和钢梁的相对剪切滑移位移及楼板的掀起位移。

7.6.1 试验概况

1)试件设计

试验共设计制作了 2 个钢筋桁架楼承板钢组合梁试件,两根试件均根据相关规定进行设计。每个试件由一根焊接 H 型钢梁(截面尺寸 H320 mm×140 mm×8 mm×10 mm)、矩形混凝土板(楼板厚度为 100 mm)组成。梁的跨度为 5.26 m。钢筋桁架楼承板型号为 TD3-70,钢筋保护层厚度为 15 mm,试件的具体尺寸如图 7.10 所示。两根试件中仅有剪力连接程度不一致,其余各参数均相同,相关参数及栓钉数量见表 7.3。两根试件均喷涂了厚型防火涂料,实测保护层的厚度为 11 mm。

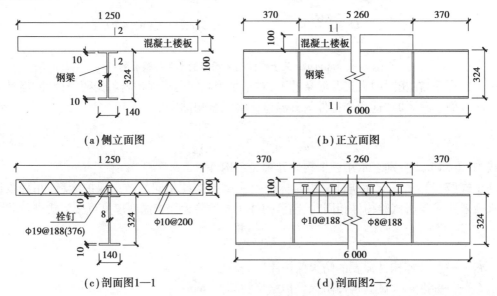

图 7.10 试件尺寸

表 7.3 组合梁试件的参数

试件编号	栓钉总数	设计剪力连接程度	栓钉间距/mm	纵向钢筋	横向钢筋配筋率
SCB-1	28	1	188	14 φ 10	0.95%
SCB-2	14	0.5	376	14 φ 10	0.95%

2)试验装置

试验采用同济大学抗火试验室中水平抗火试验炉,试验炉的平面尺寸为 3.5 m×4.5 m,以煤气为燃料,试验装置照片如图 7.11 所示。试验试件放置在试验炉上侧,左右两端分别采用滚轴和铰接支座来模拟简支梁,其中滚轴侧采用在钢梁上焊两根短圆钢来约束梁的轴向位移,同时设计支座来防止钢梁的侧向位移。采用 4 个 500 kN 的千斤顶进行四点加载。

图 7.11　试验装置照片

3)测量内容

试验中分别采用位移传感器来监测竖向位移和钢梁与钢筋桁架楼承板的相对滑移,并采用 K 型热电偶来量测截面的温度分布。其中,位移计 D1、D2、D3 用来测量组合梁的竖向挠度,位移计 SL1 和 SL2 用来测量梁端钢梁与钢筋桁架楼承板之间的相对滑移,位移计 SP1 和 SP2 用来测量梁端钢梁与钢筋桁架楼承板之间的相对掀起位移,具体布置如图 7.12(a)所示。在沿梁跨三分点截面处布置热电偶,分别测量钢梁上下翼缘和腹板、栓钉离根部 15 mm 和 40 mm,钢筋桁架楼承板离钢梁上翼缘 10 mm、50 mm 和 80 mm 处的温度,热电偶的具体布置如图 7.12(b)所示。

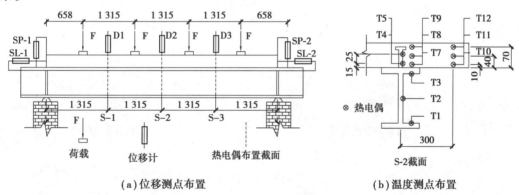

(a)位移测点布置　　　　(b)温度测点布置

图 7.12　测点布置图

4)加载和升温方式

在试验正式开始前,先在常温下对试件进行预加载,来保证试验设备和采集系统能够正常工作。预加载值取为常温下按规范计算所得的试件承载力的 30%。预加载结束后,正式加载到预定的荷载值。当荷载值恒定在设定水平时,炉子开始点火升温,直至试件破坏,其中炉温按照 ISO—834 标准升温曲线进行自动升温。

7.6.2 试验结果

1)温度结果

图7.13(a)给出了试件 SCB-1 跨中截面(图7.12(a)中2-2 截面)处钢梁温度随时间的变化曲线,其中 T1、T2、T3 分别为钢梁下翼缘、腹板和上翼缘的温度。从图 7.13(a)中可以看出,钢梁下翼缘和腹板的温度接近,且比钢梁上翼缘温度高很多。因为钢梁下翼缘和腹板直接暴露在热空气中,而钢梁上翼缘与钢筋桁架楼承板相连,导致钢梁上翼缘温度上升较慢。图 7.13(b)给出了栓钉温度随时间的变化曲线,其中 T4、T5 分别为距离钢梁上翼缘 15 mm 和 40 mm 处栓钉的温度。从图中 7.13(b)可以看出,栓钉温度沿栓钉轴向分布不均匀。图 7.13(c)给出了试件跨中截面处钢梁上侧混凝土温度随时间的变化曲线,其中 T6、T7、T8 分别为距离钢梁上翼缘 10 mm、50 mm 和 80 mm 处混凝土的温度。从图 7.13(c)中可以看出,混凝土的温度随着离钢梁上翼缘距离的增加而降低,且当温度达到 100 ℃时,有明显的升温滞后平台。由于试件养护期湿度较大,混凝土的含水率较高,所以升温滞后平台较长。图 7.13(d)给出了试件跨中截面处钢梁外侧混凝土温度随时间的变化曲线,其中 T9、T10、T11 分别为距离钢梁上翼缘 10 mm、50 mm 和 80 mm 处混凝土的温度。此处的温度分布规律与钢梁上侧混凝土的温度分布规律相似,但是该位置处混凝土的温度比钢梁上侧混凝土的温度高,因为该位置处混凝土板底直接受火,而钢梁上侧混凝土板底受钢梁防火保护的影响,升温相对较慢。

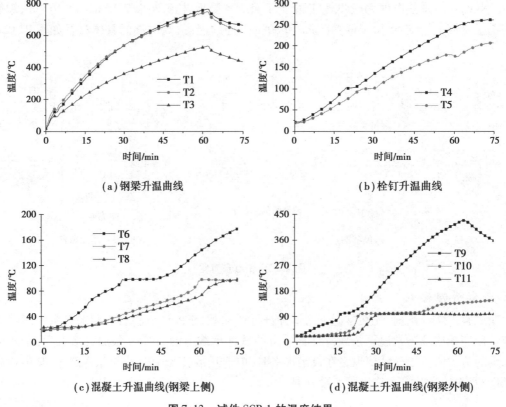

(a)钢梁升温曲线

(b)栓钉升温曲线

(c)混凝土升温曲线(钢梁上侧)

(d)混凝土升温曲线(钢梁外侧)

图 7.13　试件 SCB-1 的温度结果

图 7.14(a)给出了试件 SCB-2 跨中截面[图 7.12(a)中 2-2 截面]处钢梁温度随时间的变化曲线,与试件 SCB-1 类似,钢梁下翼缘和腹板的温度接近,且比钢梁上翼缘温度高很多。图 7.14(b)给出了栓钉温度随时间的发展曲线,同样,栓钉温度沿栓钉轴向分布也不均匀。图 7.14(c)给出了试件跨中截面处钢梁上侧混凝土温度随时间的发展曲线,当混凝土温度达到 100 ℃时,也有明显的升温滞后平台,原因是水分蒸发引起的滞后效应。图 7.14(d)给出了试件跨中截面处钢梁外侧混凝土温度随时间的变化曲线,与试件 SCB-1 变化规律类似。

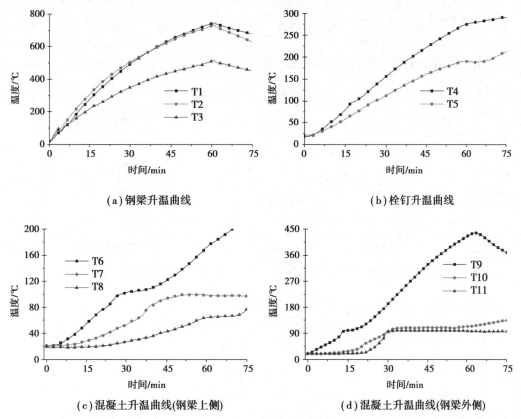

(a)钢梁升温曲线

(b)栓钉升温曲线

(c)混凝土升温曲线(钢梁上侧)

(d)混凝土升温曲线(钢梁外侧)

图 7.14   试件 SCB-2 的温度结果

2)结构火灾反应

图 7.15(a)给出了试件 SCB-1 挠度随钢梁下翼缘温度的变化曲线,其中 D1、D2 和 D3 分别为左侧三分点、跨中和右侧三分点处的挠度。从图中可以看出,左右两侧三分点处挠度基本相同,且跨中变形最大。图 7.15(b)给出了试件 SCB-1 梁端钢梁与钢筋桁架楼承板相对滑移随钢梁下翼缘温度的变化曲线。在升温初始阶段,钢梁温度增加很快,钢梁发生膨胀,而混凝土温度较低,膨胀较小,从而产生负的滑移(此处定义混凝土相对于钢梁向梁端滑移为正),当钢梁温度超过 400 ℃时,整根梁的变形增加很快,慢慢产生正的滑移。图 7.15(c)给出了试件 SCB-1 梁端钢梁与钢筋桁架楼承板相对掀起位移随钢梁下翼缘温度的变化曲线。从图中可以看出,钢梁和钢筋桁架楼承板在梁端的掀起位移随着钢梁下翼缘温度的增加而不断增加,升温结束时达到了 5 mm 左右。

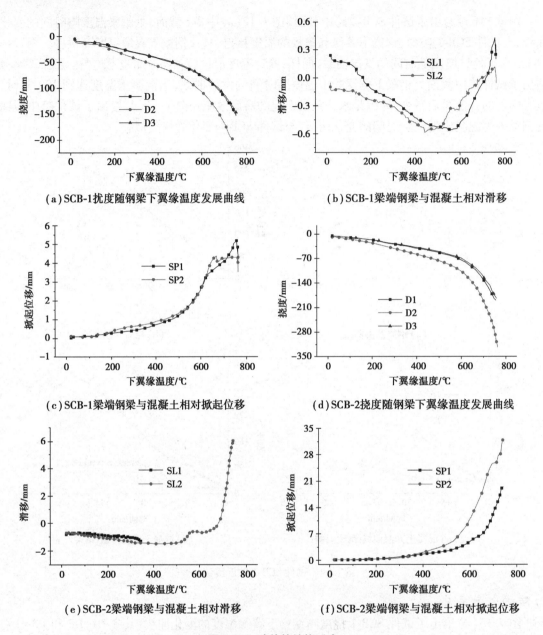

图 7.15　试件的结构反应

图 7.15(d)给出了试件 SCB-2 挠度随钢梁下翼缘温度的发展曲线,从图中可以看出,跨中变形最大达到了 300 mm 以上。图 7.15(e)给出了试件 SCB-2 梁端钢梁与钢筋桁架楼承板相对滑移随钢梁下翼缘温度的变化曲线。在升温初始阶段,钢梁温度增加很快,钢梁发生膨胀,产生负的滑移,当钢梁下翼缘温度超过 500 ℃左右时,整根梁的变形增加很快,慢慢产生正的滑移。当钢梁下翼缘温度达到 700 ℃左右时,滑移量达到 6 mm 左右。由于左端位移计在试验中途出现故障,该侧的滑移位移没有得到。图 7.15(f)给出了试件 SCB-2 梁端钢梁与钢筋桁架楼承板相对掀起位移随钢梁下翼缘温度的变化曲线。从图中可以看出,钢梁和钢筋桁架楼承板在梁端的掀起位移在升温结束时达到了 20 mm 左右,远大于试件 SCB-1 的掀起位移量。

思考题

7.1　构件的抗火性能与哪些因素有关？什么是建筑构件的耐火极限？

7.2　相对于普通结构试验，抗火试验在试件形状和尺寸方面的主要差异体现在哪些方面？

7.3　抗火试验中，试件加载和量测应遵循哪些原则？

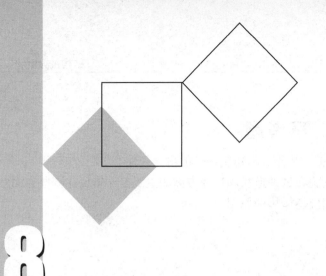

8 其他结构试验

8.1 结构振动测试

结构动力特性主要是指结构的固有频率、振型和阻尼系数。其中,固有频率常被称为自振频率(单位为 Hz),其倒数称为结构的自振周期(单位为 s)。

结构振动测试的内容包括结构动力特性的测试和结构振动状态的测试。在工程实践和试验研究中,结构振动测试的目的是:

①通过振动测试,掌握结构的动力特性,为结构动力分析和结构动力设计提供试验依据。广义的结构动力设计包括结构抗震设计、结构动力性能设计和结构减振隔振设计。而结构动力分析是结构动力设计的基础。

②通过结构振动测试,掌握作用在结构上的动荷载特性。例如,高层建筑结构在脉动风荷载作用下产生振动,通过结构振动测试可以识别风荷载特性。民用建筑中人群的活动、工业建筑中机器设备的运转等因素,都使结构产生振动,这种振动可能影响结构的使用或使人产生不舒服的感觉。振动测试可以确定振动的频率和幅值以及振源的影响,并采取相应的措施,使之降低到最低程度。

③采用结构振动信号对已建结构进行损伤诊断和健康监控。当结构出现损伤或破损时,结构的动力性能发生变化,例如,自振频率降低、阻尼系数增大、损伤部位的动应变加大等。通过结构振动测试,掌握结构动力性能的变化,就可以从结构动力性能的变化中识别结构的损伤。

8.1.1 结构振动测试与数据采集

依据试验的目的,结构动力性能测试主要获取的信息可分为结构固有动力性能参数和环境激励下的结构动力响应。结构固有动力性能参数包括结构的固有频率、振型、阻尼比等,环境激励下的结构动力响应主要是振动幅值和振动频率等信息。

结构或构件以低频大位移的方式振动时,可以在振动物体旁边建立标尺,直接肉眼读取幅值。精确的振动幅值测量需要利用经标定的位移传感器,进行相对位移的测量。所谓相对位移是指振动物体相对某一不动点的位移。安装在振动物体上的速度传感器和加速度传感器,直接测量的速度或加速度为绝对速度或绝对加速度,也就是说测量的速度或加速度不需要参照点。由速度或加速度积分得到位移,将产生积分常数,利用运动的初始条件确定积分常数,所得位移实际上是相对于积分常数的位移。对于大型结构,如高层建筑和大跨桥梁,没有条件安装位移传感器,只能采用速度传感器或加速度传感器测量振动幅值。这样得到的振动位移时程曲线,大多为实际振动位移在较高频率范围内的分量。

人体或肉眼可以感受的低频或超低频振动的频率,也可以用简单的计数法获取,用于粗略地估计结构的振动频率。

现代振动测试技术的主要内容就是采用各种传感器和仪器设备,精确地得到施加在被测结构上的激励信号和结构在激励作用下的响应信号,再利用信号分析和处理,得到所需要的测试结果。

结构振动测试的第一步是获得被测结构的激励和响应的时域信号。根据不同的试验目的,时域信号的测量一般由以下环节组成:

①确定结构的支撑方式和边界条件;
②选择振动测试仪器设备;
③安装传感器;
④采集记录数据。

以下结合不同类型的振动试验讨论相关的测试技术。

1)试件与传感器的安装

试件安装方式一般可分为自由悬挂和强制固定两种。自由悬挂是将试件自由地悬挂于惯性空间,理论上试件应展现出纯刚体模态(固有频率为零)。试验中,通常采用橡胶绳悬挂试件,由于橡胶绳具有一定的刚度,试件不会出现零频率的刚体模态。但相应于准刚体模态(由橡胶绳的刚度确定)的固有频率可以明显低于试验感兴趣的最低阶结构固有频率,但对试验结构动力特性影响很小。此外,将悬挂点设在结构振型的节点处,可进一步降低悬挂的影响。这种安装方式多用于小型结构或构件的模态试验。图8.1给出了钢筋混凝土梁振动测试悬挂安装的一个实例。

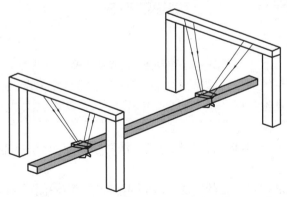

图8.1 钢筋混凝土梁模态试验的安装示意图

所谓强制固定安装方式,是将试件的某些部位用机械方式固定。从力学意义上讲,结构的边界条件可分为位移边界条件和力边界条件,固定安装是相对位移边界条件而言,最常见的实例是简支梁和一端固定的悬臂梁。在静载试验中,简支梁或悬臂梁的边界条件都可以与理论模型较好地吻合。而在结构振动测试中,将试件完全固定于惯性空间是很难做到的。因为所有支墩、底座、连接件,包括基础都不是绝对刚性的。这些部位的有限刚度将影响结构较高阶的模态特性。在土木工程结构试验中,被试结构的刚度和体积都可能比较大,很难采用自由悬挂的安装方式。常规的做法是使支撑刚度尽可能大于被试结构的刚度,保证试验结构的低阶模态特性不受影响。也可以将试验结构和安装连接装置看成一个大的结构体系,采用系统识别的方法消除安装方式导致的影响。

2)激励方法的选择

根据试验目的和试验对象的不同,选择不同的激励方法。对于大型工程结构,例如特大跨径桥梁和高层建筑,通常采用环境激励,也称为脉动激励。结构所处的环境中,风、水流、附近行驶的车辆、人群的活动等因素,使结构以微小的振幅振动。对于这种环境的脉动,将其看作宽频带的随机激励,可近似地用白噪声模型来描述。利用响应信号的自功率谱和互功率谱密度函数,可以确定结构的固有频率和振型。采用环境激励进行振动测试时,为了保证采集的信号具有足够的代表性(平稳随机过程的各态历经性),信号采集需要一定的时间,并且每次采集响应信号时的环境条件应基本相同。

用于结构振动测试的激振器种类很多,按工作原理区分有机械式、电动式、液压式、电磁式和压电式等,而电动激振器是进行结构模态试验的标准设备之一。一般电动激振器带有一个较重的底座和支架,将其置于地面,对结构施加垂直方向、水平方向或其他方向的激振力,也可以用弹性绳(柔性杆,在激振方向具有足够的刚度、而在其他方向的刚度很小)悬挂于支架上,对结构施加激振力(图8.2)。

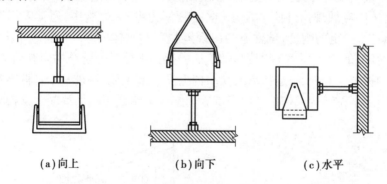

(a)向上　　　　(b)向下　　　　(c)水平

图8.2　电动激振的安装方式

电动激振器是对结构施加稳态激励执行部件,一般不能单独工作,通常和信号发生器、功率放大器一起使用。信号发生器产生微小的交变电压信号,经功率放大器放大转换为交变的电流信号,再输入到激振器,驱动激振器往复运动。

在结构模态试验中,电动激振器常采用下列方法对结构施加激励并测量频响函数:

(1)步进式正弦激励

这是一种经典的测量频响函数的方法。在预先选定的频率范围内设置足够数量的离散频率点,采用步进方式依次在这些频率点进行稳态正弦激励,得到离散频率点的频响函数。

（2）慢速正弦扫描激励

在信号发生器上采用自动控制的方法,使激励信号频率在所关心的频率范围内,从低到高缓慢连续变化。在预备性试验中,确定扫描的频率范围和扫描速度。由于激励信号频率的变化,在理论上是不能得到稳态响应的。但在实际结构试验中,可以找到一个合适的扫描速度。由低频向高频扫描得到的频响函数与从高频向低频扫描得到的频响函数不同。一般认为,使两者误差最小的扫描速度就是使频响函数误差最小的速度。采用正弦扫描激励时,在结构共振频率处,由于阻抗匹配问题,激励信号的功率谱将出现明显下降。

（3）快速正弦扫描激励

这种方法又称为线性调频脉冲,属于瞬态激励方法,具有宽频带激励能力。激励信号频率在数据采集的时段内从低到高或从高到低快速变化,扫描的频率可以线性变化,也可以按指数或对数规律变化。快速扫描过程应在相同条件下周期性地重复,通过平均消除误差。图 8.3 给出线性快速扫描的时域信号和功率谱密度函数。快速扫频方法得到的频响函数具有良好的信噪比和峰值特性,但可能产生非线性失真。在试验中,应注意适当选择扫描速度和时窗长度,保证在时窗内有足够的时间衰减自由振动。

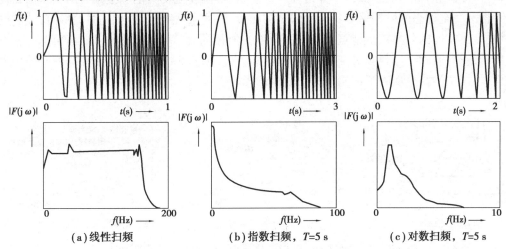

图 8.3　快速扫频正弦激励的例子

（4）随机激励

按照随机过程论,随机激励信号是非确定性信号。在结构振动测试中,随机激励分为纯随机激励、伪随机激励和周期随机激励三种情况。其中,纯随机激励信号由一个数字化的随机信号发生器产生,随机信号发生器的随机信号来自专用电子元件的电子噪声,利用计算机软件作为信号发生器,伪随机激励信号由计算机程序产生,来源于计算机程序中的伪随机数;周期随机激励综合了纯随机和伪随机的特点,它由很多段互不相关的伪随机信号组成。

比较而言,纯随机信号来自电子噪声,使用中通过多次平均可以消除干扰和非线性影响,但每次采样长度有限,导致所谓的信号泄漏。伪随机信号是计算机产生的有限长度随机序列,其频谱由离散傅立叶变换频率增量的整数倍频率组成,在采样时窗内是一周期信号,它不会产生信号泄漏,但不能消除非线性影响。

周期随机信号的频谱也是由离散频率构成,这些频率等于离散傅里叶变换所用频率分辨率的整数倍。利用随机数字信号发生器,周期随机信号程序产生一个幅值和相位都随机变化的信号,用这个信号序列重复激励结构直到结构瞬态响应结束,然后再开始下一个周期的随机激励。各个周期的随机信号是完全不相关的,也就是说,是纯随机的,图 8.4 给出了周期随机信号的示例,在每个周期 T 内,完全相同的信号重复三次,不同周期内,信号完全无关。

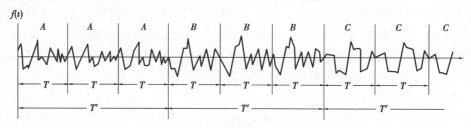

图 8.4　周期随机信号

除上述激励方式外,利用专门的信号发生设备和控制器,还可进行猝发快扫或猝发随机激励。

力锤激励输入的信号是一种瞬态的确定性信号。每次力锤冲击产生一个脉冲,脉冲持续时间只占采样周期的很小的一部分。锤击脉冲的形状、幅值和宽度决定了激励力的功率谱密度的频率特性。完全理想的脉冲信号具有无限宽的频带,因此,当脉冲幅值相同时,脉冲持续时间越短,其功率谱密度的分布频带越宽;反过来,脉冲幅值相同而持续时间越长时,其功率谱密度的分布频带越窄,激励在低频段对结构输入的能量越大。图 8.5 给出一种力锤冲击的时域信号和频域信号,图中的结果反映了锤帽和锤头质量的影响。

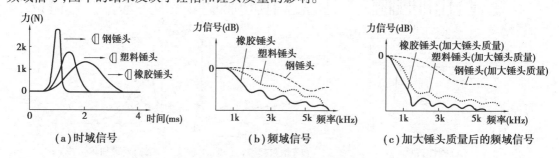

（a）时域信号　　　　　（b）频域信号　　　　（c）加大锤头质量后的频域信号

图 8.5　力锤的构造和力锤激励信号

采用力锤激励最大的优点是操作方便,简单快速,泄漏也可以减少到最小,但要求操作熟练。此外,力锤信号的信噪比较差,对放大器过载和结构非线性比较敏感。理想的输入应当是一个窄的脉冲,其后的信号为零。而实际上脉冲结束后的噪声在整个采样周期内都存在,噪声总能量可与脉冲能量具有相同的数量级。因此,必须采用加窗的办法将这些噪声消除。

锤击激振的另一个不足之处是输入能量有限,对大型工程结构,往往因能量不足而导致距锤击点较远处的响应很小,信噪比低,实际上锤击法很难激发大型结构的整体振动。

对于大型建筑结构的整体结构动载试验,可采用偏心式激振器对结构施加激励,将激振器安装在结构的顶层并施加水平方向的激励,对于大型梁板构件,一般采用垂直激励。激励方式为步进式正弦扫描或慢速正弦扫描。

3）数据采集

将模拟信号转换为数字信号的过程称为采样过程。经过 AD 采样后,一个连续的模拟信号被转换为离散的数字信号,以周期（时间间隔 Δt）为 T_s 的离散脉冲形式排列。T_s 称为采样周期,其倒数 f_s 为采样频率。从数学上讲,采样过程是用离散脉冲序列对模拟信号的调制过程。对采样过程的基本要求是:采集的数字信号能够完整的保留原模拟信号的主要特征。振动信号的主要特征是振动的频率和幅值。关于采样频率,采样定理表述为:"若要恢复的原模拟信号的最高频率为 f_{max},则采样频率 f_s 必须满足 $f_s > 2f_{max}$"。如果采样频率不满足采样定理,就可能出现所谓"频率混叠",在数字信号中出现了原模拟信号中没有的频率成分。

对采样定理已有严格的数学证明。图 8.6 直观地给出"频率混叠"的近似说明。将周期为 T 的正弦波分别以 $1/4T$、$2/4T$ 和 $3/4T$ 的周期采样。显然,图 8.6(a) 采集的信号基本可以恢复原来的正弦波;而以 $2/4T$ 的周期采样时,有可能恢复到原来的正弦波[图 8.6(b)],也有可能整个信号被丢失[图 8.6(c)],表明采样周期小于而不是等于 $1/2T$ 的必要性;图 8.6(d) 则采集了实际上不存在的长周期分量。由此可见,满足采样定理,只是保证不出现频率混叠,信号的幅值特征有可能丢失(波形失真)。因此,在振动测试中,采样频率通常大于采样定理要求的最小采样频率,例如取 $f_s = (4 \sim 10)f_{max}$。

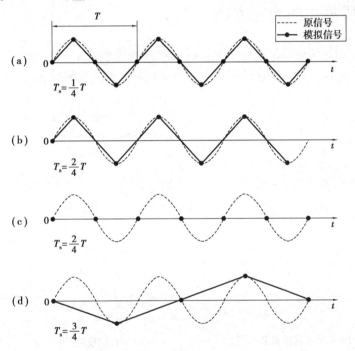

图 8.6　采样定理实例

采用脉动法激励时,还要设置采样长度。由于作用在结构上的脉动激励是完全随机的,只有足够长时间的采样才能得到相对完整的结构响应信息。采用锤击法激励时,由于人工操作,每次捶击的力度可能不同。为了消除误差,可采用多次锤击,取其平均。

4)传感器标定与校准

振动测试所用的传感器主要包括位移、速度、加速度和力传感器。通常,应采用高精度的标准传感器在标准环境下标定振动试验中所用的传感器。但常规的结构实验室一般没有配备各种规格和各种类型的高精度标准传感器。在普通结构振动测试中,可以降低精度要求进行传感器的标定。其中,绝对位移传感器可采用与静态位移传感器相同的方法标定。例如,采用经计量标定的百分表在静态或准静态条件下标定绝对式动态位移传感器,并假定动态位移幅值与静态位移幅值具有相同的精度。再用绝对式动态位移传感器校准相对式传感器。这样校准的传感器精度虽然不高,但可以满足大多数结构试验的要求。

对于加速度传感器,专业校准更加难以在结构实验室完成。除传感器制造厂商提供了传感器的性能指标外,振动测试时,大多采用简易方法进行加速度传感器的校准。

还有一些利用重力场中的重力加速度对传感器进行标定的方法。

在结构模态试验中,往往对传感器灵敏系数的精确值不是特别关心,而是要求同一个模态试验中所用的传感器按相同的灵敏度输出信号,即加速度相同时,传感器输出放大后的电压信号相同。这时,对传感器可以采用同条件相对标定的方法进行标定。

对传感器进行标定时,为消除或减少放大器的非线性带来的误差,常采用联机标定的方法:对传感器—测试用电缆—放大器—显示记录仪(计算机)进行联机标定,一直到在计算机中设置的信号的工程单位。

8.1.2　结构阻尼比的确定方法

本节讨论的振动数据处理是指在得到频响函数前的信号处理。在采集了激励和响应信号后,进行频响函数估计时,对存贮在计算机内的振动数据主要进行加窗和滤波处理。

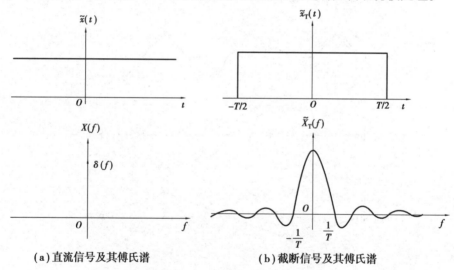

(a)直流信号及其傅氏谱　　　　　(b)截断信号及其傅氏谱

图8.7　泄漏现象的简单例子

1)信号泄漏和加窗

数字信号处理是对无限长连续信号截断后所得的有限长度信号进行处理。截取的有限长度信号不能完全反映原信号的频率特性,在频域内增加了原信号所不具有的频率成分,这种现象称为频率泄漏。如图8.7所示,$x(t)$为常数的信号,其傅立叶变换为δ函数,但截取一段进行傅立叶变换后,原信号的能量泄漏到整个频率轴上。

又如图8.8所示,截取一段余弦信号进行傅立叶变换,也出现了频率泄漏。截取一段信号进行傅立叶变换,相当于对原信号和一分段函数的乘积进行傅立叶变换,如图8.8(c)所示,这个分段函数又称为矩形窗函数:

$$\omega(t)=\begin{cases}1,\ |t|\leqslant T/2\\0,\ |t|>T/2\end{cases}\tag{8.1}$$

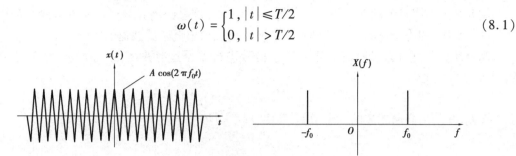

（a）余弦函数及其傅氏谱

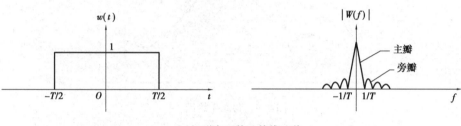

（b）矩形窗函数及其傅氏谱

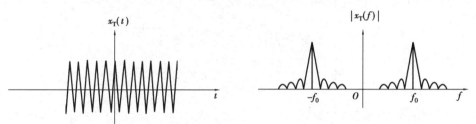

（c）截断全余信号及其傅氏谱

图 8.8　余弦信号截断过程及泄漏现象

　　显然,是矩形窗函数这种截取信号的方式导致了频率泄漏。如果采用其他形式的窗函数截取信号,泄漏将得到改善。对于瞬态响应信号,通常加指数窗减少泄漏。对于瞬态激励信号通常加力窗减少泄漏。

　　应当指出,截取信号所导致的泄漏是不可能完全避免的,加窗后,原信号特点或多或少受到影响。例如,对瞬态响应值号加指数窗后,虽然减少了泄漏,但加大了值号的阻尼。汉宁窗也减少了泄露,但它使主瓣(主要频率部位)变宽,信号仍有一定程度的失真。

2)数字滤波

　　在采集激励和响应信号时,通常利用放大器上的滤波器对信号进行了滤波处理。在放大器上(例如电荷放大器),一般只有低通流波功能。采用计算机方法对采集的信号进行滤波称为数字滤波,它比模拟滤波更加灵活。

　　去除振动信号中的高频分量的最简单的方法就是移动平均,可以采用这种方法设计低通滤波器。移动平均就是将 $t_i=i\Delta t$ 时刻附近几个点的数据进行平均计算后再输出,移动的意思是指移动平均后的信号与原信号的时标错开。例如,取两个点的数据进行移动平均:

$$y(t_i)=\frac{1}{2}\big[x(t_i)+x(t_{i-1})\big]\tag{8.2}$$

图8.9给出两点移动平均的一个示例,由图可知,信号的高频分量已基本消除。利用离散变量的 z 变换(相当于连续变量的傅立叶变换),可以求出低通滤波器的频响特性。

高通滤波器可以通过对时间序列数字信号进行差分运算来实现。时域信号的差分可表示为:

$$y(t_i) = x(t_i) - x(t_{i-1}) \tag{8.3}$$

图8.10给出高通滤波的一个示例,其中,$x(t_{i-1})$信号延迟了一个 Δt 时段。

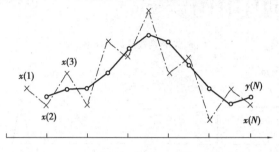

图8.9 移动平均图

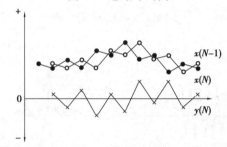

图8.10 观测值的差分

采用数值运算,可以实现低通、高通、带通和带阻等不同方式的滤波。对采集的信号在不同的频率范围内进行分析。

3)平均技术

在振动测试中,由于环境干扰:操作误差、电子噪声等原因,采集的激励和响应信号中掺杂了大量噪声信号,频响函数也受噪声的污染而变得不光滑,并可能混杂虚假的频率分量。图8.11给出频响函数的一个示例,其中,200 Hz 附近的突出峰值就是噪声所引起的。

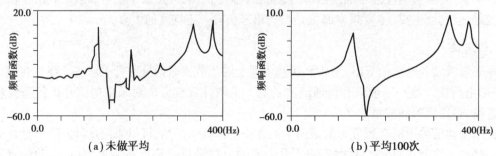

(a)未做平均   (b)平均100次

图8.11 受到噪声影响的频响函数及多次平均后的效果

在对采集的信号进行处理时,可以通过平均技术降低随机噪声的影响。理论上,零均值的白噪声型随机误差可以通过平均技术完全消除。对不同类型的信号可以采用不同的平均技术：

①时域平均：取多个等长度时域信号样本进行算术平均；

②频域平均：对多个等长度时域信号进行功率谱运算，将求得的功率谱进行算术平均；

③重叠平均：将采集的足够长度时域信号视为平稳随机过程，每一次傅立叶变换所取的时域信号与前一次傅立叶变换所取时域信号重叠，与之相对应的是顺序平均(图 8.12)。

一般而言，平均处理后的功率谱曲线变得光滑(图 8.11)，但仍包含了噪声的非零均值。此外，平均技术也不能消除周期误差和趋势误差。

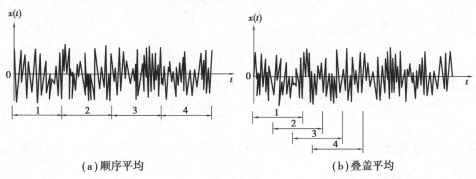

(a)顺序平均 (b)叠盖平均

图 8.12 顺序平均及叠盖平均

4)数字信号分析

在现代振动测试技术中，传感器感受的振动信号经放大后，通过 AD 转换变成数字信号，存贮在计算机内，再对数字信号进行分析、处理，得到结构的动力响应。因此，振动数字信号处理技术成为振动测试技术中一个十分重要的环节。

振动测试中获得的信号为时域信号，即随时间变化的响应信号。如前所述，频率响应函数包含了全部结构模态信息，因此必须把采样获得的时域信号转换为频域信号，即随频率变化的响应信号。对信号进行时-频转换的基本工具是傅立叶变换。由于数字信号是在离散的采样时间点得到离散信号，与之对应的傅立叶变换为离散傅立叶变换。

傅立叶变换的原始定义为：

$$X(\omega) = \int_{-\infty}^{\infty} x(t) e^{-j\omega t} dt, x(t) = \int_{-\infty}^{\infty} X(\omega) e^{j\omega t} d\omega \qquad (8.4)$$

从概念上讲，傅立叶变换与傅立叶级数的差别在于傅立叶变换的原信号 $x(t)$ 是连续的，其变换 $X(\omega)$ 所得的频谱也是连续的。但由于离散运算的原因，采样信号的傅立叶级数和傅立叶变换的表达式相同，将其写为与式(8.5)相对应的形式：

$$X_k = \frac{1}{N} \sum_{l=0}^{N-1} x_l e^{-jk\frac{2l\pi}{N}}, x_k = \sum_{l=0}^{N-1} X_l e^{jk\frac{2l\pi}{N}} \qquad (8.5)$$

上式中的第一式为离散形式的傅立叶正变换，第二式为离散形式的傅立叶逆变换。

对振动信号进行分析时，考虑测试误差和环境噪声影响，通常认为激励信号和响应信号都是不确定的信号，并将这种随时间变化的不确定信号用随机过程进行描述。因此，在信号分析中采用与随机过程有关的方法。

假设单自由度体系的随机激励 $f(t)$ 和随机响应 $x(t)$ 都是平稳随机过程，则其相关函数只与延时 τ 有关，而与 t 无关。定义激励 $f(t)$ 的自相关函数为 $f(t)f(t+\tau)$ 的集总平均：

$$R_{ff}(\tau) = E\left[x(t)x(t+\tau)\right] \qquad (8.6)$$

定义激励 $f(t)$ 与响应 $x(t)$ 的互相关函数为 $f(t)x(t+\tau)$ 的集总平均：

$$R_{fx}(\tau) = E\left[f(t)x(t+\tau)\right] \qquad (8.7)$$

在电工学中，线路上的功率与电流的平方成正比。借用功率这个概念，$x(t)$ 的自功率谱密度根据其平方的积分来定义。

从数学上可以证明，自相关函数的傅立叶变换就是自功率谱密度函数：

$$S_{xx}(f) = \int_{-\infty}^{\infty} R_{xx}(\tau)\,\mathrm{e}^{-j2\pi f\tau}\mathrm{d}\tau \qquad (8.8)$$

同样可得互功率谱密度函数：

$$S_{fx}(f) = \int_{-\infty}^{\infty} R_{fx}(\tau)\,\mathrm{e}^{-j2\pi f\tau}\mathrm{d}\tau \qquad (8.9)$$

再利用脉冲响应函数和卷积积分，可以得到频响函数的表达式：

$$H(f) = \frac{S_{fx}(f)}{S_{ff}(f)} \qquad (8.10)$$

因此，利用离散的傅立叶变换，得到信号的自功率谱和互功率谱，从而得到频响函数。

5）结构固有频率和阻尼的确定

测定结构固有频率和阻尼系数的方法可以分为频域法和时域法两大类。

频域法测定结构固有频率的基本原理为振型分解和模态叠加原理。频域法认为结构的振动由各个振动模态叠加而成，当激励频率等于结构的固有频率时，结构产生共振。因此，频响函数或响应功率谱密度函数在结构的固有频率处表现出突出的峰值。对于单自由度体系，只有一阶固有频率，其频响函数或响应功率谱密度函函数曲线只有一个峰值（图 8.13），对于多自由度体系，在测试的振动频率范围内，可能有几个峰值，分别对应结构的各阶固有频率（图 8.14）。

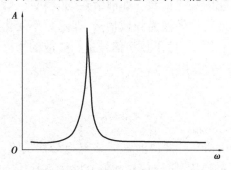 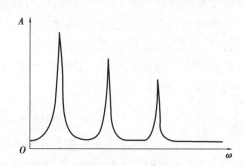

图 8.13　单自由度频响函数曲线　　　　　图 8.14　多自由度频响函数曲线

由于噪声干扰，多自由度的频响函数或响应功率谱密度函数曲线上的峰值并不一定对应结构的固有频率。在结构模态试验中，采用频响函数曲线拟合方法识别结构模态参数。这种方法利用结构振动试验获取的激励和响应信号，经计算机程序运算和变换后，得到结构的频响函数，再通过对结构动力学模型的优化识别，确定与频响函数拟合最佳的模态参数。这种方法可得到包括结构固有频率、振型和阻尼比在内的全部模态参数。例如，当多自由度结构的各阶固有频率的数值相隔较大，反映在频响函数上是对应各阶固有频率的峰值相距较远时，可以假设它们之间的相互影响较小，采用单自由度体系的频响函数曲线拟合多自由度体系的频响函数曲线，得到结构的各阶固有频率等模态参数（图 8.15）。这就是结构模态参数识别的单自由度方法。

目前,国内外已有的商业化计算机软件可以自动化程度很高地完成从频响函数估计到结构模态参数识别的全过程计算工作。

对于单自由度结构体系,可以利用结构的频响函数曲线确定其阻尼比。在图 8.16 上,幅值为 $0.707A_0$ 的两点 ω_a、ω_b 称为半功率点,因为这两点处的能量为最大能量的一半。$\Delta\omega = \omega_a - \omega_b$ 称为半功率带宽。因为 0.707 表示了 3dB 衰减,半功率带宽有时又称为 3dB 带宽。位移频响函数的幅值谱如下:

$$|H(\omega)| = \frac{1}{k} \cdot \frac{1}{\sqrt{(1-\Omega^2)^2 + 4\zeta^2\Omega^2}} \tag{8.11}$$

式中,$\Omega = \omega/\omega_o$,为频率比;利用式(8.11)和半功率点的性质,通过运算可以得到:

$$\zeta = \frac{\omega_b - \omega_a}{\omega} \tag{8.12}$$

从上式可以看出,当结构固有频率相同时,半功率带宽越宽,阻尼比越大,也就是说,频响函数曲线的形状决定了阻尼比的大小。

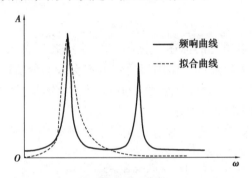

图 8.15　结构模态参数识别的单自由度方法

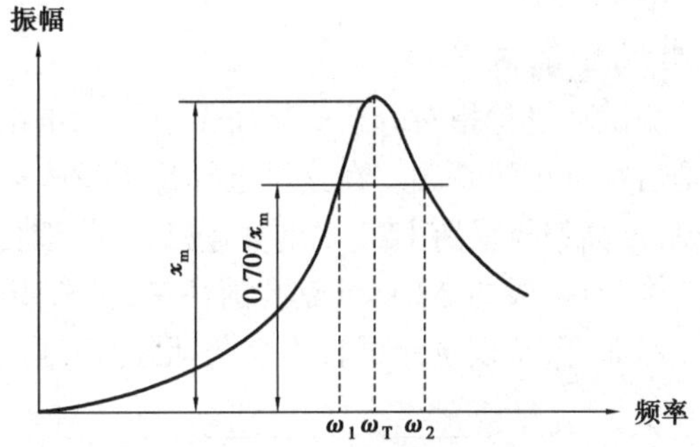

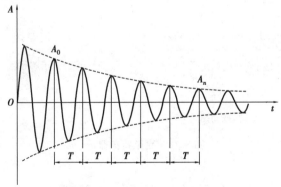

图 8.16　半功率点法

单自由度体系的自由振动衰减曲线如图 8.17 所示。在其时域响应的记录曲线上,直接测量响应曲线上峰-峰值的时标,即可得到体系的固有周期。单自由度体系阻尼比为:

图 8.17　有阻尼自由振动衰减曲线

$$\zeta = \frac{\delta}{\sqrt{4\pi^2 + \delta^2}} \tag{8.13}$$

式中,$\delta = \frac{1}{n-1}\ln\frac{A_n}{A_0}$,其中 n 为单自由度体系衰减曲线上测量峰值的个数,A_0,A_n 分别为测量的第一个峰值和最后一个峰值。当阻尼比 $\zeta \leqslant 0.1$ 时,$\zeta \approx \delta/2\pi$。

对于多自由度结构体系,在瞬态激励下,例如冲击荷载或其他瞬态惯性激励,其自由振动也是逐渐衰减的曲线,同样可以采用上述方法确定结构的基本频率和对应的阻尼比。但是对于大型结构,瞬态激励必须具有足够大的能量以激发结构的基频振动。

在随机激励下,结构的时域响应曲线不会是一条衰减曲线,而是一条随机响应曲线。在这个随机响应中,包含了确定性振动和随机振动两种分量。如果随机振动服从零均值平稳随机过程的假设,就可以采用一种称为随机减量技术的方法,在随机响应曲线中提取确定性振动的信号,从而得到结构体系的固有频率和阻尼比。

基于时域信号进行结构模态参数识别的主要途径之一是利用结构的脉冲响应函数。时域参数识别的主要优点是可以只使用实测的激励信号和响应信号,不需要经过傅立叶变换,数据提供的信息量大。时域参数识别方法逐渐成为结构振动信号分析的一个主要发展方向。

8.1.3 结构振动测试示例

1)测试对象概况

测试环境是指对分析高架桥梁以及承重结构基本概况的描述,包括长、宽、高等各项参数,这是后续分析的基础。在这里选择位于我国柳州市刚建成的一座高架桥作为本次振动分析的对象,该高架桥横跨 G72 泉南高速柳州段,双向 4 车道,设计行车速度为 60 km/h。该桥梁的承重结构为 64 根的 $\phi2.0$ m 钻孔灌注桩,桩长 40 m,如图 8.18 所示。

然而,由于现场测试较为复杂,因此根据实际高架桥梁情况,制作简化模型如图 8.19 所示。

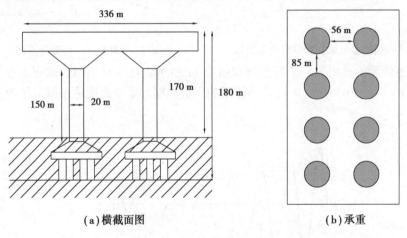

(a)横截面图 (b)承重

图 8.18 高架桥梁概况

2)振动测试仪器

振动测试仪器主要有 2 种:①施加振动载荷的仪器,工作原理是利用装于电机轴上的 2 组(每组 2 块)不平衡重块在旋转时所产生的离心力,推动台面垂直运动,调节每组 2 块不平衡重块之间的夹角,即可调节激振力的大小,这就实现了对振幅幅值的调节,这样,用户可按试件的振幅要求,很方便地调节到所需的振动位移幅值。②用于采集高架桥承重结构振动时的变化数据。在这里主要通过测振系统来实现,它主要由拾振器、放大器以及动态数据采集仪构成,如图 8.20 所示。

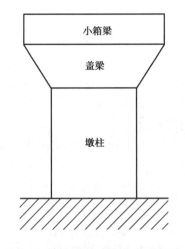

图8.19 高架桥承重结构简化模型

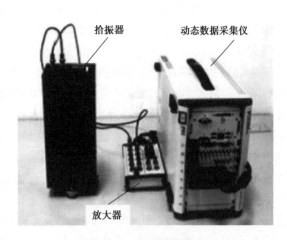

图8.20 测振系统

工作原理如下:首先利用布置在高架桥梁上的拾振器在振动设备启动后,实时采集振动信号,然后将其采集振动信号传输给放大器当中进行调制,提高信号质量,最后将处理好的信号传输到动态数据采集仪中,在该仪器当中进行处理、分析,为后续有限元分析做好数据准备。

3)振动测点布置

振动测点布置主要是指布置拾振器在高架桥承重结构模型上的位置,这直接关系着数据采集是否全面,关系着后续分析是否准确。在这里根据高架桥梁加护结构,在几个面上布置6个振动测点,布置方案如图8.21所示。

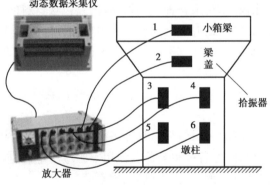

图8.21 振动测点布置

4)振动测试过程

步骤1:初始化涉及的各仪器设备,并设置初始参数。

步骤2:启动振动设备对高架桥承重结构模型施加振动。

步骤3:在步骤2进行的同时,也启动测振系统,实时采集高架桥承重结构模型变换参数。

步骤4:处理并分析采集到的振动数据,得出后续有限元分析需要的数据。

5)有限元分析

有限元分析法是指利用数学近似的方法对真实物理系统(几何和载荷工况)进行模拟的一种方法,其定义是将结构物划分成有限个单元组合体,然后对其施加荷载和约束力,接着对每一单元假定 1 个合适的近似解，从而求出所需参数。基本步骤如下：

步骤 1：提出问题，并定义求解域。根据研究的主题近似确定求解域的物理性质，同时划分几何区域。

步骤 2：离散化求解域。将上述确定求解域离散成单元格，即有限元网络划分。在这里需要注意的是单元格大小的选定。理论上，网络越小越好，这样求出的解就越接近真实解，但是与此同时也增加了计算量，因此网格规模的选定要根据实际情况而定。

步骤 3：确定状态变量及控制方法，即确定有限元的边界条件，在这里为简化流程，一般会将边界条件转换为偏微分方程式，再转换为等价的泛函形式。

步骤 4：单元推导。先随机构造 1 个适合的近似解，然后依次推导出有限单元的列式，即构建单元矩阵。

步骤 5：总装求解。将上述步骤 4 得到单元矩阵进行总装，转换成联合方程组。

步骤 6：对联立方程组求解，并对结果进行解释。简言之，有限元分析法整体流程总结起来就是先化整为零（结构离散化），然后进行单元分析，最后再集零为整，得出整体结果。

8.2　结构疲劳试验

工程结构中存在着许多疲劳现象，如桥梁、吊车梁、直接承受悬挂吊车作用的屋架和其他主要承受重复荷载作用的构件等。其特点都是承受重复荷载，这些结构物或构件在重复荷载作用下达到破坏时的应力比其静力强度要低得多，这种现象称为疲劳。结构疲劳试验的目的就是要了解在重复荷载作用下结构的性能及其变化规律。

疲劳问题涉及的范围比较广，对某一种结构物而言，它包含材料的疲劳和结构构件的疲劳。如钢筋混凝土结构中有钢筋的疲劳、混凝土的疲劳和组成构件的疲劳等。目前疲劳理论研究工作正在不断发展，疲劳试验也因目的要求不同而采取不同的方法。这方面国内外试验研究资料很多，但目前尚无标准化的统一试验方法。

近年来，国内外对钢结构构件特别是钢筋混凝土构件的疲劳性能的研究比较重视，原因在于：

①普遍采用极限强度设计和高强材料，以致许多结构构件处于高应力状态下工作。

②正在扩大钢筋混凝土构件在各种重复荷载作用下的应用范围，如吊车梁、桥梁、铁路钢筋混凝土简支梁、焊接钢结构节点和钢梁、压力机架、拉索等。

③使用荷载作用下采用允许截面受拉开裂设计。

④为使重复荷载作用下结构具有良好使用性能，改进设计方法，防止重复荷载导致过大的垂直裂缝和提前出现斜裂缝。

8.2.1　结构疲劳试验的特点

从材料学的观念来看，疲劳破坏是材料损伤累积而导致的一种破坏形式。金属材料的疲劳有以下特征：

①交变荷载作用下，在构件中的交变应力远远低于材料静力强度的条件下有可能发生疲劳破坏。

②在单调静载试验中表现为脆性或塑性的材料,发生疲劳破坏时,宏观上均表现为脆性断裂,疲劳破坏的预兆不明显。

③疲劳破坏具有显著的局部特征,疲劳裂纹扩展和破坏过程都发生在局部区域。

④疲劳破坏是一个累积损伤的过程,要静力足够多次导致损伤的交变应力才会发生疲劳破坏。

常规疲劳试验的典型特点是试验结构受到交替变化但幅值保持不变的荷载的多次反复作用。这种受力条件显然不同于结构静载试验。常规疲劳试验也不同于结构低周反复荷载试验。如前所述,低周反复荷载试验反复的次数较少(这就是所谓低周的含义),反复荷载的幅值不受限制,可以直到结构破坏。在常规疲劳试验中,反复荷载的次数以百万次计,且荷载的幅值明显小于结构的破坏荷载。有时,将常规疲劳荷载试验称为高周疲劳试验以区别于为其他目的进行的低周疲劳试验。

8.2.2　结构疲劳试验设备及控制参数

1)结构疲劳试验设备

特殊情况下会采用电液伺服作动器或偏心轮式起振机对结构施加疲劳荷载,两种加载设配都有各自的优点和使用范围,一般认为前者能耗过大且设备昂贵,后者设备过于简单,可操控性较差。在结构实验室中,疲劳试验一般均在专门的结构疲劳试验机上进行,并通过脉冲千斤顶对结构构件施加重复荷载。

常规结构疲劳试验的加载特点是多次快速简单重复加载,进行疲劳试验的主要设备为疲劳试验机。液压疲劳试验机利用脉动机械装置使输入到液压作动器的压力油产生脉动的压力,安装在作动器外的弹簧使活塞复位,这种液压作动器又称为脉动千斤顶。

脉动千斤顶一般只能施加压力,当需要施加拉力时,通常由外加的机械装置实现转换。图8.22给出一种预应力锚具疲劳试验的装置,脉动千斤顶施加压力,但通过加载横梁,预应力锚具受到拉力。疲劳试验机脉动器产生的脉动压力的频率可以通过一个无级调速电机控制,频率变化范围为 100～500 次/min。当脉动器不工作时,试验机输出静压,可进行结构静载试验。

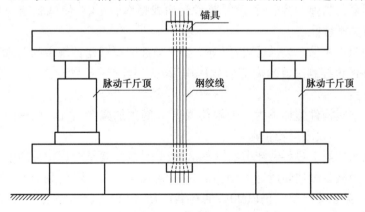

图 8.22　预应力锚具疲劳试验装置

2）控制参数

疲劳试验的荷载描述由 3 个参量构成，即最大荷载 P_{max}、最小荷载 P_{min} 和平均荷载 P_m。在钢筋混凝土构件的鉴定性试验中，根据短期荷载标准组合的最不利内力确定疲劳试验的最大荷载 P_{max}，最小荷载 P_{min}，一般取疲劳试验机可以稳定控制的最小荷载值。对于钢结构构件，疲劳试验多采用应力控制，相应的荷载描述参数为最大应力 σ_{max}、最小应力 σ_{min} 和平均应力 σ_m。其中，与结构或构件性能密切相关的控制参数为应力幅值 $\sigma_a = (\sigma_{max} - \sigma_{min})/2$，应力幅度 $\Delta\sigma = 2\sigma_a$，应力比 $\rho = \sigma_{max}/\sigma_{min}$ 和应力水平 $S = \sigma_{max}/f$ 等（f 为构件材料的静力强度），相关参数关系如图 8.23 所示。对这类构件进行疲劳试验时，常根据应力水平、应力比等控制参量计算疲劳试验的最大荷载和最小荷载。

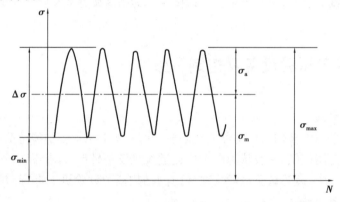

图 8.23　循环应力各量之间的关系

除以上 3 个参量及它们的关系外，荷载的加载频率和循环次数也是疲劳试验的重要控制指标。疲劳试验荷载在单位时间内重复作用的次数（即荷载频率）会影响材料的塑性变形和徐变，过高的频率对疲劳试验附属设施也会带来很多问题，频率的确定主要依据疲劳试验机的性能而定，一般取为 200~400 次/min。当应力水平在 0.7~0.75 以下时，加载频率在 1~10 Hz，其对混凝土或钢的疲劳试验结构影响很小。疲劳试验的时间较长，以 400 次/min 的加载频率计算，完成 200 万次疲劳试验所需时间为 83.5 h，若降低频率则会延长试验时间。但是，当试验对象具有较明显的黏弹性特征时，就需要考察加载频率的影响，使试验结构能更准确地反映试验对象的基本力学性能。

结构设计规范中对吊车梁、铁路桥梁等主要承受疲劳荷载构件规定的荷载次数为 2×10^6 ~ 4×10^6 次。构件经该控制次数的疲劳荷载作用后，抗裂性能（即裂缝宽度）、刚度、强度必须满足规范的相关规定。

在疲劳试验前对构件施加不大于上限荷载 20% 的预加载 1~2 次，以消除支座和连接部件的间隙，压牢构件并使仪表运转正常。

正式疲劳试验的第 1 步是做疲劳的静载试验，其目的主要是对比构件经受反复荷载后受力性能有何变化。荷载分级加到疲劳上限荷载。每级荷载可取上限荷载 20%，临近开裂荷载时应适当加密，第一条裂缝出现后仍以 20% 的荷载施加，每级荷载加完后停歇 10~15 min，记录读数，加满后分两次或一次卸载。也可采用等变形加载的方法。

第 2 步进行疲劳试验。首先调节疲劳机上下限荷载，待示值稳定后读取第一次动荷载读数，以后每隔一定次数读取数据。根据要求可在疲劳过程中进行静载试验（方法同上），完毕后重新启动疲劳机继续疲劳试验。

第3步进行破坏试验。达到要求的疲劳次数后进行破坏试验时有两种情况,一种是继续施加疲劳荷载直至破坏,得出承受荷载的次数;另一种是做静力破坏试验,荷载分级可以加大。疲劳试验的步骤如图8.24所示。

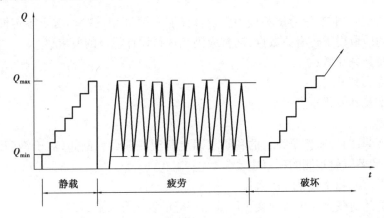

图 8.24　疲劳试验步骤示意图

应注意,不是所有疲劳试验都采用相同的试验步骤,应根据试验目的和要求的不同确定具体的试验步骤。如带裂缝的疲劳试验,静载可不分级缓慢加载到第一条可见裂缝出现为止,然后开始疲劳试验(图8.25)。还有在疲劳试验过程中变更荷载上限(图8.26)。提高疲劳荷载的上限,可以在达到要求疲劳次数之前,也可在达到要求疲劳次数之后。

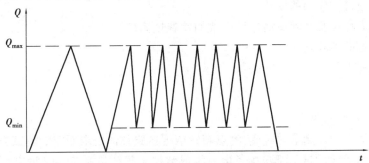

图 8.25　带裂缝疲劳试验步骤示意图

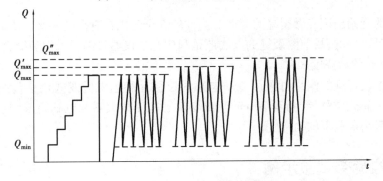

图 8.26　变更荷载上限的疲劳试验

8.2.3　疲劳试验的观测项目、数据采集及处理

1）观测项目

与其他结构试验相同,疲劳试验分为鉴定性试验和研究型试验。对于鉴定性疲劳试验,在控制疲劳次数内应取得下述有关数据,同时应满足现行设计规范的要求:

①抗裂性及开裂荷载;

②裂缝宽度及其发展;

③最大挠度及其变化幅度;

④疲劳强度。

对研究型疲劳试验,应按研究目的和要求确定其观测项目。例如,对于钢筋混凝土或预应力混凝土构件,疲劳试验观测的项目主要包括:

①构件开裂荷载和荷载循环次数;

②裂缝宽度随荷载循环次数的变化以及新裂缝的发生和发展;

③构件的最大挠度及其随荷载循环次数的发展规律;

④预应力混凝土构件中锚固区钢丝的回缩;

⑤构件承载能力与疲劳荷载的关系;

⑥循环荷载作用下构件的破坏特征。

对于钢结构构件,疲劳试验中的观测项目主要包括:

①局部应力或最大应力的变化;

②构件的最大变形及其随荷载循环次数的发展规律;

③断裂裂纹的萌生和发展;

④构件承载能力与疲劳荷载的关系。

2）数据采集

(1)疲劳试验的应变测量

一般采用电阻应变片测量动应变,测点布置依据试验具体要求而定。测试方法为采用动态电阻应变仪(如 YD 型和 TM-92 型)配备电脑组成数据采集测量系统。这种方法简便且有一定精度,可多点测量。

(2)疲劳试验的裂缝测量

由于裂缝的开始出现和微裂缝的宽度对构件的安全使用具有重要意义。因此,裂缝测量在疲劳试验中也是重要的,目前测裂缝的方法还是利用光学仪器目测或采用裂缝自动测量仪等。

(3)疲劳试验的动挠度

疲劳试验中动挠度的测量可采用差动电感式位移计和电阻应变式位移传感器等,如国产 CW-20 型差动电感式位移计(量程 20 mm),配备动态应变放大器和电脑组成测量系统,直接读出最大荷载和最小荷载下的动挠度。

8.2.4　结构疲劳试验示例

如图 8.27 为超高韧性水泥基复合材料(UHTCC)的弯曲疲劳试验装置图,试验在 250 kN

MTS 疲劳试验机上进行,疲劳试验采用荷载控制,加载采用无间歇的正弦波。

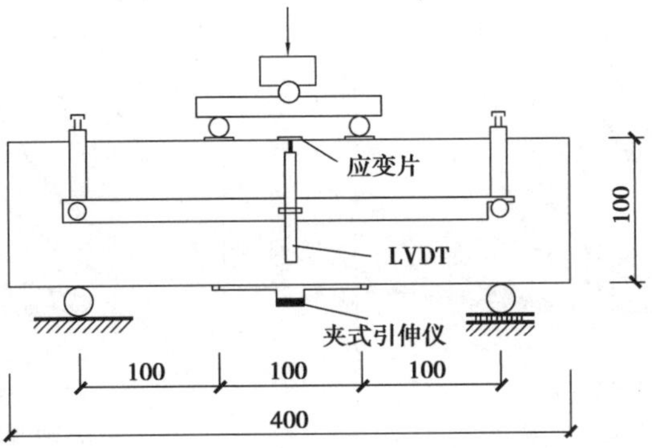

图 8.27 静载与疲劳试验装置图

试验采用四点弯曲简支加载,以期在中间部分(即纯弯段)获得近似单轴拉伸受力状态。试验过程中,使用裂缝观测仪观测试验梁底面裂缝宽度。首先进行静力弯曲试验,根据试件的极限荷载值 P_u 计算其抗弯强度 f_u 以及平均抗弯强度 f_a。疲劳试验的荷载循环特征值 R 为最小疲劳应力与最大疲劳应力的比值,本试验取 $R=0.1$。疲劳试验的应力水平 S 是最大疲劳应力 σ_{max} 与平均抗弯强度 f_a 的比值。应力水平既要考虑该材料在应用期间可能承受的疲劳荷载种类,使所选取的应力水平具有较宽的覆盖范围,以便于考察高周疲劳区域与低周疲劳区域的疲劳特征,同时考虑了疲劳试验周期的影响。因此,试验中设置 7 级应力水平:0.60、0.65、0.70、0.75、0.80、0.85、0.90。对于混凝土与纤维混凝土,根据以往研究,当疲劳试件在荷载作用下循环次数达到 2×10^6 次时还未破坏,一般认为该试件在疲劳荷载作用下不会发生疲劳破坏。因此对于 UHTCC 弯曲疲劳试件,当试件破坏或荷载循环达到 2×10^6 次时停止试验。疲劳试验前,先对试验梁进行 3 次预加载至最大荷载值,加载速度 0.06 ~ 0.08 MPa/s,用以消除因接触不良造成的误差,待变形稳定后即开始加载进行疲劳试验。

表 8.1 列出了试件破坏后不同应力水平下各试件纯弯段内的平均裂缝数量。由表可知,随着应力水平降低,裂缝数量明显减少。

表 8.1 各应力水平下试件平均裂缝数目

应力水平	1.00	0.90	0.85	0.80	0.75	0.70	0.65	0.60
平均裂缝水平	100 ~ 140	70 ~ 90	55 ~ 70	55 ~ 65	43	24	8	3

图 8.28 为不同应力水平下试件变形与疲劳荷载循环次数的半对数关系曲线,从图中可以看出,UHTCC 试件在疲劳荷载作用下具有良好的韧性。

根据试验结果,可得到以下结论:

①疲劳荷载作用下,UHTCC 试件有多条裂缝产生,且随应力水平降低,裂缝数量降低,导致材料变形能力下降。

②疲劳破坏断面分为 3 个区域:疲劳源区、疲劳裂纹扩展区和最后断裂区。

③UHTCC 的弯曲疲劳寿命服从两参数威布尔分布,S-N 双对数曲线呈双线性特征,归因于在高低应力水平下,PVA 纤维发挥作用的程度不同及其类似金属的劈裂破坏方式。

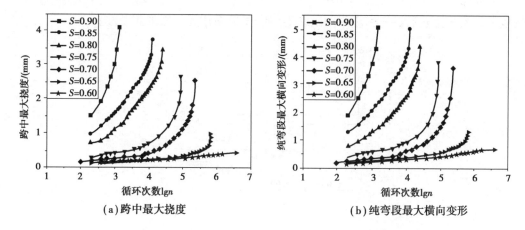

图 8.28　各应力水平下试件变形与荷载循环次数的半对数关系曲线

思考题

8.1　工程结构的动力特性是指哪些参数？它与结构的哪些因素有关？

8.2　结构动力特性试验通常采用哪些方法？简述共振法的测定原理。

8.3　采用自由振动法如何测得结构的自振频率和阻尼？

8.4　为什么对结构构件,特别是钢筋混凝土构件的疲劳性能十分重视？

8.5　结构疲劳试验的荷载值和荷载频率应如何确定？

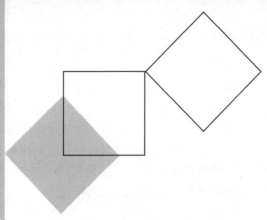

9 试验数据分析与处理

结构试验后,对采集得到的数据进行整理换算、统计分析和归纳演绎,以得到代表结构性能的公式、图像、表格、数学模型和数值等,这就是数据处理。采集得到的数据是数据处理过程的原始数据。例如,把应变式位移传感器测得的应变值换算成位移值,由测得的位移值计算挠度,由应变计测得的应变得到结构的内力分布,由结构的变形和荷载的关系可得到结构的屈服点、延性和恢复力模型等,对原始数据进行统计分析可以得到平均值等统计特征值,对动态信号进行变换处理可以得到结构的自振频率等动力特性等。

试验数据处理包括:

①数据的整理和转换;

②数据的统计分析;

③数据的误差分析;

④处理后数据的表达。

9.1 试验数据的整理与统计分析

9.1.1 数据的整理和转换

试验数据之间存在着内在的规律和逻辑关系,数据处理的各种方法就是为了揭示结构受力性能的内在规律。在设计结构试验时,基于已有的结构理论,对试验结构的性能进行预测并制订相应的试验方案。通过实施试验方案,获取了试验数据,根据试验数据对试验结构的性能进行多角度的描述是非常有意义的。

最典型的数据转换是动态信号的变换,大多数动载试验中,直接得到的是时域信号数据,通过傅立叶变换,将时域信号变换为频域信号,使我们能够很清楚地了解试验结构的频率特性。

受试验条件和测试设备及传感器性能的限制,试验中实测的数据有时经过换算后能够更清楚地说明结构真实的性能。

如图 9.1 所示,钢筋混凝土简支梁的静载试验,在荷载作用点、跨中和支座共布置了 5 个挠度测点,消除支座位移的影响后,得到跨中区段的 3 个挠度数据。由于梁跨中部为纯弯区段,各截面弯矩相等。在平均意义上,各截面的刚度和曲率也相等,因此,纯弯区段变形后应形成一段圆弧。利用圆弧上的 3 个点,可以确定圆弧的半径(图 9.2)。半径的倒数是截面的曲率,这样,就可以利用测试数据绘出截面弯矩-曲率曲线。与梁的荷载-挠度曲线相比较,弯矩-曲率曲线将构件的特性转化为截面的特性,更便于进行变形的计算和不同构件之间的比较。

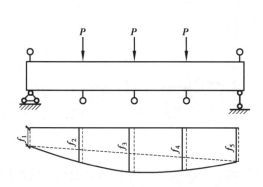

图 9.1　钢筋混凝土简支梁静载试验图　　图 9.2　3 个点确定圆弧的半径

如图 9.3 所示,框架结构在荷载作用下的变形,试验中量测了框架在其横梁位置的水平位移。在评价框架结构抗震性能时,常用层间变形指标。水平位移除以柱的高度,得到弦切角的正切,当变形较小时,有 $\tan\theta \approx \theta$。再利用平衡条件,得到柱的剪力 V。这样,就可以绘出框架的剪力-转角曲线(V-θ 曲线)。

钢筋混凝土偏心受压构件的设计中,定义偏心距增大系数 $\eta = 1 + f/e_0$,f 为构件中点的位移,e_0 为初始偏心距。根据中点位移测试数据,经换算很容易得到以 η 为变量之一的试验曲线,便于与理论计算形成比较。

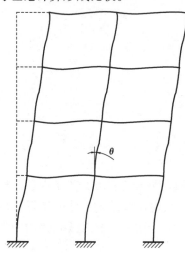
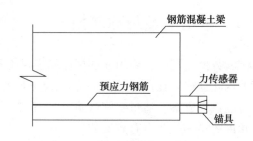

图 9.3　框架结构的变形　　图 9.4　预应力混凝土的张拉试验

在结构试验中,采用各种方法量测结构的应变,或者利用应变测试的结果换算成我们所需要的物理量。例如,应变式荷载传感器测读的是应变值,通过标定,可以将应变值转换为力值。如图 9.4 所示的后张预应力混凝土梁的试验,为了量测预应力钢筋的应力变化,在预应力锚具前端安装力传感器,通过量测应变,就可得到预应力筋的力的变化。在梁、柱等构件的试验中,在构件的上下边缘安装电阻应变计,根据测试数据和平截面假定,可以采用下列公式计算截面的曲率:

$$\varphi = 1/\rho = \frac{\varepsilon_t - \varepsilon_c}{h} \tag{9.1}$$

式中 φ——截面曲率;

ρ——截面的曲率半径;

$\varepsilon_t, \varepsilon_c$——截面受拉和受压边缘的应变,受拉时为正;

h——截面高度。

在墙体结构试验或框架结构的节点试验中,需要将量测的线位移转换为试验结构的剪切变形。

复杂应力状态下,在测点的多个方向上布设电阻应变计(应变花)量测应变,可根据测试数据,按照材料力学公式计算应变主方向与坐标方向的夹角以及主方向上的应变。

结构试验,特别是研究型的结构试验,我们期待从测试数据中有所发现,以便全面准确地掌握结构性能,常常需要对数据进行换算或转换,应根据具体情况进行具体分析。

9.1.2 数据的统计分析

数据处理时,统计分析是一个常用的方法,可以用统计分析从很多数据中找到一个或若干个代表值,也可以通过统计分析对试验的误差进行分析。以下介绍常用的统计分析的概念和计算方法。

1)平均值

平均值有算术平均值、几何平均值和加权平均值等。算术平均值可按下式计算:

$$\bar{x} = \frac{x_1 + x_2 + \cdots + x_n}{n} \tag{9.2}$$

式中,$x_1, x_2, \cdots, x_n$ 为一组试验值。算术平均值在最小二乘法意义下是所求真值的最佳近似,是最常用的一种平均值。

几何平均值可按下式计算:

$$\bar{x} = \sqrt[n]{(x_1 x_2 \cdots x_n)}$$
$$\text{或 } \lg\bar{x} = \left(\sum_{i=1}^{n} \lg x_i\right) \tag{9.3}$$

当对一组试验值(x_i)取常用对数($\lg x_i$)所得图形的分布曲线更为对称[同(x_i)比较]时,常用此法。

加权平均值可按下式计算:

$$\bar{x} = \frac{w_1 x_1 + w_2 x_2 + \cdots + w_n x_n}{w_1 + w_2 + \cdots + w_n} \tag{9.4}$$

式中,w_i 是第 i 个试验值 x_i 的对应权,在计算用不同方法或不同条件观测同一物理量的均值时,可以对不同可靠程度的数据给予不同的"权"。

2）标准差

对一组试验值 $x_1, x_2, \cdots, x_n$，当它们的可靠程度相同时，其标准差 σ 为：

$$\sigma = \sqrt{\frac{1}{n-1}\sum_{i=1}^{n}(x_i - \bar{x})^2} \qquad (9.5)$$

当它们的可靠程度不同时，其标准差 σ_w 为：

$$\sigma_w = \sqrt{\frac{1}{(n-1)\sum_{i=1}^{n}w_i}\sum_{i=1}^{n}w_i(x_i - \bar{x}_w)^2} \qquad (9.6)$$

标准差反映了一组试验值在平均值附近的分散和偏离程度，它对一组试验值中的较大偏差反映比较敏感。标准差越大，表示分散和偏离程度越大，反之则越小。

3）变异系数

变异系数 c_v 通常用来衡量数据的相对偏差程度，其定义为：

$$c_v = \frac{\sigma}{\bar{x}}$$
$$\text{或 } c_v = \frac{\sigma_w}{\bar{x}_w} \qquad (9.7)$$

4）随机变量和概率分布

结构试验的误差及结构材料等许多试验数据都是随机变量，随机变量既有分散性和不确定性，又有规律性。对随机变量，应该用概率的方法来研究，即对随机变量进行大量的测量，对其进行统计分析，从中演绎归纳出随机变量的统计规律及概率分布。

为了对试验结构（随机变量）进行统计分析，得到它的分布函数，需要进行大量（几百次以上）的测量，由测量值的频率分布图来估计其概率分布。绘制频率分布图的步骤如下：

①按观测次序记录数据；
②按由小至大的次序重新排列数据；
③划分区间，将数据分组；
④计算各区间数据出现的次数、频率（出现次数和全部测定次数之比）和累计频率；
⑤绘制频率直方图及累积频率图。

可将频率分布近似作为概率分布（概率是当测定次数趋于无穷大的各组频率），并由此推断试验结果服从何种概率分布。

正态分布是最常用的描述随机变量的概率分布的函数，由高斯（Gauss, K. F.）在1795年提出，所以又称为高斯分布。试验测量中的偶然误差，材料的疲劳强度都近似服从正态分布。正态分布 $N(\mu, \sigma^2)$ 的概率密度分布函数为：

$$P_N(x) = \frac{1}{\sqrt{2\pi}\sigma}e^{-\frac{(x-\mu)^2}{2\sigma^2}} \quad (-\infty < x < +\infty) \qquad (9.8)$$

其分布函数为：

$$N(x) = \frac{1}{\sqrt{2\pi}\sigma}\int_{-\infty}^{x}e^{-\frac{(t-\mu)^2}{2\sigma^2}}dt \qquad (9.9)$$

式中，μ 表示均值、σ^2 表示方差，它们是正态分布的两个特征参数。对于满足正态分布的曲线族,只要参数 μ 和 σ 已知,曲线就可以确定。如图9.5所示为不同参数的正态分布密函数,从中可以看出:

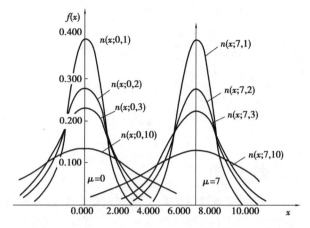

图9.5　正态分布密度函数图

①$P_N(x)$ 在 $x=\mu$ 处达到最大值,μ 表示随机变量分布的集中位置。

②$P_N(x)$ 在 $x=\mu\pm\sigma$ 处曲线有拐点,σ 值越小 $P_N(x)$ 曲线的最大值就越大,并且降落得越快,所以 σ 表示随机变量分布的分散程度。

③若把 $x-\mu$ 称作偏差,可得到小偏差出现的概率较大,很大的偏差很少出现。

④$P_N(x)$ 曲线关于 $x=\mu$ 是对称的,即大小相同的正负偏差出现的概率相同。

$\mu=0,\sigma=1$ 的正态分布称为标准正态分布,它的概率密度分布函数和概率分布函数如下:

$$P_N(x;0,1)=\frac{1}{\sqrt{2\pi}}e^{-\frac{x^2}{2}} \tag{9.10}$$

$$N(x)=\frac{1}{\sqrt{2\pi}}\int_{-\infty}^{x}e^{-\frac{t^2}{2}}dt \tag{9.11}$$

标准正态分布函数值可以从有关表格中取得。对于非标准的正态分布 $P_N(x;\mu,\sigma)$ 和 $N(x;\mu,\sigma)$,可先将函数标准化,即用 $t=\dfrac{x-\mu}{\sigma}$ 进行变量代换,然后从标准正态分布表中查取 $N\left(\dfrac{x-\mu}{\sigma};0,1\right)$ 的函数值。

其他几种常用的概率分布有:二项分布、均匀分布、瑞利分布、χ^2 分布、t 分布、F 分布等。

5)误差的计算

对误差进行统计分析时,同样需要计算三个重要的统计特征值即算术平均值、标准误差和变异系数。如进行了几次测量,得到几个测量值 x_i,有几个测量误差 $a_i(i=1,2,3,\cdots,n)$,则误差的平均值为:

$$a=\frac{1}{n}(a_1+a_2+\cdots+a_n) \tag{9.12}$$

式中的 a_i 按下式计算:

$$a_i=x_i-\overline{x} \tag{9.13}$$

$$\overline{x}=\frac{1}{n}\sum_{i=1}^{n}x_i \tag{9.14}$$

误差的标准值为：

$$\sigma = \sqrt{\frac{1}{n-1}\sum_{i=1}^{n} a_i^2}$$

$$\text{或 } \sigma = \sqrt{\frac{1}{n-1}\sum_{i=1}^{n}(x_i - \overline{x})^2} \tag{9.15}$$

变异系数为：

$$c_v = \frac{\sigma}{\overline{a}} \tag{9.16}$$

9.2　结构试验误差分析

在结构试验中，必须对一些物理量进行测量。被测对象的值是客观存在的，称为真值 x，每次测量所得的值称为实测值（测量值）$x_i(i=1,2,3,\cdots,n)$，真值和测量值的差

$$a_i = x_i - x \quad (i=1,2,3,\cdots,n) \tag{9.17}$$

称为测量误差，简称为误差；实际试验中，真值是无法确定的，常用平均值代表真值。由于各种主观和客观的原因，任何测量数据不可避免地都包含一定程度的误差。只有了解了试验误差的范围，才有可能正确估价试验所得到的结果。同时，对试验误差进行分析将有助于在试验中控制和减少误差的产生。

9.2.1　误差的分类

根据误差产生的原因和性质，可以将误差分为系统误差、随机误差和过失误差三类。

1）系统误差

系统误差是由某些固定的原因所造成的，其特点是在整个测量过程中始终有规律地存在着，其绝对值和符号保持不变或按某一规律变化。系统误差的来源有以下几个方面：

（1）方法误差

这种误差是由于所采用的测量方法或数据处理方法不完善所造成的。如采用简化的测量方法或近似计算方法，忽略了某些因素对测量结果的影响，以致产生误差。

（2）工具误差

由于测量仪器或工具本身的不完善（结构不合理，零件磨损等缺陷等）所造成的误差，如仪表刻度不均匀，百分表的无效行程等。

（3）环境误差

测量过程中，由于环境条件的变化所造成的误差。如测量过程中的温度、湿度变化。

（4）操作误差

由于测量过程中试验人员的操作不当所造成的误差，如仪器安装不当、仪器未校准或仪器调整不当等。

（5）主观误差

主观误差又称个人误差，是测量人员本身的一些主观因素造成的，如测量人员的特有习惯、习惯性的读数偏高或偏低。

系统误差的大小可以用准确度表示,准确度高表示测量的系统误差小。查明系统误差的原因,找出其变化规律,就可以在测量中采取措施(改进测量方法,采用更精确的仪器等)以减小误差,或在数据处理时对测量结果进行修正。

2)随机误差

随机误差是由一些随机的偶然因素造成的,它的绝对值和符号变化无常;但如果进行大量的测量,可以发现随机误差的数值分布符合一定的统计规律,一般认为其服从正态分布。

产生随机误差的原因有测量仪器、测量方法和环境条件等方面的,如电源电压的波动,环境温度、湿度和气压的微小波动,磁场干扰,仪器的微小变化,操作人员操作上的微小差别等。随机误差在测量中是无法避免的,即使是一个很有经验的测量者,使用很精密的仪器,很仔细地操作,对同一对象进行多次测量,其结果也不会完全一致,而是有高有低的。随机误差有以下特点:

①误差的绝对值不会超过一定的界限。

②绝对值小的误差比绝对值大的误差出现的次数要多,近于零的误差出现的次数最多。

③绝对值相等的正误差与负误差出现的次数几乎相等。

④误差的算术平均值,随着测量次数的增加而趋向于零。

随机误差的大小可以用精密度表示,精密度高表示测量的随机误差小。对随机误差进行统计分析,或增加测量次数,找出其统计特征值,就可以在数据处理时对测量结果进行修正。

3)过失误差

过失误差是由于试验人员粗心大意,不按操作规程办事等原因造成的误差,如读错仪表刻度(位数、正负号)、记录和计算错误等。过失误差一般数值较大,并且常与事实明显不符,必须把过失误差从试验数据中剔除,还应分析出现过失误差的原因,采取措施以防止其再次出现。

9.2.2 误差传递

试验结果可能受到很多因素影响,在对试验数据进行处理时,有时需要对各影响因素的关系进行分析,例如,由若干个直接量测值计算某一物理量的值。因此,相关物理量的函数关系可以写为:

$$y = f(x_1, x_2, \cdots, x_n) \tag{9.18}$$

式中,$x_i(i = 1, 2, \cdots, n)$为直接量测值,y为受 x_i 影响的物理量。当 x_i 包含误差时,影响 y 也产生误差。所谓误差传递,是指 x_i 的误差向 y 的传递。也就是说,从直接量测值 x_i 的误差得到 y 的误差。

对于 n 个相互独立的试验变量 x_i,它们的平均值和标准差分别记为 μ_i 和 σ_i,根据概率论和数理统计学,误差传递公式给出 y 的平均值和标准差:

$$\mu_y = f(\mu_1, \mu_2, \cdots, \mu_n) \tag{9.19}$$

$$\sigma_y = \sqrt{\left(\frac{\partial f}{\partial x_1}\right)^2 \sigma_1^2 + \left(\frac{\partial f}{\partial x_2}\right)^2 \sigma_2^2 + \cdots + \left(\frac{\partial f}{\partial x_n}\right)^2 \sigma_n^2} \tag{9.20}$$

由以上两式,可以由 x_i 的统计参数和函数关系得到 y 的统计参数。反过来,有时在试验中得到了 y 的观测值及其统计参数,但影响 y 的某些因素不能直接量测,也可以利用式(9.19)和式(9.20)对影响因素进行分析。

9.2.3 误差的校验

实际试验中,系统误差、随机误差和过失误差是同时存在的,试验误差是这三种误差的组合。通过对误差进行检验,尽可能地消除系统误差,剔除过失误差,使试验数据反映事实。

1)系统误差的发现和消除

系统误差由于产生的原因较多、较复杂,所以,系统误差不容易被发现,它的规律难以掌握,也难以全部消除它的影响。

从数值上看,常见的系统误差有"固定的系统误差"和"变化的系统误差"两类。固定的系统误差是在整个测量数据中始终存在着的一个数值大小、符号保持不变的偏差。产生固定系统误差的原因有测量方法或测量工具方面的缺陷等。固定的系统误差往往不能通过在同一条件下的多次重复测量来发现,只能用几种不同的测量方法或同时用几种测量工具进行测量比较时,才能发现其原因和规律,并加以消除。如仪表仪器的初始零点漂移等。

变化的系统误差可分为积累变化、周期性变化和按复杂规律变化的三种。当测量次数相当多时,如率定传感器时,可从偏差的频率直方图来判别;如偏差的频率直方图和正态分布曲线相差甚远,即可判断测量数据中存在着系统误差,因为随机误差的分布规律服从正态分布。当测量次数不够多时,可将测量数据的偏差按测量先后次序依次排列,如其数值大小基本上有规律地向一个方向变化(增大或减小),即可判断测量数据是有积累的系统误差;如将前一半的偏差之和与后一半的偏差之和相减,若两者之差不为零或不近似为零,也可判断测量数据是有积累的系统误差。将测量数据的偏差按测量先后次序依次排列,如其符号基本上有规律地交替变化,即可认为测量数据中有周期性变化的系统误差。对变化规律复杂的系统误差,可按其变化的现象,进行各种试探性的修正,来寻找其规律和原因;也可改变或调整测量方法,改用其他的测量工具,来减少或消除这一类的系统误差。

2)随机误差

通常认为随机误差服从正态分布,它的分布密度函数(即正态分布密度函数)为:

$$y = \frac{1}{\sqrt{2\pi} \cdot \sigma} e^{-\frac{(x_i - x)^2}{2\sigma^2}} \tag{9.21}$$

式中,$x_i - x$ 为随机误差,x_i 为实测值(减去其他误差),x 为真值。实际试验时,常用 $x_i - \bar{x}$ 代替 $x_i - x$,$\bar{x}$ 为平均值或其他近似的真值。随机误差有以下特点:

①绝对值小的误差出现的概率比绝对值大的误差出现概率大,零误差出现的概率最大。

②绝对值相等的正误差与负误差出现的概率相等。

③在一定测量条件下,误差的绝对值不会超过某一极限,即有界性。

④同条件下对同一量进行测量,其误差的算术平均值随着测量次数 n 的无限增加而趋向于零,即误差算术平均值的极限为零,即抵偿性。

参照前面的正态分布的概率密度函数曲线图,标准误差 σ 越大,曲线越平坦,误差值分布越分散,精密度越低;σ 越小,曲线越陡,误差值分布越集中,精密度越高。

误差落在某一区间内的概率 $P(|x_i - x| \le a_t)$ 如表9.1所示:

表9.1　与某一误差范围对应的概率

误差限 a_t	0.32σ	0.67σ	σ	1.15σ	1.96σ	2σ	2.58σ	3σ
概率 P	25%	50%	68%	75%	95%	95.4%	99%	99.7%

在一般情况下,99.7%的概率已可认为代表多次测量的全体,所以把 3σ 叫作极限误差;当某一测量数据的误差绝对值大于 3σ 时(其可能性只有0.3%),即可以认为其误差已不是随机误差,该测量数据已属于不正常数据。

3)异常数据的舍弃

在测量中,有时会遇到个别测量值的误差较大,并且难以对其合理解释,这些个别数据就是所谓的异常数据,应该把它们从试验数据中剔除,通常认为其中包含有过失误差。

根据误差的统计规律,绝对值越大的随机误差,其出现的概率越小;随机误差的绝对值不会超过某一范围。因此可以选择一个范围来对各个数据进行鉴别,如果某个数据的偏差超出此范围,则认为该数据中包含有过失误差,应予以剔除。常用的判别范围和鉴别方法如下:

(1) 3σ 方法

由于随机误差服从正态分布,误差绝对值大于 3σ 的概率仅为0.3%,即300多次才可能出现一次。因此,当某个数据的误差绝对值大于 3σ 时,应剔除该数据。实际试验中,可用偏差代替误差,σ 按式(9.15)计算。

(2)肖维纳(Chauvenet)方法

进行 n 次测量,误差服从正态分布,以概率 $1/2n$ 设定一判别范围 $[-\alpha\cdot\sigma, +\alpha\cdot\sigma]$,当某一数据的误差绝对值大于 $\alpha\cdot\sigma$,即 $(|x_i-x|>\alpha\cdot\sigma)$,即误差出现的概率小于 $1/2n$ 时,就剔除该数据。判别范围由下式设定:

$$\frac{1}{2n} = 1 - \int_{-a}^{a} \frac{1}{\sqrt{2\pi}} e^{-\frac{t^2}{2}} dt \tag{9.22}$$

即认为异常数据出现的概率小于 $1/2n$。

(3)格拉布斯(Grubbs)方法

格拉布斯是以 t 分布为基础,根据数理统计理论按危险率 α(指剔错的概率,在工程问题中置信度一般取95%,$\alpha=5\%$)和子样容量(即测量次数)n,求得临界值 $T_0(n,\alpha)$ 见表9.2。如某个测量数据 x_i 的误差绝对值满足下式时

$$|x_i-\bar{x}| > T_0(n,\alpha)\cdot S \tag{9.23}$$

即应剔除该数据。式中,S 为子样的标准差。

表9.2　$T_0(n,\alpha)$

n	α		n	α	
	0.05	0.01		0.05	0.01
3	1.15	1.15	7	1.94	2.1
4	1.46	1.49	8	2.03	2.22
5	1.67	1.75	9	2.11	2.32
6	1.82	1.94	10	2.18	2.41

续表

n	α		n	α	
	0.05	0.01		0.05	0.01
11	2.23	2.48	21	2.58	2.91
12	2.28	2.55	22	2.6	2.94
13	2.33	2.61	23	2.63	2.96
14	2.37	2.66	24	2.64	2.99
15	2.41	2.7	25	2.66	3.01
16	2.44	2.75	30	2.74	3.1
17	2.48	2.78	35	2.81	3.18
18	2.5	2.82	40	2.87	3.24
19	2.53	2.85	50	2.96	3.34
20	2.56	2.88	100	3.17	3.69

9.3 试验数据表达方式

在结构试验中,不同时刻和不同的测试仪器、仪表获得了不同的数据,根据结构受力的规律,采用各种方式表达试验结果,便于完整、准确地理解结构性能。

9.3.1 表格方式

用表格方式给出试验结果是最常见的方式之一。表格方式列举试验数据具有下列特点:

①表格数据为二维数据格式,它可以精确地给出实测的多个物理量与某一个物理量之间的对应关系。

②表格可以采用标签方式列举试验参数以及对应的试验结果。

③表格可给出离散的试验数据。

按表格的内容和格式可以分为标签式汇总表格和关系式数据表格。

汇总表格常用于试验结果的总结、比较或归纳,将试验中的主要结果和特征数据汇集在表格中,便于一目了然地浏览主要试验结果。对于结构构件试验,通常每一行表示一个构件;对于较大型的结构试验,表格的每一行可用来表示一个试验工况。作为一个示例,表9.3为某一实际工程碳化残量的检测结果。

关系式数据表格用来给出试验中实测物理量之间的关系。例如,荷载与位移的关系,试件中点位移和其他测点位移的关系等。通常,一个试验或一个试件使用一张表格。表格的第一列一般为控制试验进程的测试数据,表格的其他列为试验过程中的其他测试数据。例如,钢筋混凝土简支梁的静力荷载试验,由施加的荷载控制试验进程,因此,第一列为试验荷载实测值,其他列的数据为荷载作用下测得的位移、应变等数据。一般而言,第一列和其他任意一列的数据可以用曲线描绘在一个平面坐标系内。表格的最后一列为备注,常用来描述试验中的一些重要现象。表9.4给出了梁试验数据表格的一个实例。

表9.3　碳化残量的实际工程检测结果

试件编号	保护层厚度		碳化深度		钢筋锈蚀状况描述	$c_1 - x_1$（mm）	$c_2 - x_2$（mm）	x_0（mm）
	c_1	c_2	x_1	x_2				
A_6	35.0	42.0	26.33	29.00	基本未锈,局部锈迹	8.67	13.00	8.67
A_9	22.4	40.0	7.23	16.70	基本未锈,局部锈迹	15.17	23.30	15.17
A_{33}	40.0	43.0	7.33	16.67	基本未锈,局部肋有锈迹	32.67	26.33	26.33
A_{43}	29.0	30.0	5.17	12.00	基本未锈,肋上有锈迹	23.83	18.00	18.00
B_9	29.0	25.0	6.50	20.33	局部有锈迹	22.50	4.67	4.67
C_3	28.0	30.0	5.83	20.67	基本无锈	22.17	9.33	9.33
	25.0	32.0	11.17	20.00	主肋局部有锈迹	13.83	12.00	12.00
C_{14}		27.5		13.50	局部锈迹,大肋无锈,总体较好		14.00	14.00
C_{16}	32.0	31.0	8.00	18.00	大肋局部有锈迹,其他无锈	24.00	13.00	13.00
C_{19}	44.0	50.0	3.00	22.33	局部有锈迹,大部分无锈	41.00	27.67	27.67
C_{26}	42.0	35.0	21.67	20.67	局部有锈迹	20.33	14.33	14.33
C_{27}	44.0	33.5	5.00	21.33	未锈,局部锈	38.50	12.17	12.17
C_{43h}	27.0	35.0	5.33	19.33	基本未锈	21.67	15.67	15.67

注:x_0 为($c_1 - x_1$)和($c_2 - x_2$)两者中的较小值。

在表9.4中,某一个物理量的试验数据按列布置,称为列表格。有时,也可将数据按行布置,称为行表格。选用哪种方式一般根据数据量的大小决定。

表9.4　钢筋混凝土简支梁试验数据表

荷载（kN）	1#测点位移（mm）	2#测点位移（mm）	3#测点位移（mm）	支座位移（mm）	最大裂缝宽度（mm）	备注
0.00	0.00	0.00	0.00	0.00	—	
3.00	0.56	0.64	0.55	0.07	—	
6.00	1.41	1.64	1.48	0.13	0.20	
9.00	2.40	2.75	2.67	0.17	0.25	
12.00	3.35	3.85	3.57	0.19	0.30	
15.00	4.32	4.94	4.55	0.22	0.30	
18.00	5.43	6.21	5.67	0.26	0.50	
20.00	6.37	7.27	6.69	0.30	0.50	
21.60	7.20	8.21	7.55	0.33	0.80	
22.10	10.53	13.24	10.97	0.36	1.50	
22.50	14.41	18.32	14.69	0.39	2.00	

表格的主要组成部分和基本要求如下：

①每一个表格都应该有一个表格的名称,说明表格的基本内容。当一个试验有多个表格时,还应该为表格编号。

②表格中的每一列起始位置都必须有列名,说明该列数据的物理量及单位。

③表格中的符号和缩写应采用标准形式。对于相同的物理量,采用相同精度的数据。数据的写法应整齐规范,数据为零时记"0",不可遗漏。数据空缺时记为"—"。

④受表格形式的限制,有些试验现象或需要说明的内容可以在表格下面添加注解,注解构成表格的一部分。

9.3.2　图像方式

试验数据还可以用图像来表达,图像表达有:曲线图、直方图、形态图和馅饼形图等形式,其中最常用的是曲线图和形态图。

1)曲线图

曲线可以清楚、直观地显示两个或两个以上的变量之间关系的变化过程,或显示若干变量数据沿某一区域的分布;曲线可以显示变化过程或分布范围中的转折点、最高点、最低点,及周期变化的规律;对于定性分布和整体规律分析来说,曲线图是最合适的方法。图9.6给出钢筋混凝土偏心受压柱的荷载-中点位移曲线。从图中可以看到,大偏心受压构件的中点位移较大,达到最大荷载后,曲线平缓下降;相同配筋的小偏心受压柱,最大荷载明显增加,但达到最大荷载后,曲线迅速下降,说明破坏具有脆性特征。图9.7为钢筋混凝土简支梁的荷载-挠度曲线,受拉混凝土开裂、钢筋屈服等现象对梁的性能的影响在曲线上清楚地表现出来。从图9.6和图9.7还可以看出,在一个图中可以描绘多条曲线。图9.6比较了不同偏心距的试验曲线。而在图9.7中,绘出了荷载作用点的挠度曲线,按照对称性,两个荷载作用点的挠度应当相同,实测结果说明梁的受力是基本对称的。

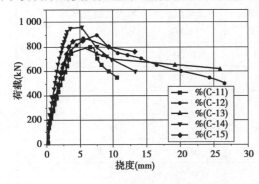

图9.6　RC偏心受压柱荷载-中点位移曲线

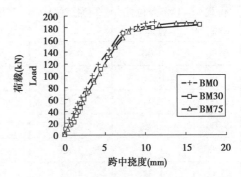

图9.7　简支梁荷载-挠度曲线

运用曲线图表示试验结果的基本要求是:

①标注清楚。包括图名,图号,纵、横坐标轴的物理意义及单位,试件及测点编号等都应在图中表示清楚。

②合理布图。曲线图常用直角坐标系,选择合适的坐标分度和坐标原点。根据数据的性质采用均匀分度的坐标轴或对数坐标轴。

③选用合适的线型。对于离散的试验数据(例如,分级加载记录的数据),一般用直线连接试验点。当一个图中有多条试验曲线时,可以采用不同的线型,如实线、虚线、点划线等。试验点也可采用不同的标记,如实心圆点、空心圆点、三角形等。

④对试验曲线给出必要的文字或图形说明。如加载方式、测点位置、试验现象或试验中出现的异常情况。

在有些曲线图中,也可以采用光滑曲线或理论曲线逼近试验点。如图9.8所示,通过实验模态分析得到柱下条形基础的振型值,试验点可不连接,采用光滑曲线说明楼层的相对振动位移与试验实测值的关系。

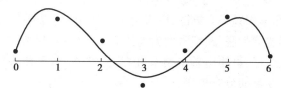

图9.8 采用光滑曲线或理论曲线逼近试验点

2) 形态图

把结构在试验时的各种难以用数值表示的形态,就用图像表示,这类的形态如混凝土结构的裂缝情况、钢结构的曲屈失稳状态、结构的变形状态、结构的破坏状态等,这种图像就是形态图。

形态图的制作方式有照相和手工画图,照片形式的形态图可以真实地反映实际情况,但有时却把一些不需要的细节也包括在内;手工画的形态图可以对实际情况进行概括和抽象,突出重点,更好地反映本质情况。制图时,可根据需要作整体图或局部图,还可以把各个侧面的形态图连成展开图。制图还应考虑各类结构的特点、结构的材料、结构的形状等。

形态图用来表示结构的损伤情况、破坏形态等,是其他表达方法不能代替的。

3) 直方图和馅饼形图

直方图的作用,一是统计分析,通过绘制某个变量的频率直方图和累积频率直方图来判断其随机分布规律;二是数值比较,把大小不同的数据用不同长度的矩形来代表,可以得到一个更加直观的比较(图9.9)。而馅饼图中,用大小不同的扇形面积来代表不同的数据,得到一个更加直观的比较(图9.10)。

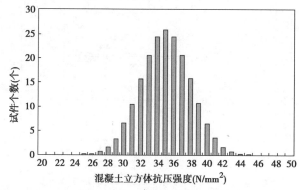

图9.9 某工地C30混凝土抗压强度试验结果的直方图

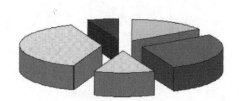

图9.10 馅饼图

（1）直方图的制作步骤

为了研究某个随机变量的分布规律,首先要对该变量进行大量的观测,然后按照以下步骤绘制直方图:

①从观测数据中找出最大值和最小值。

②确定分组区间和组数,区间宽度为 Δx。

③算出各组的中值。

④根据原始记录,统计各组内测量值出现的频数 m_i。

⑤计算各组的频率 $f_i(f_i = m_i / \sum m_i)$ 和累积频率。

⑥绘制频率直方图和累积频率直方图,以观测值为横坐标,以频率密度 $f_i/\Delta x$ 为纵坐标,在每一分组区间,作以区间宽度为底、频率密度为高的矩形,这些矩形所组成的阶梯形称为频率直方图;再以累积频率为纵坐标,可绘出累积频率直方图。从频率直方图和累积频率直方图的基本趋向,可以判断该随机变量的分布规律。

（2）直方图的制作要点

①应有足够多的观测数据或试验数据,绘制直方图首先要对试验数据分组,一般至少将全部数据分为 5 组,每组若干个试验数据,这样才可以从直方图看出试验数据的分布规律。数据太少时绘制直方图是没有意义的。

②按等间距确定数据的分组区间,统计每一区间内的试验观测值的数目。位于区间端点的试验数据不能重复统计。在数据量不是很大时,直方图的整体形状与分组区间的大小有密切的关系。如果区间分得太小,落在每一区间内的数据可能很少,直方图显得较为平坦;如果区间分得太大,又会降低统计分析的精度。

4）散点分布图

散点分布图在建立试验结果的经验公式或半经验公式时最常用。在相对独立的系列试验中得到了试验观测数据,采用回归分析确定系列试验中试验变量之间的统计规律,然后用散点分布图给出数据分析的结果。

图 9.11 为混凝土立方体抗压强度和混凝土棱柱体抗压强度的散点分布图。从图中可以直观地看到两者之间的关系以及数据的偏离程度。

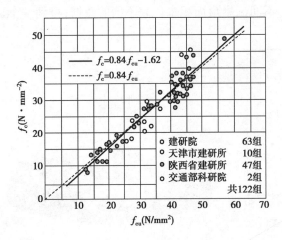

图 9.11　混凝土立方体和棱柱体抗压强度的散点分布图

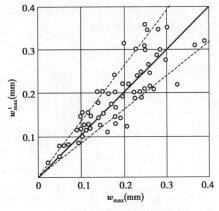

计算最大裂缝宽度 w_{max} 与实测值 w_{max}^t

图 9.12　裂缝宽度散点分布图

有时用散点分布图说明计算公式与试验数据之间的偏差。如图 9.12 所示,采用半理论半经验的方法得到钢筋混凝土受弯构件的裂缝宽度计算公式,将按公式计算的裂缝宽度与试验得到的裂缝宽度的比值绘制在散点分布图中,若比值等于 1,散点位于 45°线上,若大于 1,偏向试验数据轴,若小于 1,则偏向计算公式轴。以此说明计算公式的偏差范围。

9.3.3 函数方式

试验数据还可以用函数方式来表达,试验数据之间存在着一定的关系,把这种关系用函数形式表示,这种表示更精确、完善。为试验数据之间的关系,建立一个函数,包括两个工作:一是确定函数形式,二是求函数表达式中的系数。结构试验获取的各种数据,理论上应有其内在的关系,但是这种内在关系可能非常复杂。例如,钢梁在屈服以前,荷载和挠度之间为线性关系;钢筋混凝土梁的荷载和挠度之间不是线性关系,它们之间显然存在因果关系,但我们很难从理论上给出因果关系的表达式,但可以找到一个最佳的近似函数。常用来建立函数的方法有回归分析、系统识别等方法。

1)函数形式的选择

在对试验数据进行曲线拟合时,函数形式的选择对曲线拟合的精度有很大的影响。如图 9.13(b)所示,试验点形成的轨迹接近一个半圆,这时应考虑采用二次抛物线或圆的曲线来逼近试验结果,如果采用直线进行拟合,所得相关系数接近零,显然就没有达到拟合的目的。

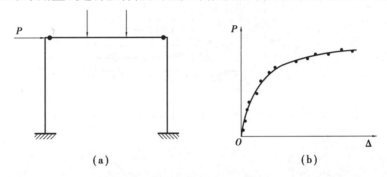

图 9.13　钢筋混凝土框架结构水平受荷示意图和水平荷载侧向位移曲线

常用的函数形式有以下几种:

(1)多项式曲线

多项式曲线的形式为

$$y = a_0 + a_1 x + a_2 x^2 + a_3 x^3 + \cdots \tag{9.24}$$

当仅取前两项时,则为线性方程,若取前 3 项,得到二次抛物线。图 9.13(a)为一钢筋混凝土框架结构水平受荷示意图,图 9.13(b)为该框架的水平荷载-侧向位移曲线,图中给出了采用二次抛物线的拟合结果。可以看到,二次抛物线在整体上与实测曲线十分吻合。

(2)双曲线

在试验数据的曲线拟合中,双曲线可以有多种形式,如:

$$y = a + \frac{b}{x} \tag{9.25a}$$

$$\frac{1}{y} = a + \frac{b}{x} \tag{9.25b}$$

$$y = \frac{1}{a + bx} \tag{9.25c}$$

双曲线的形式简单,一般只包含两个待定的参数。通过简单的变换,上列三个方程都可以转换为直线方程。例如,在式(9.25a)中,用 x' 替代 $1/x$;在式(9.25b)中,用 y 替代 x/y;而对于式(9.25c),将 x 和 y 的位置互换,就得到式(9.25a)的形式。将试验数据按变量转换的格式做相应的处理,就可采用线性回归分析得到回归系数 a 和 b。图9.14 为钢筋混凝土压弯构件的延性系数与配筋率的关系曲线。图中,延性系数等于构件的极限位移与其屈服位移的比值。可以看出,双曲线较好地表达了两者之间的关系。

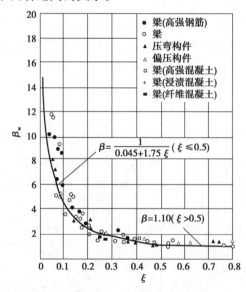

图9.14 钢筋混凝土压弯构件的延性系数与配筋率的关系曲线

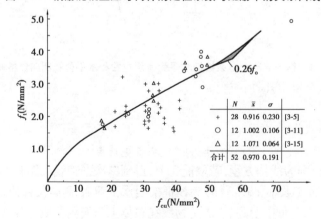

图9.15 混凝土轴心抗拉强度与立方体抗压强度的关系

(3)幂函数

幂函数的形式为:

$$y = a^x b \tag{9.26}$$

幂函数曲线通过零点,其指数 b 可以是任意实数。对上式等号两边取对数,引入 $y' = \lg y$,

$a' = \lg a$ 和 $x' = \lg x$，则式(9.26)转换为直线方程：

$$y = a' + ax' \tag{9.27}$$

这样，可以采用线性回归分析方法得到相关的参数。图 9.15 为混凝土轴心抗拉强度与混凝土立方体抗压强度的关系，拟合曲线采用了幂函数曲线。

(4)对数函数和指数函数

对数函数的方程为：

$$y = a + b\lg x \tag{9.28}$$

一般常采用自然对数 $\ln x$。在拟合试验数据时，只要先将观测数据取对数，就可以采用线性回归分析的方法得到系数 a 和 b。图 9.16 为轴心受压砌体的应力-应变曲线，函数形式为

$$\varepsilon = -\frac{1}{\xi}\ln\left(1 - \frac{\sigma}{f}\right) \tag{9.29}$$

式中　ξ——与砂浆强度有关的系数；

　　　f——砌体抗压强度。

指数函数与对数函数互为反函数，指数函数的形式为

$$y = ae^{br} \tag{9.30}$$

当 $b > 0$ 时为单调上升曲线，当 $b < 0$ 时为单调下降曲线。

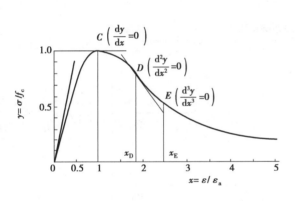

图 9.16　轴心受压砌体的应力-应变曲线

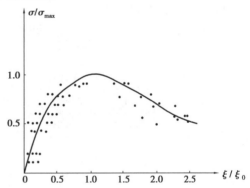

图 9.17　轴心受压的混凝土应力-应变关系

除上述函数曲线外，还可采用其他函数或各种组合得到的曲线。有时，根据具体情况，还可以采用分段函数。图 9.17 给出轴心受压的混凝土应力-应变关系，为分段式曲系线方程，上升段为三次多项式，下降段为有理分式：

当 $x \leq 1$ 时　$y = \alpha_a x + (3 - 2\alpha_a)x^2 + (\alpha_a - 2)x^3$

当 $x > 1$ 时　$y = \dfrac{x}{\alpha_d(x-1)^2 + x}$ 　　　(9.31)

式中，$y = \sigma/f_c$，为混凝土压应力与混凝土轴心抗压强度的比值；$x = \varepsilon/\varepsilon_0$，为混凝土压应变与峰值应力时混凝土压应变的比值；当 $x \leq 1$ 时，处于曲线的上升段，当 $x > 1$ 时，进入曲线的下降段。α_a 和 α_d 分别为曲线的上升段和下降段参数。

2)求函数表达式的系数

对某一试验结果，确定了函数形式后，应通过数学方法求其系数，所求得的系数使得这一函数与试验结果尽可能相符。常用的数学方法有回归分析和系统识别。

（1）回归分析

设试验结果为$(x_i,y_i,i=1,2,\cdots,n)$，用一函数来模拟x_i与y_i之间的关系，这个函数中有待定系数$a_j(j=1,2,\cdots,m)$，可写为：

$$y=f(x,a_j);j=1,2,\cdots,m \tag{9.32}$$

上式中的a_j也可称为回归系数。求这些回归系数所遵循的原则是：当将所求到的系数代入函数式中，用函数式计算得到数值，应与试验结果呈最佳近似。通常用最小二乘法来确定回归系数a_j。

所谓最小二乘法，就是使由函数式得到的回归值与试验值的偏差平方之和Q为最小，从而确定回归系数a_j的方法。Q可以表示为a_j的函数：

$$Q=\sum_{i=1}^{n}\left[y_i-f(x_i,a_j)\right]^2;j=1,2,\cdots,m \tag{9.33}$$

式中，(x_i,y_i)为试验结果。根据微分学的极值定理，要使Q为最小的条件是把Q对a_j求导数并令其为零，如

$$\frac{\partial Q}{\partial a_j}=0 \quad j=1,2,\cdots,m \tag{9.34}$$

求解以上方程组，就可以解得使Q值为最小的回归系数a_j。

（2）一元线性回归分析

表9.5　相关系数检验表

n	α		n	α	
	0.05	0.01		0.05	0.01
1	0.997	1.000	17	0.456	0.575
2	0.950	0.990	18	0.444	0.561
3	0.878	0.959	19	0.433	0.549
4	0.811	0.917	20	0.423	0.537
5	0.754	0.874	21	0.413	0.526
6	0.707	0.834	22	0.404	0.515
7	0.566	0.798	23	0.396	0.505
8	0.632	0.765	24	0.388	0.496
9	0.602	0.735	25	0.381	0.487
10	0.576	0.708	26	0.374	0.478
11	0.553	0.684	27	0.367	0.470
12	0.532	0.661	28	0.361	0.463
13	0.514	0.641	29	0.355	0.456
14	0.497	0.623	30	0.349	0.449
15	0.482	0.606	35	0.325	0.418
16	0.468	0.590	40	0.304	0.393

n	α		n	α	
	0.05	0.01		0.05	0.01
45	0.288	0.372	80	0.217	0.283
50	0.273	0.354	90	0.205	0.267
60	0.250	0.325	100	0.195	0.254
70	0.232	0.302	200	0.138	0.181

设试验结果 x_j 与 y_j 之间存在着线性关系，可得直线方程如

$$y = a + bx \tag{9.35}$$

相对的偏差平方之和 Q 为：

$$Q = \sum_{i=1}^{n} (y_i - a - bx_i)^2 \tag{9.36}$$

把 Q 对 a 和 b 求导、并令其等于零，可解得 a 和 b 如下：

$$b = \frac{L_{xy}}{L_{xx}} \tag{9.37}$$

$$a = \bar{y} - b\bar{x} \tag{9.38}$$

式中，$\bar{x} = \frac{1}{n}\sum_{i=1}^{n}x_i$，$\bar{y} = \frac{1}{n}\sum_{i=1}^{n}y_i$，$L_{xx} = \sum_{i=1}^{n}(x_i - \bar{x})^2$，$L_{xy} = \sum_{i=1}^{n}(x_i - \bar{x})(y_i - \bar{y})$。

设 γ 为相关系数，它反映了变量 x 和 y 之间线性相关的密切程度，γ 由下式定义：

$$\gamma = -\frac{L_{xy}}{\sqrt{L_{xx}L_{xy}}} \tag{9.39}$$

式中，$L_{yy} = \sum_{i=1}^{n}(y_i - \bar{y})^2$。显然 $|\gamma| \leq 1$。当 $|\gamma| = 1$，称为完全线性相关，此时所有的数据点 (x_i, y_i) 都在直线上；$|\gamma| = 0$，称为完全线性无关，此时数据点的分布毫无规则；$|\gamma|$ 越大，线性关系越好；$|\gamma|$ 很小时，线性关系很差，这时再用一元线性回归方程来代表 x 与 y 之间的关系就不合理了。表9.5为对应于不同的 n 和显著性水平 a 下的相关系数的起码值，当 $|\gamma|$ 大于表中相应的值时，所得到直线回归方程才有意义。

（3）一元非线性回归分析

若试验结果 x_i 和 y_i 之间的关系不是线性关系，可以先进行变量代换，转换成线性关系，再求出函数式中的系数，也可以直接进行非线性回归分析，用最小二乘法求出函数式中的系数。对变量 x 和 y 进行相关性检验，可以用下列的相关指数 R^2 来表示：

$$R^2 = 1 - \frac{\sum(y_i - y)^2}{\sum(y_j - \bar{y})^2} \tag{9.40}$$

式中，$y = f(x_i)$ 是把 x_i 代入回归方程得到的函数值，y_i 为试验结果，$\bar{y}$ 为试验结果的平均值。相关指数 R^2 的平方根 R 也可称为相关系数，但它与前面的线性相关系数不同。相关指数 R^2 和相关系数 R 是表示回归方程或回归曲线与试验结果拟合的程度，R^2 和 R 趋近 1 时，表示回归方程的拟合程度好；R^2 和 R 趋向零时，表示回归方程的拟合程度不好。

（4）多元线性回归分析

当所研究的问题中有两个以上的变量,其中自变量为两个或两个以上时,应采用多元回归分析。另外,由于许多非线性问题都可以化为多元线性回归的问题,所以,多元线性回归分析是最常用的。设试验结果为$(x_{1i}, x_{2i}, \cdots, x_{mi}, i = 1, 2, \cdots, n)$,其中自变量为$x_{ji}(j = 1, 2, \cdots, m)$,$y$与$x_i$之间的关系由下式表示:

$$y = a_0 + a_1 x_1 + a_2 x_2 + \cdots + a_m x_m \tag{9.41}$$

式中的$a_j(j = 1, 2, \cdots, m)$为回归系数,用最小二乘法求得。

（5）系统识别方法

在结构动力试验中,常常需要由已知的对结构的激励和结构的反应,来识别结构的某些参数,如刚度、阻尼和质量等,把结构看作一个系统,对结构的激励是系统的输入,结构的反应是系统输出,结构的刚度、阻尼和质量等就是系统的特性。系统识别就是用数学的方法,做已知的系统的输入和输出,找出系统的特性或它的最优的近似解。在模拟地震振动台试验中,可以用系统识别方法来确定试验结构的某些参数,刚度、阻尼和质量,或恢复力模型,通常是已有结构特性的模型形式,要求模型中的参数,基本步骤如下:

①建立数学模型和选定需要识别的参数建立试验结构在地震加速度作用下的运动方程,选定一个恢复力模型和阻尼形式,选定刚度或恢复力模型中的控制点参数和阻尼为需要识别的参数。通常,不把质量作为要识别的参数。

②构造误差函数以在确定的动力激励时间内,结构的实际反应与计算反应之差的平方和作为误差函数结构的实际反应在试验中实际测得,即结构的系统输出;计算反应是以振动台台面运动加速度作为输入,利用假定的恢复力模型和阻尼等参数,通过对运动方程的积分得到。

③对选定的系统参数进行优化,选用一种参数优化方法,并对参数进行优化送代,直至误差函数值小于某一规定的数值。

常用的参数优化方法有单纯形法,从一系列给定的参数出发,计算动力反应和误差函数,如果误差函数不满足规定的精度要求,则用反射、压缩和扩张三种方式形成新的参数系列,进行迭代:用新的参数系列计算动力反应和误差函数,并进行判别,如果误差函数仍不满足要求,则再进行送代;直到某一个参数列的误差函数满足要求时,该参数列就是需要识别的参数,迭代终止。

用以上方法得到的函数,应该在试验结果的范围内使用,一般不要外推,如果有相当的根据,也应该慎重行事。

思 考 题

9.1　为什么要对结构试验采集到的原始数据进行处理?数据处理的内容和步骤主要有哪些?

9.2　误差有哪些类别?是怎样产生的?应如何避免?

9.3　什么叫算术平均值、几何平均值、加权平均值?各在什么情况下使用?

9.4　异常试验数据的舍弃有哪几种方法?简述其原理。

9.5　试验数据的表达形式有哪几种?各用于什么情况?

参考文献

［1］马永欣,郑山锁. 结构试验［M］. 北京:科学出版社,2001.

［2］吴庆雄,程浩德,黄宛昆,等. 高等建筑结构试验［M］. 北京:中国建筑工业出版社,2019.

［3］易伟建,张望喜. 建筑结构试验［M］.4 版. 北京:中国建筑工业出版社,2016.

［4］杨德健,王宁. 建筑结构试验［M］. 武汉:武汉理工大学出版社,2006.

［5］湖南大学,等. 建筑结构试验［M］.2 版. 北京:中国建筑工业出版社,1998.

［6］姚振纲,刘祖华. 建筑结构试验［M］.上海:同济大学出版社,1996.

［7］王天稳. 土木工程结构试验［M］.武汉:武汉理工大学出版社,2013.

［8］周明华. 土木工程结构试验与检测［M］.南京:东南大学出版社,2017.

［9］中国建筑科学研究院.建筑抗震试验规程:JGJ/T 101—2015［S］.中国建筑工业出版社,2015.

［10］程丹丹. 钢纤维再生混凝土偏心受压柱受力性能研究［D］. 华北水利水电大学,2018.

［11］林圣华. 结构试验［M］. 南京:东南大学出版社,1997.

［12］王娴明. 建筑结构试验［M］. 北京:清华大学出版社,1998.

［13］湖南大学,等. 建筑结构试验［M］.4 版.北京:中国建筑工业出版社,2015.

［14］姚谦峰,陈平. 土木工程结构试验［M］. 北京:中国建筑工业出版社,2003.

［15］宋彧,李丽娟,张贵文. 建筑结构试验［M］. 重庆:重庆大学出版社,2001.

［16］Harmathy, T. Z.:Fire Safety Design and Concrete, Concrete Design and Construction Series, Longman Scientific and Technical, UK, 1993.

［17］International Standards Organization (ISO), ISO/CD 834-1, ISO/CD 834-2 and ISO/CD 834-3, Fire Resistance Tests — Elements of Building Construction, Part1, 2, and 3, 2014.

［18］American Society of Testing and Materials (ASTM), ASTM E 119-00a, Standards Test Methods for Fire Tests of Building Construction and Materials, 2018.

［19］National Fire Protection Association (NFPA), NFPA 251, Standard Methods of Tests of Fire Resistance of Building Construction and Materials, 2005 edition.

［20］British Standards Institution (BSI), BS 476-20:1987, Fire Tests on Building Materials and Structures, Part 20:Method for Determination of the Fire Resistance of Elements of Construction (General Principles).

［21］British Standards Institution (BSI), BS 476-21:1987, Fire Tests on Building Materials and

Structures, Part 21：Methods for Determination of the Fire Resistance of Loadbearing Elements of Construction.

[22] British Standards Institution (BSI), BS 476-22：1987, Fire Tests on Building Materials and Structures, Part 22：Methods for Determination of the Fire Resistance of Non-Loadbearing Elements of Construction.

[23] British Standards Institution (BSI), BS 476-23：1987, Fire Tests on Building Materials and Structures, Part 23：Methods for Determination of the Contribution of Components to the Fire Resistance of a Structure.

[24] Deutsches Institut für Normung, DIN 4102-1, Fire Behavior of Building Materials and Building Components, Part 1：Building Materials, Concepts, Requirements and Tests, 1998.

[25] Deutsches Institut für Normung, DIN 4102-2, Fire Behavior of Building Materials and Building Components, Part 2：Building Components, Definitions, Requirements and Tests, 1977.

[26] Deutsches Institut für Normung, DIN 4102-4, Fire behavior of Building Materials and Building Components, Part 4：Synopsis and Application of Classified Building Materials, Components and Special Components, 1994.

[27] Japanese Industrial Standards, JIS A 1304：1994, 建築構造部分の耐火試験方法(Method of Fire Resistance Test for Structural Parts of Buildings), 2017.

[28] Standards Association of Australian, AS 1530. 4-1997, Methods for Fire Tests on Building Materials, Components and Structures, Part 4：Fire-Resistance Tests of Elements of Building Construction, 2014.

[29] 应急管理部天津消防研究所. 建筑构件耐火试验方法：GB/T 9978—1999[S]. 北京：中国标准出版社,2008.

[30] Canadian Standards Association/Underwriters' Laboratories of Canada, CAN/ULC-S101-04, Standard Methods of Fire Endurance Tests of Building Construction and Materials,2014.

[31] Harmathy, T. Z.：Ten rules of fire endurance rating, *Fire Technology*, 1(2), 1965.

[32] Lie, T. T.：Structural Fire Protection, *ASCE Manuals and Reports of Engineering Practice*, *No.* 78, American Society of Civil Engineers, New York, 1992.

[33] 卢来运,李杨,倪鹏飞,等. 高架桥承重结构施工振动测试分析[J]. 科技通报,2021,37(01)：69-73.

[34] 刘问,徐世烺,李庆华. 等幅疲劳荷载作用下超高韧性水泥基复合材料弯曲疲劳寿命试验研究[J]. 建筑结构学报, 2012,33(01)：119-127.

[35] 日本风洞试验指南研究委员会. 建筑风洞试验指南[M]. 孙瑛,武岳,曹正罡,译. 北京：中国建筑工业出版社,2011.

[36] 中国建筑科学研究院. 建筑结构荷载规范：GB 5009—2012[S]. 北京：中国建筑工业出版社,2012.

[37] 中国建筑科学研究院. 建筑工程风洞试验方法标准：JGJ/T 338—2014[S]. 北京：中国建筑工业出版社,2014.

[38] J. Counihan. An improved method of simulating an atmospheric boundary layer in a wind tunnel. Atmospheric Environment Pergamon Press 1969. Vol. 3, pp. 197-214.

［39］H. P. A. H. Irwin. The design of spires for wind simulation. Journal of Wind Engineering and Industrial Aerodynamics, 7 (1981) ,361-366.

［40］N. J. Cook. Wind-tunnel simulation of the adiabatic atmospheric boundary layer by roughness, barrier and mixing-device methods. Journal of Industrial Aerodynamics, 3 (1978) ,157-176.

［41］J. Counihan. Wind tunnel determination of the roughness length as a function of the fetch and the roughness density of three-dimensional roughness elements. Atmospheric Environment Pergamon Press 1971. Vol. 5, pp. 637-642.

［42］Aynsley, R. M. , Melbourne, W. and Vickery, B. J. ：Architectural aerodynamics, Applied Science Publishers LTD, London, 1997.

［43］Surry, D, and Stathopoulos, T. ：An experimental approach to the economical measurement of spatially-averaged wind loads, Journal of Wind Engineering and Industrial Aearodynamics, 2 (1997) ,1-10.

［44］Yoshida, A. ,Tamura, Y. and Kurita, T. ：Effects of bends in a tubing system fo pressure measurement, Journal of Wind Engineering and Industrial Aerodynamics 89 (2001), 1701-1716.

［45］Irwin,H. P. A. H , Cooper, K. R. and Girard, R. ：Correction of distortion effects cased by tubing systems in measurements of fluctuating pressures, Journal of Industrial Aerodynamics, 12, (1979) , 93-107.

［46］Lawson, T. V. ：Wind Effects on Buliding , Vol. 1, Design Application(1980).

［47］Holmes, J. D. ：Equicalent time averaging in wind engineering. Journal of Wind Engineering and Industrial Aerodynamics, 72(1997) ,pp. 411-419.